JN309294

しっかり学ぶ フーリエ解析

田澤義彦 =著

東京電機大学出版局

はじめに

　この本の目的は，理工系の数学の基礎としての微積分と線形代数から，工学への応用としてのフーリエ解析への橋渡しをすることである．

　この数十年の間に，高速フーリエ変換を応用した画像や音声の処理，いわゆる信号処理が著しく進化し，ネットワーク環境を大きく変えた．この本の主要部は，高速フーリエ変換のもとになっている離散フーリエ変換の解説である．離散フーリエ変換は短い式で定義され，複素数さえ知っていれば，定義式の意味を理解するのは簡単である．この本の大部分は，その離散フーリエ変換がなぜ信号処理と結び付くかの説明に費やされている．この説明が，高校の数学と大学初年次の微積分と線形代数の延長として，理工系の学生諸君に自然な形で理解されるよう配慮したつもりである．

　重要な定理の証明の大部分は割愛して参考文献に委ねた．例題や練習問題は原理の理解を助ける程度の簡単なものにとどめた．実際の応用はソフトウェアで処理されることを念頭においたためである．それを補うものとして，コンピュータによるシミュレーションのファイルとビデオ講義をウェブサイトに置いた．これらのマルチメディア教材と印刷媒体としての本書を併せて活用されることを期待する．

　最後に，この本の出版にあたってお世話になった東京電機大学出版局の皆様，特に吉田拓歩氏に感謝の意を表したい．

2010 年 8 月

田澤　義彦

ウェブ上の資料について

　この本と併用して理解を深めてほしいマルチメディア教材を，下記のサイトに置いた．置いてあるものは

1. ビデオ講義
2. コンピュータシミュレーション映像
3. 数式処理ソフト $Mathematica$ のファイル（2の映像，本書の中の図版，本書の例題と問題を処理した $Mathematica$ ノートブックを含む）
4. ミスプリントの訂正や関連情報

などであり，随時更新する予定である．

東京電機大学出版局ウェブページ　　http://www.tdupress.jp/

[メインメニュー]→[ダウンロード]→[しっかり学ぶ フーリエ解析]

目次

第1章　概要　1

1.1　本書の要約 2
1.2　フーリエ級数の概要 12
1.3　フーリエ変換の概要 21
1.4　離散フーリエ変換の概要 33
1.5　高速フーリエ変換の概要 44
1.6　ラプラス変換の概要 46

第2章　フーリエ級数　52

2.1　三角関数の有限和 52
2.2　フーリエ係数 53
2.3　フーリエ級数 58
2.4　複素フーリエ級数 68
　　　本章の要項 73
　　　章末問題 74

第3章　フーリエ変換　77

3.1　予備的考察 78
3.2　フーリエ変換 86
3.3　フーリエ余弦変換・フーリエ正弦変換 99
　　　本章の要項 104
　　　章末問題 105

第4章　離散フーリエ変換　107

4.1　離散化と局所化 107
4.2　離散フーリエ変換 115

本章の要項 136
　　　章末問題 137

第5章　高速フーリエ変換　138

5.1　フーリエ行列 138
5.2　F_2 を用いて F_4 を表す 140
5.3　F_4 を用いて F_8 を表す 143

第6章　ラプラス変換　148

6.1　ラプラス変換 148
6.2　ラプラス逆変換 154
6.3　z 変換 158
　　　本章の要項 161
　　　章末問題 162

付録A　基本事項　164

A.1　三角関数の有限和 164
A.2　三角関数の積分 173
A.3　数列と級数 176
A.4　複素数の関数 181
A.5　部分分数分解 190
A.6　区分求積法 193
A.7　無限区間での積分 196
A.8　微分方程式 197
A.9　行列 203

問題の解答　209

章末問題の解答　215

参考文献　222

索引　224

第1章

概要

　第1章は，この本の概要である．1.1節に本全体の要約を述べる．フーリエ級数，フーリエ変換，離散フーリエ変換，高速フーリエ変換・ラプラス変換がどのように定義され，それらを用いればどのようなことができるかを簡潔にまとめてある．この本の残りの部分は，この要約を十分理解するための，いわば補足説明である．

　第1章の残り，1.2節から1.6節においては，第2章から第6章までの概要を述べ，各章の内容をできる限りわかりやすく説明した．ただし，全体の流れの把握と理解のスピード感を損なわないよう，細かい計算，証明，例題，問題の多くは，第2章以降で項目ごとに示してある．

　この本の予備知識としては，理工系の大学初年次に学ぶ微分積分学と線形代数（の一部）を仮定したが，念のため付録Aに必要な基本事項を比較的詳しく説明し，問題も付けた．高校の数学III，数学Cまでを理解している読者なら，必要に応じてこの基本事項を参照することによって，この本を読み通せるであろう．

　この本はフーリエ解析の数学的論理展開を正確に記した教科書ではない．大学初年次あるいは高校の数学から信号処理などの応用数学への橋渡しをすることが目的である．数学的証明の多くは省略した．それを補うものとして，ウェブサイトに上げてあるグラフィックスやビデオを本書に併せて参照していただきたい．

1.1 本書の要約

〔1〕フーリエ級数

音波や電波などの周期関数(付録 A.1 節〔1〕を参照)を,基本的な周期関数である三角関数(A.1 節〔2〕,A.1 節〔3〕,A.1 節〔4〕)の cos と sin で表現するのがフーリエ級数である.フーリエ係数とフーリエ級数は次のように定義される.

関数 $f(x)$ と正の数 L に対し,
$$a_n = \frac{1}{L}\int_{-L}^{L} f(x)\cos\frac{n\pi x}{L}\,dx \quad (n=0,1,2,3,\cdots)$$
$$b_n = \frac{1}{L}\int_{-L}^{L} f(x)\sin\frac{n\pi x}{L}\,dx \quad (n=1,2,3,\cdots)$$

で定まる定数の列を,$f(x)$ の区間 $[-L, L]$ における**フーリエ係数**といい,
$$f(x) \sim \frac{a_0}{2} + \sum_{n=1}^{\infty}\left(a_n\cos\frac{n\pi x}{L} + b_n\sin\frac{n\pi x}{L}\right)$$

で定まる級数を,$f(x)$ の区間 $[-L, L]$ における**フーリエ級数**という.

記号 $\sim$ は,右辺の級数が左辺の関数のフーリエ級数であることを表す記号である.また,記号 $[-L, L]$ は,閉区間 $\{x\mid -L \leqq x \leqq L\}$ を表す.フーリエ級数は関数項級数(A.3 節〔3〕)である.フーリエ級数が何を表すかについては,次の定理(定理 1.1)が成り立つ.

❖ 定理 1.1 ❖ フーリエ

関数 $f(x)$ は区分的に連続であるとし,正の数 L に対して区間 $[-L, L]$ が $f(x)$ の定義域に含まれるとする.関数 $\tilde{f}(x)$ を,開区間 $-L < x < L$ では $f(x)$ に一致し,$2L$ を周期とする周期関数で,不連続点における関数の値が右極限と左極限の平均であるような関数とする.このとき,$f(x)$ の区間 $-L \leqq x \leqq L$ におけるフーリエ級数は収束し,和が $\tilde{f}(x)$ となる.つまり
$$\tilde{f}(x) = \frac{a_0}{2} + \sum_{n=1}^{\infty}\left(a_n\cos\frac{n\pi x}{L} + b_n\sin\frac{n\pi x}{L}\right)$$

定理の中の「区分的に連続」（2.3 節 [2]）というのは，$f(x)$ が任意の有限区間の中では有限個の点を除いて連続であることを指す．

たとえば $f(x) = x$ の区間 $[-\pi, \pi]$ でのフーリエ級数は

$$x \sim 2\sin(x) - \sin(2x) + \frac{2}{3}\sin(3x) - \frac{1}{2}\sin(4x) + \cdots$$

となる．図 1-1 は上から $y = f(x)$，$n = 5$ までの部分和，$n = 20$ までの部分和，$y = \tilde{f}(x)$ のグラフを表す．

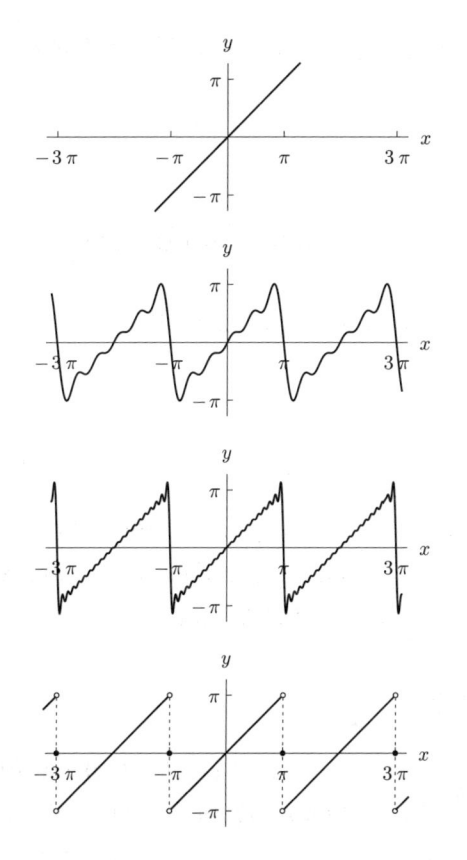

図 1-1　$f(x) = x$（最上段）のフーリエ級数の表す関数

オイラーの公式 (A.4 節 [3]) $e^{i\theta} = \cos\theta + i\sin\theta$ から導かれる

$$\cos\theta = \frac{1}{2}\left(e^{i\theta} + e^{-i\theta}\right), \quad \sin\theta = \frac{1}{2i}\left(e^{i\theta} - e^{-i\theta}\right)$$

を用いてフーリエ級数を書き直すと，次の複素フーリエ級数が得られる．

> 関数 $f(x)$ と正の数 L に対し
>
> $$\alpha_n = \frac{1}{2L}\int_{-L}^{L} f(u)e^{-i\frac{n\pi u}{L}} du \quad (n = 0, \pm 1, \pm 2, \cdots)$$
>
> で定まる複素数の列を $f(x)$ の区間 $[-L, L]$ における**複素フーリエ係数**といい，級数
>
> $$f(x) \sim \sum_{n=-\infty}^{\infty} \alpha_n e^{i\frac{n\pi x}{L}}$$
>
> を $f(x)$ の区間 $[-L, L]$ における**複素フーリエ級数**という．

たとえば上の例 $f(x) = x$，$L = \pi$ の複素フーリエ級数は

$$x \sim \sum_{n=-\infty, n\neq 0}^{\infty} (-1)^n \frac{i}{n} e^{inx}$$
$$= \cdots + \frac{i}{3} e^{-3ix} - \frac{i}{2} e^{-2ix} + i e^{-ix} - i e^{ix} + \frac{i}{2} e^{2ix} - \frac{i}{3} e^{3ix} + \cdots$$

となるが，これにオイラーの公式を用いると，前出のフーリエ級数となる．あえて複素形で表す理由は，sin の項と cos の項を統合して表現できることだが，フーリエ変換を導くための準備という意味合いもある．

[2] フーリエ変換

複素フーリエ級数の式において，$L \to \infty$ とした極限を区分求積法 (A.6 節) の考え方を用いて積分で表した結果を，特異積分 (無限区間での積分 (A.7 節)) で表現することから，次のフーリエ変換が得られる (3.1 節 [1]，3.1 節 [2])．

x の関数 $f(x)$ に対し $\int_{-\infty}^{\infty} |f(x)|\, dx$ が有限確定のとき, t の関数 $F(t)$ を

$$F(t) = \frac{1}{\sqrt{2\pi}} \int_{-\infty}^{\infty} f(x)\, e^{-itx}\, dx$$

で定義し, $f(x)$ の**フーリエ変換**という. $f(x)$ を $F(t)$ に対応させる関数の変換を**フーリエ変換**といい, $\mathcal{F}[f(x)] = F(t)$ のように表す.

また, t の関数 $G(t)$ に対し $\int_{-\infty}^{\infty} |G(t)|\, dt$ が有限確定のとき, x の関数 $g(x)$ を

$$g(x) = \frac{1}{\sqrt{2\pi}} \int_{-\infty}^{\infty} G(t)\, e^{itx}\, dt$$

で定義し, $G(t)$ の**フーリエ逆変換**という. $G(t)$ を $g(x)$ に対応させる変換を**フーリエ逆変換**といい, $\mathcal{F}^{-1}[G(t)] = g(x)$ のように表す.

次の定理は, 適当な条件の下では $\mathcal{F}^{-1}$ が文字どおり $\mathcal{F}$ の逆変換になっていることを示す.

❖ **定理 1.2** ❖ **反転公式**

$f(x)$ と $f'(x)$ が区分的に連続であるとし, $\int_{-\infty}^{\infty} |f(x)|\, dx$ が有限確定であるとする. また, 不連続点における $f(x)$ の値は右方極限と左方極限の平均値であるとする. このとき,

$$f(x) = \mathcal{F}^{-1}[\mathcal{F}[f(x)]]$$

フーリエ変換はさまざまに応用される. 実際的な例を一つ挙げる. 音波 $f(x)$ を, $-1 \leqq x \leqq 1$ ならば

$$f(x) = 2\cos(440 \times 2\pi x) + \sin(2^{1/4} 440 \times 2\pi x) + 0.5\cos(2^{7/12} 440 \times 2\pi x)$$

であるとし, それ以外の x に対しては $f(x) = 0$ であるとする. 実際には A マイナーの和音（ラドミの和音）である. この音波の 0.03 秒間の波形は, 図 1-2 のようになる.

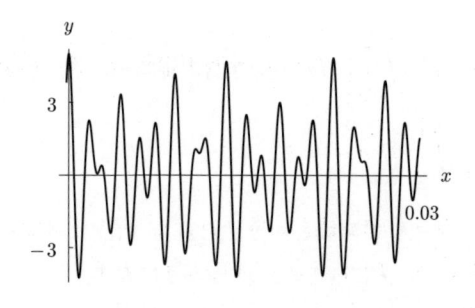

図1-2 Aマイナーの和音の波形

$f(x)$ のフーリエ変換 $F(t)$ は，図 1-3 のようになる．$F(t)$ は複素数の値をとる関数なので，図では空間の座標系を xy 平面（x 軸は左から右に向かい，y 軸は手前から奥に向かうようにとってある）を複素平面(A.4 節〔1〕)で置き換え，z 軸を t 軸で置き換えてある．座標軸は混乱を避けるため描かず，座標の目盛りは t 軸の目盛りのみ示してある．

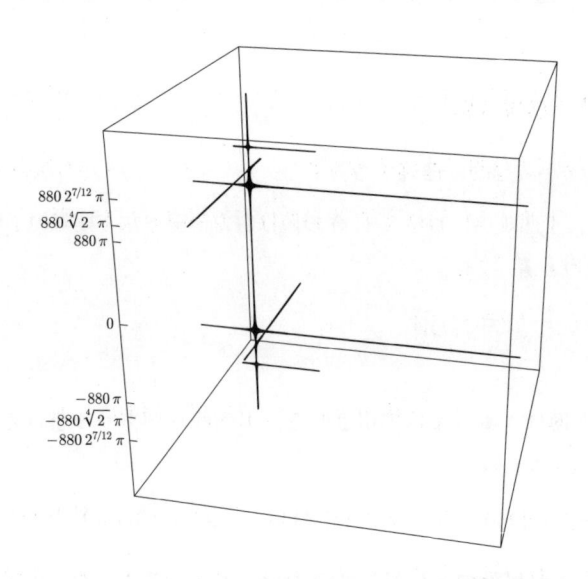

図1-3 Aマイナーの和音のフーリエ変換

この図は，波形図（図 1-2）からは読み取りにくい周波数成分が，フーリエ変換を施すことによって cos 成分（実軸 Re 方向）と sin 成分（虚軸 Im 方向）に分離したスペクトルとして現れることを示している．

[3] 離散フーリエ変換

上に挙げたような比較的単純な例においても，実際の積分計算は，コンピュータを使ってもそれなりの時間を要する．しかも，積分の計算は被積分関数が少し複雑になっただけで計算できなくなる場合が非常に多い．このようなことから，コンピュータで効率良く処理することを念頭において，離散フーリエ変換（DFT：Discrete Fourier Transform）が工夫された．

N を自然数とし，フーリエ変換の定義式で変数 x の範囲を $0 \leqq x < N$ に限定（局所化，4.1 節 [1] 参照）し，被積分関数 $f(x)e^{-itx}$ の分点 $x = 0, 1, 2, \cdots, N-1$ における値をとって（離散化，4.1 節 [1] 参照）分点間の幅 1 をかけたもので積分の値を近似する．さらに t の値も $0 \leqq t < 2\pi$ の範囲に限定（局所化）し，この区間を N 等分した点における $X(t)$ の値のみを考察する（離散化）．この操作（4.2 節 [1]，4.2 節 [2]）により，次に挙げる離散フーリエ変換が得られる（積分の前の係数 $1/\sqrt{2\pi}$ を取り去ってある）．

なお，ζ は 1 の原始 N 乗根（4.2 節 [2]）$\zeta = e^{j\frac{2\pi}{N}} = \cos\frac{2\pi}{N} + j\sin\frac{2\pi}{N}$ であり，ここでは離散フーリエ変換の慣例により虚数単位 i を j で表してある．定義式の右辺は $N \times N$ 行列と $N \times 1$ 行列の行列としての積（A.9 節）である．

N 項の数列 $\{x_0, x_1, x_2, \cdots, x_{N-1}\}$ に対し，

$$\begin{pmatrix} X_0 \\ X_1 \\ X_2 \\ \vdots \\ X_{N-1} \end{pmatrix} = \begin{pmatrix} 1 & 1 & 1 & \cdots & 1 \\ 1 & \zeta^{-1} & \zeta^{-2} & \cdots & \zeta^{-(N-1)} \\ 1 & \zeta^{-2} & \zeta^{-4} & \cdots & \zeta^{-2(N-1)} \\ \vdots & \vdots & \vdots & \cdots & \vdots \\ 1 & \zeta^{-(N-1)} & \zeta^{-2(N-1)} & \cdots & \zeta^{-(N-1)(N-1)} \end{pmatrix} \begin{pmatrix} x_0 \\ x_1 \\ x_2 \\ \vdots \\ x_{N-1} \end{pmatrix}$$

で定まる N 項の数列 $\{X_0, X_1, X_2, \cdots, X_{N-1}\}$ を対応させる変換を，**離散フーリエ変換**という．

右辺に現れる行列を**フーリエ行列**といい，F_N で表す，F_N の逆行列 F_N^{-1} の

定める変換を**離散フーリエ逆変換**という．ただし，ζ は 1 の原始 N 乗根で，$\zeta = e^{j\frac{2\pi}{N}}$（$j$ は虚数単位）．

手計算でできる例はあまり実際的な意味のあるものができないので，コンピュータを使った雑音除去の例を挙げよう[1]．図 1-4 左図の信号 $x_0(t)$（C の和音，ドミソの和音）にノイズを加えた信号 $x(t)$ を考える．

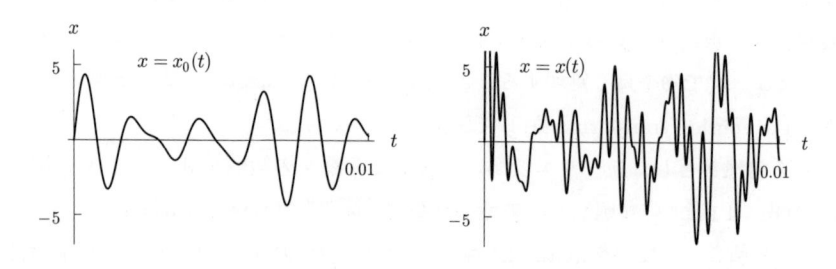

図 1-4　C の和音（左）と雑音が加わった波形（右）

$x(t)$ を $0 \leqq t < 1$ に局所化し，$8192 = 2^{13}$ 個に等分した点 $\{n/8192\}$（$n = 0, \cdots, 8191$）での値 $x_n = x(n/8192)$ の数列 $\{x_n\}$（$n = 0, \cdots, 8191$）をとり，離散フーリエ変換を施して，空間にプロットしたのが図 1-5 左側である．座標軸は，xy 平面は前の例のように複素平面とし，z 軸には離散フーリエ変換された数列 $\{X_n\}$ の項の番号 n をとってある．

左側の点列の中間部分を 0 に置き換えたものを空間にプロットしたのが，図 1-6 の右側である．これに離散フーリエ逆変換を施して，得られた点列の初めの 80 項をプロットして線分で結んだのが，図 1-6 の実線の曲線である（微小な虚数部分は無視してある）．

点線はノイズを加える前の音声に対応したグラフであり，雑音がよく除去されていることが読み取れるであろう．

---

[1]. 1.3 節の例 16 を参照．

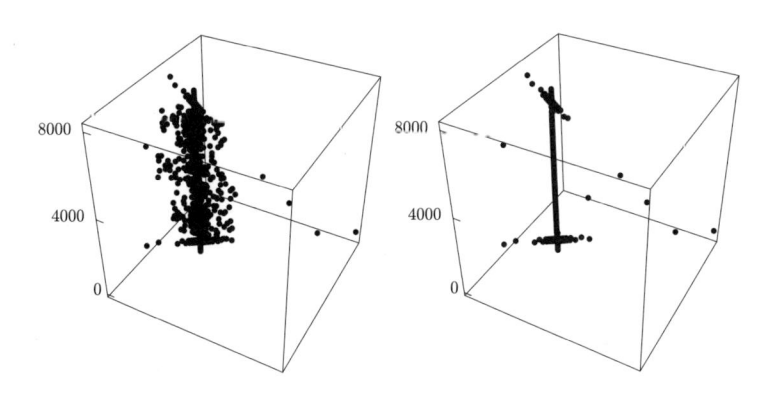

図 1-5　雑音付き信号の離散フーリエ変換（左）と雑音を除去したもの（右）

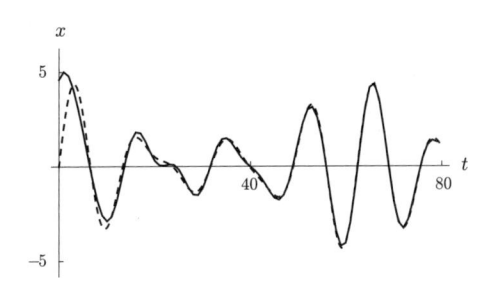

図 1-6　雑音を除去して離散フーリエ逆変換を施した信号（実線）

[4] 高速フーリエ変換

　フーリエ変換をコンピュータで効率良く処理するために離散フーリエ変換が工夫されたと書いたが，実際には，離散フーリエ変換をコンピュータで高速に処理するためのアルゴリズム「高速フーリエ変換」（FFT：Fast Fourier Transform）が開発されて，初めて実用化が進み，今日一般的に見られる音声や画像の処理が可能になったのである．ここでは，その基本的なアイデアを行列演算の視点から紹介する．

　4次の基本行列（A.9節）の一つを

$$P_4 = \begin{pmatrix} 1 & 0 & 0 & 0 \\ 0 & 0 & 1 & 0 \\ 0 & 1 & 0 & 0 \\ 0 & 0 & 0 & 1 \end{pmatrix}$$

とし,2次の対角行列 Λ_2 を次のように定め,2次の単位行列と零行列を I_2 と O_2 で表す(A.9節).

$$\Lambda_2 = \begin{pmatrix} 1 & 0 \\ 0 & W_4^{\ 1} \end{pmatrix}, \quad I_2 = \begin{pmatrix} 1 & 0 \\ 0 & 1 \end{pmatrix}, \quad O_2 = \begin{pmatrix} 0 & 0 \\ 0 & 0 \end{pmatrix}$$

このとき, F_4 は次のように F_2 を用いて表される.ここで,右辺の行列の積は分割された行列の積の演算(A.9節)を用いている(サイズがマッチしていれば,分割された各部分を一つの成分のように見なして積を実行してよい).

$$F_4 = \begin{pmatrix} I_2 & \Lambda_2 \\ I_2 & -\Lambda_2 \end{pmatrix} \begin{pmatrix} F_2 & O_2 \\ O_2 & F_2 \end{pmatrix} P_4$$

このことを一般化して,離散フーリエ変換のサンプル数 N が2の累乗の場合には, F_{2^k} を $F_{2^{k-1}}$ で表す漸化式が得られる.これを用いて離散フーリエ変換を計算する際の演算量を大幅に減少させる方法を**高速フーリエ変換**という.

〔5〕ラプラス変換

フーリエ変換を少し変形することによって,ラプラス(Laplace)変換が得られる(1.6節).

> 関数 $f(t)$ に対し,複素変数 s の関数 $F(s) = \int_0^\infty f(t)e^{-st}dt$ を対応させる変換を**ラプラス変換**といい, $F(s) = \mathcal{L}[f(t)]$ と表す.
> 逆に, $F(s) = \mathcal{L}[f(t)]$ のとき, $F(s)$ に $f(t)$ を対応させる変換を**ラプラス逆変換**といい, $f(t) = \mathcal{L}^{-1}[F(s)]$ と表す.

ラプラス変換もさまざまに応用されるが,微分方程式(A.8節)の解法への応用が古くから知られている.ここでは定数係線形微分方程式(A.8節)の解法への応用(6.3節)を簡単に紹介しておこう.

> **定数係数線形微分方程式の解法**
>
> (1) 未知関数 $y = y(t)$ についての定数係数線形微分方程式の両辺にラプラス変換 $\mathcal{L}$ を施すと，$\mathcal{L}[y]$ の 1 次式が得られる．
> (2) この 1 次式を $\mathcal{L}[y]$ について解く．
> (3) 両辺にラプラス逆変換 $\mathcal{L}^{-1}$ を施して y を求める．

さまざまな現象は微分方程式で記述され，現象を解析するためには微分方程式を解く必要がある．しかし，微分方程式を解くのは一般に困難である．微分方程式自身が我々が知っている既知の関数で表現されていても，その解の関数は一般には既知の関数では表現できないからである．そこで従来，微分方程式のパターンごとに解法のテクニックが蓄積されてきた．

上に紹介したラプラス変換による解法もその一つである．ポイントは，(1) にあるように，微分方程式の階数によらずラプラス変換されたものは $\mathcal{L}[y]$ の 1 次式となり，簡単な式の変形のみで $\mathcal{L}[y]$ について解くことができ，基本的な関数に対するラプラス変換とラプラス逆変換のリストを用意しておくと，極めて機械的かつ容易に微分方程式が解ける点にある．

一方で，近年のコンピュータのハードウェアおよびソフトウェアの著しい発展は，厳密解はさておき，十分な精度の近似解をかなり普遍的に求めることを可能にした．このことが工学への数学の応用にまったく新しい展開を与えつるある[2]．

以上がこの本の要約である．一読して理解できた読者は，もともとこの内容をよく理解していた人で，これ以降を読む必要はないであろう．この本の残りは，初めに述べたように，この要約を理解するための補足説明だからである．この本を途中まで読みながら，あるいは読んだあとで，この要約に繰り返し立ち戻ってほしい．

---

[2] 微分方程式の近似解については，参考文献 [1] の第 10 章にわかりやすい解説がある．

1.2　フーリエ級数の概要

〔1〕三角関数の有限和

三角関数の $\sin x$ や $\cos x$ は基本周期 2π の周期関数であるが，x に 0 でない定数 a をかけた $\sin ax$ や $\cos ax$ は基本周期 $2\pi/a$ の周期関数であり，a の値を変えることによって，さまざまな周期の周期関数が得られる．次の命題がフーリエ級数の出発点である（付録 A.1 節参照）．

> ✤ 命題 1.1 ✤　三角関数の有限和
>
> L を正の定数，m, n を正の整数とするとき，$a\sin\dfrac{m\pi x}{L}$，$b\cos\dfrac{n\pi x}{L}$　（a, b は定数）の形の関数の有限個の和は，周期 $2L$ の周期関数である．

たとえば，$\sin\dfrac{\pi x}{L}$, $\dfrac{1}{2}\cos\dfrac{2\pi x}{L}$, $\dfrac{1}{5}\cos\dfrac{4\pi x}{L}$ はそれぞれ基本周期 $2L, L, \dfrac{L}{2}$ の周期関数であり，$2L$ を共通の周期としてもつから，それらの和

$$y = \sin\frac{\pi x}{L} + \frac{1}{2}\cos\frac{2\pi x}{L} + \frac{1}{5}\cos\frac{4\pi x}{L}$$

は周期 $2L$ の周期関数である．

図 1-7 は，上から $y = \sin\dfrac{\pi x}{L}$, $y = \dfrac{1}{2}\cos\dfrac{2\pi x}{L}$, $y = \dfrac{1}{5}\cos\dfrac{4\pi x}{L}$ のグラフ，最下段は $y = \sin\dfrac{\pi x}{L} + \dfrac{1}{2}\cos\dfrac{2\pi x}{L} + \dfrac{1}{5}\cos\dfrac{4\pi x}{L}$ のグラフである．

〔2〕フーリエ級数

逆に，周期 $2L$ の周期関数は命題 1.1 のタイプの三角関数の無限個の和で表されるというのが，フーリエ級数である．フーリエ係数とフーリエ級数は，次のように定義される（関数項級数については付録 A.3 節〔3〕参照）．

> ✤ 定義 2.1[3] ✤　フーリエ係数
>
> 関数 $f(x)$ と正の数 L に対し，
>
> $$a_n = \frac{1}{L}\int_{-L}^{L} f(x)\cos\frac{n\pi x}{L}\,dx \quad (n = 0, 1, 2, 3, \cdots) \tag{1.1}$$

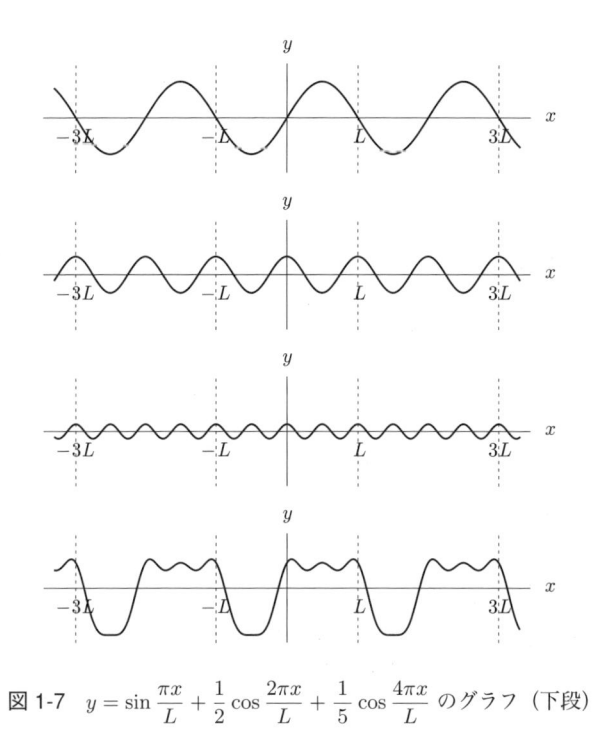

図 1-7 $y = \sin\dfrac{\pi x}{L} + \dfrac{1}{2}\cos\dfrac{2\pi x}{L} + \dfrac{1}{5}\cos\dfrac{4\pi x}{L}$ のグラフ（下段）

$$b_n = \frac{1}{L}\int_{-L}^{L} f(x)\sin\frac{n\pi x}{L}\,dx \quad (n=1,2,3,\cdots) \tag{1.2}$$

で定まる定数の列 $a_0, a_1, \cdots, a_n, \cdots, b_1, \cdots, b_n, \cdots$ を，$f(x)$ の区間 $[-L, L]$ におけるフーリエ係数という．

上の定義で，閉区間の記号 $[-L, L] = \{\,x\,|\,-L \leqq x \leqq L\,\}$ を用いた．

❖ 定義 2.2 ❖　フーリエ級数

正の数 L に対し，$f(x)$ の $[-L, L]$ におけるフーリエ係数を a_n, b_n とするとき

$$f(x) \sim \frac{a_0}{2} + \sum_{n=1}^{\infty}\left(a_n\cos\frac{n\pi x}{L} + b_n\sin\frac{n\pi x}{L}\right) \tag{1.3}$$

---

[3]　ここからの第 1 章の定義・定理等は，第 2 章以降で再掲され詳細に説明される．混乱を招かないように，再掲される際に付与される番号を第 1 章においても使用した．

つまり

$$f(x) \sim \frac{a_0}{2} + a_1 \cos \frac{\pi x}{L} + b_1 \sin \frac{\pi x}{L} + a_2 \cos \frac{2\pi x}{L} + b_2 \sin \frac{2\pi x}{L}$$
$$+ \cdots + a_n \cos \frac{n\pi x}{L} + b_n \sin \frac{n\pi x}{L} + \cdots$$

で定まる関数項級数を，$f(x)$ の区間 $[-L, L]$ における**フーリエ級数**という．

式 (1.3) の ～ は，右辺が $f(x)$ によって定まるフーリエ級数であることを示す記号である．ここでは $f(x)$ が周期関数であるか否かには関係なく，あくまで形式的にフーリエ級数を定義していることに注意されたい．

まず用語を一つ準備し，それを用いて定義 2.2 のフーリエ級数が何を表すのかを定理 2.1 に述べる（2.3 節 [2] 参照）．

❖ 定義 2.3 ❖　**区分的に連続**

関数 $f(x)$ があって，任意の有限区間の中では不連続点があったとしても有限個であるとき，$f(x)$ は**区分的に連続**であるという．

簡単にいえば，$f(x)$ が区分的に連続とは「$f(x)$ は不連続点を無数にもっていてもよいが，不連続点がどこかに密集するようなことはない」ということである（2.3 節 [2] 参照）．

❖ 定理 2.1 ❖　**フーリエ級数の収束**

関数 $f(x)$ は区分的に連続であるとし，正の数 L に対して区間 $[-L, L]$ が $f(x)$ の定義域に含まれるとする．関数 $\tilde{f}(x)$ を，開区間 $-L < x < L$ では不連続点を除いて $f(x)$ に一致し，$2L$ を周期とする周期関数で，不連続点における関数の値が右極限と左極限の平均であるような関数とする．このとき，$f(x)$ の区間 $[-L, L]$ におけるフーリエ級数は $-\infty < x < \infty$ において収束し，和が $\tilde{f}(x)$ となる．つまり

$$\tilde{f}(x) = \sum_{n=1}^{\infty} \left(a_n \cos \frac{n\pi x}{L} + b_n \sin \frac{n\pi x}{L} \right) \tag{1.4}$$

この本では，この定理やこの後に登場する定理の証明は述べない．厳密な証明は参考文献を参照されたい．それに代わるものとして，この本では図版を多用し，またウェブサイトにコンピュータグラフィックスを挙げて，視覚的な理解を助けるよう試みた．なお，$\tilde{f}$ は「エフ・チルダ」と読めばよい．

定理 2.1 の $f(x)$ が初めから $\tilde{f}(x)$ に一致していれば，式 (1.3) の ～ は ＝ で置き換えられることを，系として述べておく．

❖ 系 2.1 ❖　フーリエ級数の収束

実数全域 $-\infty < x < \infty$ で定義された関数 $f(x)$ が，$2L\ (>0)$ を周期とする区分的に連続な周期関数であって，不連続点における関数の値は右極限と左極限の平均であるものとする．このとき，$f(x)$ の区間 $[-L, L]$ におけるフーリエ級数は収束し，和は $-\infty < x < \infty$ において $f(x)$ に一致する．

これがこの項の初めに述べた「周期 L の周期関数は命題 1.1 のタイプの三角関数の無限個の和で表される」ということの正確な表現である．

定理 2.1 を説明する具体例を挙げよう（p.62，例題 2.2 参照）．

◉◉◉ 例 1 ◉◉◉　（例題 2.2 (1)）関数 $f(x) = x$ の区間 $[-\pi, \pi]$ でのフーリエ級数を考える．図 1-8 は上から $y = f(x)$ のグラフ，フーリエ級数の $n = 5$ までの和のグラフ，$n = 20$ までの和のグラフ，$y = \tilde{f}(x)$ のグラフを示す．$y = \tilde{f}(x)$ のグラフにおいて，黒丸 ● はその点がグラフに含まれることを表し，白丸 ○ は含まれないことを表す．

$f(x)$ は周期関数ではないが，$\tilde{f}(x)$ は周期 $2L = 2\pi$ の周期関数であり，不連続点は $x = \pm\pi, \pm 3\pi, \pm 5\pi, \cdots$ と無数にあるが，任意の有限区間の中には不連続点が有限個しかないから，区分的に連続な関数である．不連続点，たとえば $x = \pi$ においては，右極限は $\lim_{x \to \pi - 0} = -\pi$，左極限は $\lim_{x \to \pi + 0} = \pi$ でそれらの平均は 0 となり，$\tilde{f}(0) = 0$ が黒丸で示されている．$f(x)$ と $\tilde{f}(x)$ は区間 $-\pi < x < \pi$ の範囲で一致している．

有限項までの和の表す関数は，いずれも連続な周期関数であり，項数を増やすと $y = \tilde{f}(x)$ のグラフに収束する．$n = 5$ までの項を具体的に書けば

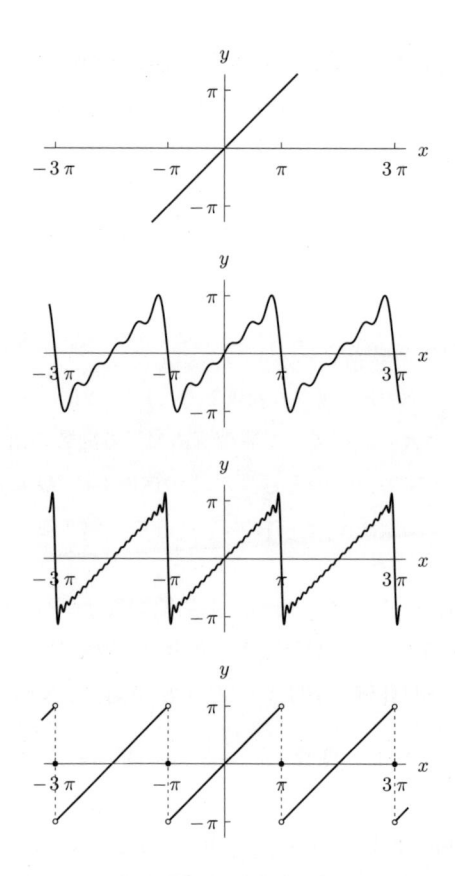

図 1-8 フーリエ級数の収束（例 1）：$f(x) = x$, $L = \pi$

$$f(x) \sim 2\sin x - \sin(2x) + \frac{2}{3}\sin(3x) - \frac{1}{2}\sin(4x) + \frac{2}{5}\sin(5x) + \cdots$$

となる．$f(x) = x$ は奇関数なので，つまり $f(-x) = -f(x)$ が任意の x に対して成り立つので，フーリエ級数に cos の項は現れず，sin のみの級数となる．

◖◖◖ 例 2 ◗◗◗ （例題 2.2 (2)）関数 $f(x) = x^2$ の区間 $[-1, 1]$ でのフーリエ級数を考える．図 1-9 は上から $y = f(x)$ のグラフ，フーリエ級数の $n = 4$ までの和のグラフ，$y = \tilde{f}(x)$ のグラフを示す．$n = 4$ までの項を示すと

$$f(x) \sim \frac{1}{3} - \frac{4\cos(\pi x)}{\pi^2} + \frac{\cos(2\pi x)}{\pi^2} - \frac{4\cos(3\pi x)}{9\pi^2} + \frac{\cos(4\pi x)}{4\pi^2} - \cdots$$

となる．$f(x) = x^2$ は偶関数だから，つまり $f(-x) = f(x)$ が任意の x に対して成り立つから，フーリエ級数には cos の項のみが現れる．

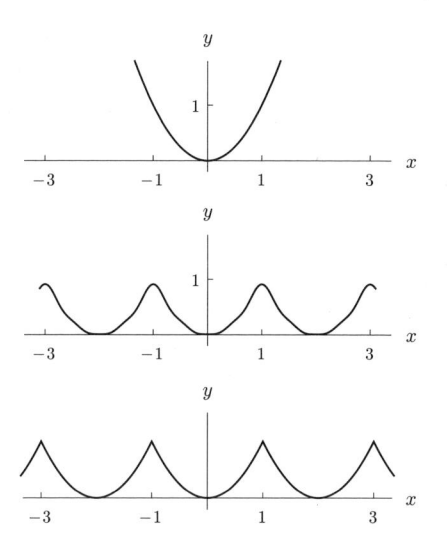

図 1-9　フーリエ級数の収束（例 2）：$f(x) = x^2$，$L = 1$

例 3　　（例題 2.2 (3)）関数 $f(x) = \begin{cases} x^2 & (x \geq 0) \\ 0 & (x < 0) \end{cases}$ の区間 $[-1, 1]$ でのフーリエ級数を考える．図 1-10 は上から $y = f(x)$ のグラフ，フーリエ級数の $n = 20$ までの和のグラフ，$y = \tilde{f}(x)$ のグラフを示す．$n = 3$ までの項を示すと

$$f(x) \sim \frac{1}{6} - \frac{2\cos(\pi x)}{\pi^2} + \frac{(\pi^2 - 4)\sin(\pi x)}{\pi^3} + \frac{\cos(2\pi x)}{2\pi^2} - \frac{\sin(2\pi x)}{2\pi}$$
$$- \frac{2\cos(3\pi x)}{9\pi^2} + \frac{(9\pi^2 - 4)\sin(3\pi x)}{27\pi^3} + \cdots$$

となる．この $f(x)$ は偶関数でも奇関数でもないから，sin の項と cos の項が混在する．

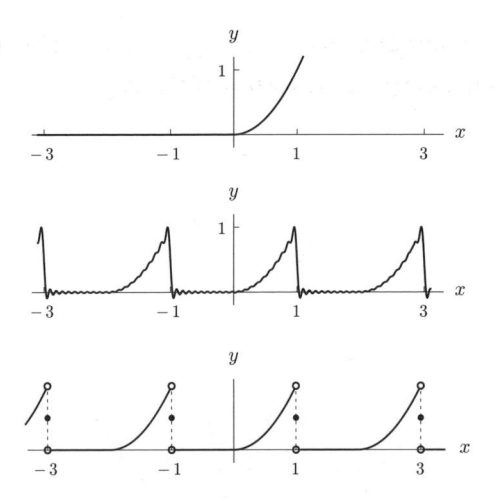

図1-10 フーリエ級数の収束（例3）：$f(x) = \begin{cases} x^2 & (x \geqq 0) \\ 0 & (x < 0) \end{cases}$, $L = 1$

〔3〕フーリエ余弦級数・フーリエ正弦級数

偶関数・奇関数に関連して，フーリエ余弦級数とフーリエ正弦級数もしばしば用いられる．なお，任意の関数 $f(x)$ は

$$f(x) = \frac{f(x) + f(-x)}{2} + \frac{f(x) - f(-x)}{2}$$

のように，偶関数と奇関数の和に分解できることを注意しておく．

♣ 定義 2.4 ♣　フーリエ余弦級数・フーリエ正弦級数

関数 $f(x)$ と正の数 L に対し，次の式で定まる関数項級数を，$f(x)$ の区間 $[0, L]$ における**フーリエ余弦級数**という．

$$f(x) \sim \frac{a_0}{2} + \sum_{n=1}^{\infty} a_n \cos\frac{n\pi x}{L}, \text{ ただし } a_n = \frac{2}{L}\int_0^L f(x) \cos\frac{n\pi x}{L} dx \quad (1.5)$$

また，次の式で定まる関数項級数を，$f(x)$ の区間 $[0, L]$ における**フーリエ正弦級数**という．

$$f(x) \sim \sum_{n=1}^{\infty} b_n \cos\frac{n\pi x}{L}, \text{ ただし } b_n = \frac{2}{L}\int_0^L f(x) \sin\frac{n\pi x}{L} dx \quad (1.6)$$

$f(x)$ が偶関数の場合には，式 (1.5) で定義される a_n は，式 (1.1) で定義されるフーリエ係数 a_n に一致し，式 (1.5) で定義されるフーリエ余弦級数は，式 (1.3) で定義されるフーリエ級数に一致する．

また，$f(x)$ が奇関数の場合には，式 (1.6) で定義される b_n は，式 (1.2) で定義されるフーリエ係数 b_n に一致し，式 (1.6) で定義されるフーリエ正弦級数は，式 (1.3) で定義されるフーリエ級数に一致する．

注意すべきなのは，$f(x)$ が偶関数や奇関数でなければ，式 (1.2) のフーリエ係数 a_n とフーリエ余弦級数 (1.5) の a_n，式 (1.3) のフーリエ係数 b_n とフーリエ正弦級数 (1.6) の b_n は，同じ記号で表してはいるが定義が異なることである．

$f(x)$ が偶関数であるか奇関数であるかにかかわらず，一般に次の系が成り立つ．

✤ 系 2.3 ✤ フーリエ余弦級数・フーリエ正弦級数の収束

(1) 区分的に連続な関数 $f(x)$ の $[0, L]$ におけるフーリエ余弦級数は，開区間 $(0, L)$ においては不連続点を除いて $\tilde{f}(x) = f(x)$，開区間 $(-L, 0)$ においては不連続点を除いて $\tilde{f}(x) = f(-x)$ を満たす周期 $2L$ の偶関数 $\tilde{f}(x)$ に収束する．ただし，$\tilde{f}(x)$ の各不連続点における値は，左方極限と右方極限の平均値であるとする．

(2) 区分的に連続な関数 $f(x)$ の $[0, L]$ におけるフーリエ正弦級数は，開区間 $(0, L)$ においては不連続点を除いて $\tilde{f}(x) = f(x)$，開区間 $(-L, 0)$ においては不連続点を除いて $\tilde{f}(x) = -f(-x)$ を満たす周期 $2L$ の奇関数 $\tilde{f}(x)$ に収束する．ただし，$\tilde{f}(x)$ の各不連続点における値は，左方極限と右方極限の平均値であるとする．

〔4〕複素フーリエ級数

複素数の指数関数に関するオイラーの公式 $e^{i\theta} = \cos\theta + i\sin\theta$ を用いて，$\cos\theta, \sin\theta$ を

$$\cos\theta = \frac{1}{2}\left(e^{i\theta} + e^{-i\theta}\right), \quad \sin\theta = \frac{1}{2i}\left(e^{i\theta} - e^{-i\theta}\right) \tag{1.7}$$

のように表すことができる（2.4 節，付録 A.4 節〔3〕参照））．これを式 (1.1), (1.2),

(1.3) に代入し,総和の記号 Σ の中の添え字(インデックス)を適宜入れ替えて整頓すると,次の定義に至る (2.4 節参照).

> ❖ 定義 2.5 ❖ **複素フーリエ係数・複素フーリエ級数**
> 関数 $f(x)$ と正の数 L に対し
> $$\alpha_n = \frac{1}{2L}\int_{-L}^{L} f(u) e^{-i\frac{n\pi u}{L}} du \quad (n = 0, \pm 1, \pm 2, \cdots) \tag{1.8}$$
> で定まる複素数の列 $\cdots, \alpha_{-n}, \cdots, \alpha_{-1}, \alpha_0, \alpha_1, \cdots, \alpha_n, \cdots$ を,区間 $[-L, L]$ における $f(x)$ の**複素フーリエ係数**といい,級数
> $$f(x) \sim \sum_{n=-\infty}^{\infty} \alpha_n e^{i\frac{n\pi x}{L}} \tag{1.9}$$
> を,区間 $[-L, L]$ における $f(x)$ の**複素フーリエ級数**という.

$f(x)$ が系 2.1 の条件を満たせば,式 (1.9) の $\sim$ は $=$ となる.式 (1.9) の右辺の級数は複素形で表現されてはいるが,式 (1.3) を書き換えたにすぎないから,実質的には実数の級数である.実際,右辺の各項をオイラーの公式で分ければ,i を含む項はすべて互いに消し合うのである.

❚❚❚ **例4** ❚❚❚ (例題 2.4) 例 1 と同じ条件 $f(x) = x$, $L = \pi$ の下での複素フーリエ級数の,$n = -3$ から $n = 3$ までの項を具体的に書くと,次のようになる.

$$\begin{aligned}f(x) &\sim \sum_{n=-\infty, n\neq 0}^{\infty} (-1)^n \frac{i}{n} e^{inx} \\ &= \cdots + \frac{i}{3}e^{-3ix} - \frac{i}{2}e^{-2ix} + ie^{-ix} - ie^{ix} + \frac{i}{2}e^{2ix} - \frac{i}{3}e^{3ix} + \cdots\end{aligned} \tag{1.10}$$

右辺の各項にオイラーの公式を用いて sin, cos について整頓すると,次のように例 1 で得られた式の $n = 3$ までの項が得られる.

$$f(x) \sim 2\sin(x) - \sin(2x) + \frac{2}{3}\sin(3x) - \cdots \tag{1.11}$$

逆に,式 (1.11) に式 (1.7) を用いると,式 (1.10) となる.

実数形のフーリエ級数は，例 1 から例 3 までのように，具体的な視覚的イメージをもっている．実数形の級数をあえて複素形にする理由は，sin と cos に分かれず $e^{i\theta}$ で統一的に表現できることと，次に述べるフーリエ変換への橋渡しとなることである．

　数学においては，実数の範囲ではなく複素数の範囲で考えたほうが，より一般的な観点から統一的に考察できることがよくある．物理学やその応用としての工学においても，複素数を用いることによってより良く処理できることは，周知の事実である．しかし，複素数を実数のように自然な感覚で扱うことは，少なくとも初めのうちは必ずしも容易ではない．この本に関していえば，後述の例 9 や例 12 から，複素数を用いる必然性が理解される（少なくとも想像される）であろう．

1.3　フーリエ変換の概要

〔1〕フーリエ変換・フーリエ逆変換

　フーリエ級数の定義式 (1.3) にフーリエ係数の定義式 (1.1)，(1.2) を代入して，$L \to \infty$ とした極限を考え，さらにオイラーの公式から得られる式 (1.7) を用いれば，次の式が得られる（長い式変形を要する．3.1 節参照）．

$$f(x) \sim \frac{1}{\sqrt{2\pi}} \int_{-\infty}^{\infty} \left(\frac{1}{\sqrt{2\pi}} \int_{-\infty}^{\infty} f(u)\, e^{-itu}\, du \right) e^{itx}\, dt$$

したがって

$$F(t) = \frac{1}{\sqrt{2\pi}} \int_{-\infty}^{\infty} f(u)\, e^{-itu}\, du$$

とおくと

$$f(x) \sim \frac{1}{\sqrt{2\pi}} \int_{-\infty}^{\infty} F(t)\, e^{itx}\, dt \tag{1.12}$$

と表される．このことを念頭において，次のようにフーリエ変換と逆変換を定義する（無限区間での積分に関しては，付録 A.7 節参照）．

> **❖ 定義 3.1 ❖　フーリエ変換・フーリエ逆変換**
>
> (1) 無限区間 $-\infty < x < \infty$ で定義された x の関数 $f(x)$ に対し，$\int_{-\infty}^{\infty} |f(x)|\,dx$ が有限確定であるとする．このとき，t を変数とする関数 $F(t)$ を
>
> $$F(t) = \frac{1}{\sqrt{2\pi}} \int_{-\infty}^{\infty} f(x)\, e^{-itx}\, dx$$
>
> で定義し，$\boldsymbol{f(x)}$ のフーリエ変換（または $\boldsymbol{f(x)}$ のフーリエ積分）という．また，$f(x)$ を $F(t)$ に対応させる関数の変換をフーリエ変換といい，$\mathcal{F}$（スクリプト体の F）を用いて $\mathcal{F}[f(x)] = F(t)$ のように表す．つまり
>
> $$\mathcal{F}[f(x)] = \frac{1}{\sqrt{2\pi}} \int_{-\infty}^{\infty} f(x)\, e^{-itx}\, dx \tag{1.13}$$
>
> (2) 無限区間 $-\infty < t < \infty$ で定義された t の関数 $F(t)$ に対し，$\int_{-\infty}^{\infty} |F(t)|\,dt$ が有限確定であるとする．このとき，x を変数とする関数 $f(x)$ を
>
> $$f(x) = \frac{1}{\sqrt{2\pi}} \int_{-\infty}^{\infty} F(t)\, e^{itx}\, dt$$
>
> で定義し，$\boldsymbol{F(x)}$ のフーリエ逆変換という．また，$F(t)$ を $f(x)$ に対応させる変換をフーリエ逆変換といい，$\mathcal{F}^{-1}[F(t)] = f(x)$ のように表す．つまり
>
> $$\mathcal{F}^{-1}[F(t)] = \frac{1}{\sqrt{2\pi}} \int_{-\infty}^{\infty} F(t)\, e^{itx}\, dt \tag{1.14}$$

定義式の中の e の指数の符号の違いに注意されたい．この定義を用いると，式 (1.12) は次のように簡潔に表される．

$$f(x) \sim \mathcal{F}^{-1}[\mathcal{F}[f(x)]]$$

定理 2.1 で述べたように，フーリエ級数の定義式 (1.2) の中の記号 $\sim$ は，適当な条件の下に等号 $=$ に置き換えることができたが，次の定理に述べるように，同様のことがフーリエ変換と逆変換についても成り立つ．

> ❖ 定理 3.1 ❖　**反転公式**
>
> 実数全域 $-\infty < x < \infty$ で定義された関数 $f(x)$ に対し，$f(x)$ と $f'(x)$ が区分的に連続であるとし，$\int_{-\infty}^{\infty} |f(x)|\,dx$ が有限確定であるとする．また，不連続点における $f(x)$ の値は，右方極限と左方極限の平均値であるとする．このとき，
>
> $$f(x) = \mathcal{F}^{-1}[\mathcal{F}[f(x)]] \tag{1.15}$$

言い換えると，定理 3.1 の条件のもとでの関数の間の対応として，$\mathcal{F}^{-1}$ は文字どおり $\mathcal{F}$ の逆変換となる．式 (1.15) は反転公式と呼ばれる．関数 $f(x)$ が定理 3.1 の最後の条件を満たしていない場合には，不連続点における $f(x)$ の値を左右極限の平均値で置き換えた関数を新たに関数 $\tilde{f}(x)$ と定めれば

$$\tilde{f}(x) = \mathcal{F}^{-1}[\mathcal{F}[f(x)]] \tag{1.16}$$

となる．定理 2.1 と同様に，この定理の証明はこの本では述べずに，参考文献に委ねる．

関数 $f(x)$ のフーリエ変換 (1.13) は何を表しているのだろうか？　上に述べたように，区間 $[-L, L]$ での関数 $f(x)$ のフーリエ級数において $L \to \infty$ とした極限が式 (1.12) であり，その中の $F(t)$ はもとを辿ればフーリエ係数 a_n, b_n に対応する部分である．a_n, b_n は $f(x)$ を周期 L の周期関数にした関数 $\tilde{f}(x)$ の，$\cos(n\pi x/L)$ と $\sin(n\pi x/L)$ の係数であった．したがって，$f(x)$ が初めから $\cos(n\pi x/L)$ や $\sin(n\pi x/L)$ の一つに一致して，たとえば具体的に $f(x) = \cos(8\pi x/L)$ であったとすると，$a_8 = 1$ であり，その他の a_n や b_n はすべて 0 である．

そこで，フーリエ変換についても，$\cos n\pi x$ や $\sin n\pi x$ のタイプの関数の例をまず考えたい．しかし，これらは定理 3.1 の「絶対値の無限区間での積分が有限確定」という条件を満たしていないので，これらの関数を有限区間，たとえば $-1 \leqq x \leqq 1$ に区切って，この区間の外では 0 となるように変形して考える（事実，このほうが実際的である．ある周波数の音がある時刻からある時刻まで鳴る）．いくつかの段階の例を挙げよう．

例 5 関数 $f(x)$ を

$$f(x) = \begin{cases} 1 & (-1 \leqq x \leqq 1) \\ 0 & (x < -1,\ x > 1) \end{cases}$$

で定めると，そのフーリエ変換 $F(t)$ は

$$F(t) = \begin{cases} \sqrt{\dfrac{2}{\pi}}\,\dfrac{\sin t}{t} \\ \sqrt{\dfrac{2}{\pi}} \end{cases}$$

となる．$\displaystyle\lim_{t \to 0}\dfrac{\sin t}{t} = 1$ だから，$F(t)$ は連続関数である．

図 1-11 は，上から元の関数 $y = f(x)$ のグラフ，$f(x)$ のフーリエ変換 $s = \mathcal{F}[f(x)] = F(t)$ のグラフ，$F(t)$ に逆変換を施した関数 $y = \mathcal{F}^{-1}[\mathcal{F}[f(x)]] = \mathcal{F}^{-1}[F(t)]$ のグラフを示す．$y = f(x)$ は不連続点における関数の値が左右極限の

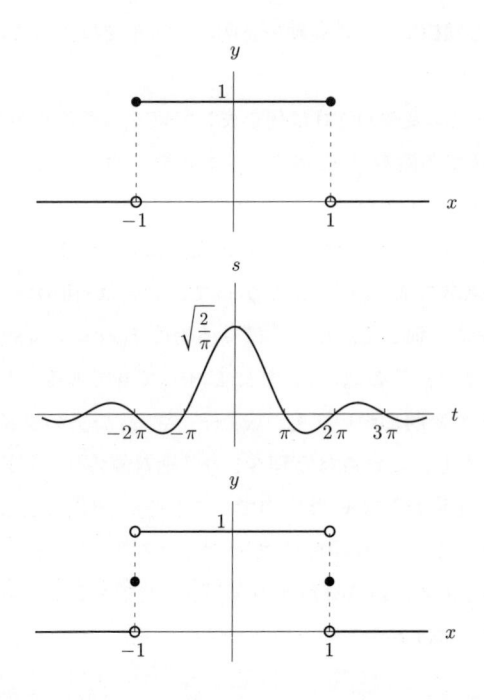

図 1-11　例 5：上から $y = f(x)$, $s = F(t) = \mathcal{F}[f(x)]$, $y = \mathcal{F}^{-1}[\mathcal{F}[f(x)]]$

平均になっていないが，不連続点を除いては逆変換によって元の関数に戻っていることがわかる．

この例では $f(x)$ が偶関数だから，フーリエ変換の定義式 (1.13) の被積分関数 $f(x)(\cos(-tx) + i\sin(-tx))$ の虚数部分は $-1 \leqq x \leqq 1$ の範囲の定積分で消え，$F(t)$ は実数値関数となっていることに注意されたい．

上の $F(t)$ に $\sqrt{\pi/2}$ をかけた関数は，この後も登場するので名前を付けておく．

❖ 定義 3.2 ❖　シンク関数

シンク関数 $\operatorname{sinc} t$ を次の式で定義する．$\operatorname{sinc} t$ は連続関数である（図 1-12）．

$$\operatorname{sinc} t = \begin{cases} \dfrac{\sin t}{t} & (t \neq 0) \\ 1 & (t = 0) \end{cases} \tag{1.17}$$

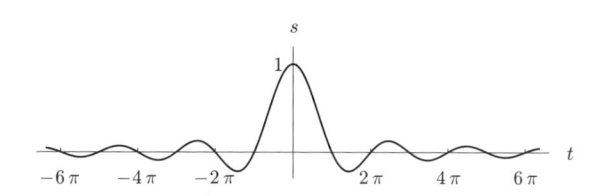

図 1-12　シンク関数 $s = \operatorname{sinc} t$ のグラフ

●●● 例 6 ●●●　関数 $f(x)$ を $f(x) = \begin{cases} \cos 4\pi x & (-1 \leqq x \leqq 1) \\ 0 & (x < -1,\ x > 1) \end{cases}$ で定める（図 1-13）．

$f(x)$ は偶関数だから，例 5 と同じ理由でフーリエ変換 $F(t)$ は実数値関数となり，計算の結果，シンク関数を用いて

$$F(t) = \frac{1}{\sqrt{2\pi}} \{\operatorname{sinc}(t + 4\pi) + \operatorname{sinc}(t - 4\pi)\}$$

と表される．したがって，$s = F(t)$ のグラフはシンク関数 $s = \operatorname{sinc} x$ のグラフを左右に 4π 平行移動した二つの曲線の和に定数 $1/\sqrt{2\pi}$ をかけたものになる（図 1-14）．$s = F(t)$ のグラフのピークが $t = \pm 4\pi$ のところに現れていることに注目されたい．

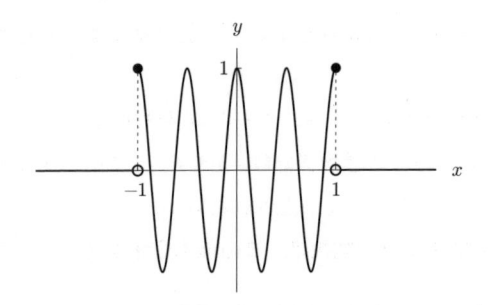

図 1-13　例 6 の $y = f(x)$（偶関数）

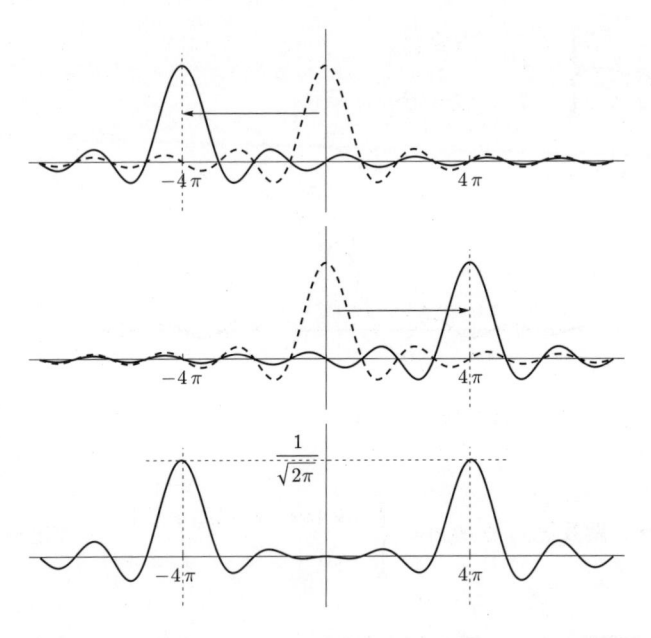

図 1-14　例 6 の $F(t) = \mathcal{F}[f(x)]$：シンク関数を移動に加える

なぜ $t = \pm 4\pi$ のところにピークが現れるのだろうか？　4π は $f(x) = \cos 4\pi x$ の x の係数である．まず，t の値が π の整数倍の場合には，次のようにフーリエ係数と関連付けられる．ここでは $f(x)$ が偶関数だから，式 (1.13) の定義から，$t = m\pi$（m は 0 以上の整数）のときには，$F(t)$ の値は区間 $-1 \leqq x \leqq 1$ での $f(x) = 4\pi x$ のフーリエ係数 a_m の $1/\sqrt{2\pi}$ 倍に一致している．したがって，$m = 4$ のところで

$1/\sqrt{2\pi}$ となり，その他の 0 以上の整数 m に対しては 0 となる．$F(t)$ の t に関する対称性から，負の整数 m についても同様である．

$t = 4m\pi$（m は整数）以外の t については，ピークの $t = \pm 4\pi$ から遠ざかるにつれて振動の幅が減少するのだが，それは実際に $F(t)$ を計算すると現れるシンク関数の性質を反映している．

例 7 関数 $g(x)$ を $g(x) = \begin{cases} \sin 6\pi x & (-1 \leqq x \leqq 1) \\ 0 & (x < -1,\ x > 1) \end{cases}$ で定める（図 1-15）．

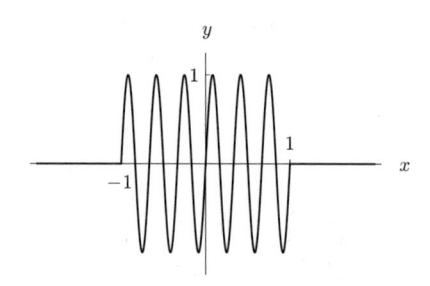

図 1-15 例 7 の $y = g(x)$（奇関数）

$g(x)$ は奇関数だから，フーリエ変換の定義式 (1.13) の被積分関数 $g(x)(\cos(-tx) + i\sin(-tx))$ の実数部分は $-1 \leqq x \leqq 1$ の範囲の定積分で消え，$g(x)$ のフーリエ変換 $G(t)$ は純虚数値関数となり，計算の結果シンク関数を用いて

$$G(t) = \frac{i}{\sqrt{2\pi}} \{\operatorname{sinc}(t + 6\pi) - \operatorname{sinc}(t - 6\pi)\}$$

と表される．$G(t)$ は純虚数値関数だから，通常の意味での実数値関数としてのグラフを描くことはできないのだが，虚数部分（虚数単位 i を取り除いた部分）は実数値関数としてグラフを描くことができる（図 1-16）．$t = \pm 6\pi$ のところにピークが現れる理由は例 6 と同じである．

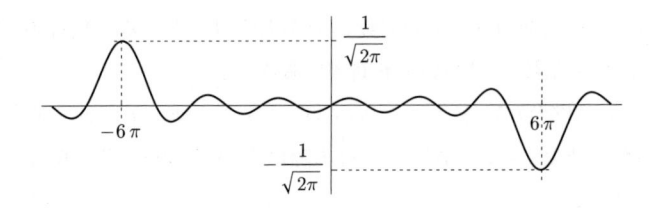

図 1-16　例 7 の $\mathrm{Im}\,[G(t)] = \mathrm{Im}\,[\mathcal{F}\,[g(x)]]$ （$G(t)$ の虚数部分）

■■■ 例8 ■■■　例 6 と例 7 を混ぜ合わせた例を考える．関数 $h(x)$ を

$$h(x) = \begin{cases} \cos 4\pi x + \sin 6\pi x & (-1 \leqq x \leqq 1) \\ 0 & (x < -1,\ x > 1) \end{cases}$$

で定める（図 1-17）.

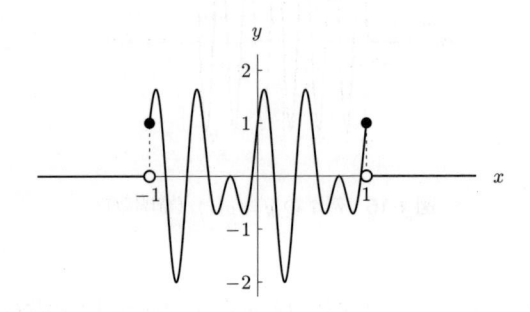

図 1-17　例 8 の $y = h(x)$ （奇関数でも偶関数でもない）

$h(x)$ は偶関数でも奇関数でもないから，$h(x)$ のフーリエ変換 $H(t)$ は実数部分と虚数部分が混在し，シンク関数を用いて

$$H(t) = \frac{1}{\sqrt{2\pi}} \left\{ \mathrm{sinc}\,(t+4\pi) + \mathrm{sinc}\,(t-4\pi) \right\} \\ + \frac{i}{\sqrt{2\pi}} \left\{ \mathrm{sinc}\,(t+6\pi) - \mathrm{sinc}\,(t-6\pi) \right\}$$

と表される．この $H(t)$ のグラフはどう描いたらよいのであろうか？
　まず，実数部分と虚数部分に分けて描くことが考えられる．それは図 1-14（最下段）と図 1-16 となるが，t の値に対して $H(t)$ が複素数になっていることが反映されておらず，2 枚のグラフを合わせても $H(t)$ の状況が十分表現されていない．

次に，t の値を固定すると，$H(t)$ は複素数，つまり複素平面上の点を表すから，t をパラメータとする複素平面上の曲線が得られる（図 1-18）（複素平面については付録 A.4 節〔1〕参照）．

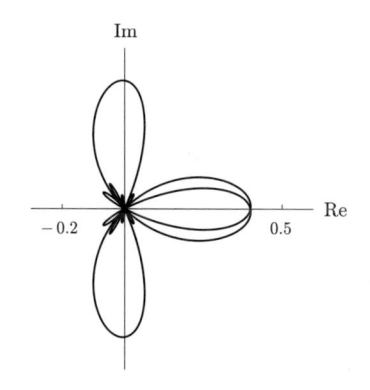

図 1-18 例 8 のフーリエ変換 $H(t)$：複素平面上の曲線

しかし，この図では関数値の分布状況はわかっても，図 1-14（下段）や図 1-16 に現れるピークは読み取れない．そこで 3 次元実数空間（xyz 空間）の xy 平面を複素平面で置き換え，z 軸を t 軸で置き換えた空間での曲線を考えることにする（図 1-19）．

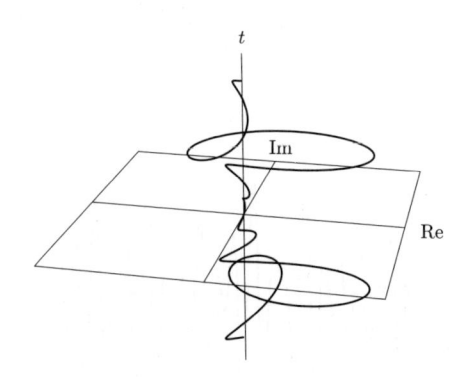

図 1-19 例 8 の $H(t)$ を空間曲線として表示

この曲線を三つの座標平面（xyz 空間でいえば，xy 平面（複素平面），xz 平面，yz 平面）に射影すると図 1-20 のようになり，図 1-18，図 1-14，図 1-16 が得られる（図 1-20 の中図と右図では，座標軸が $90°$ 回転している）．

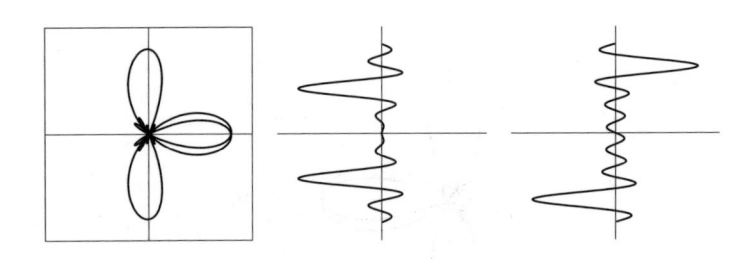

図 1-20　図 1-19 の空間曲線 $H(t)$ の 3 平面への射影

◦◦◦ 例9 ◦◦◦　例 8 の図 1-19 では曲線の特徴があまり明確でないので，よりわかりやすく，かつ実際的な例を挙げよう．関数 $f(x)$ を，$-1 \leqq x \leqq 1$ ならば

$$f(x) = 2\cos(440 \times 2\pi x) + \sin(2^{1/4} 440 \times 2\pi x) + 0.5\cos(2^{7/12} 440 \times 2\pi x)$$

であるとし，それ以外の x に対しては $f(x) = 0$ であると定める．$f(x)$ は音楽でいうラドミの和音（A マイナーの和音）である．第 2 項の sin を cos で置き換えて $f(x)$ を偶関数にするか，あるいは 3 項とも sin にして奇関数にしても，和音の印象はあまり変わらないが，ここではあえて偶関数でも奇関数でもないように設定してある．$0 \leqq x \leqq 0.03$ の範囲で $y = f(x)$ のグラフを描けば，図 1-21 となる．

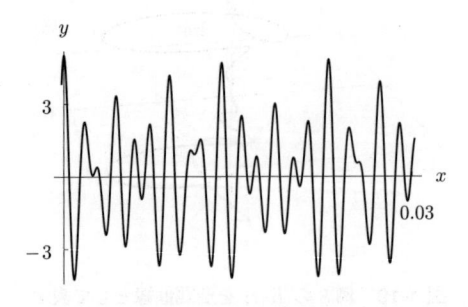

図 1-21　例 9 の A マイナーの和音

$f(x)$ のフーリエ変換 $F(t)$ を空間曲線として描いたのが図 1-22 である．座標軸のとり方は図 1-19 と同じであるが，曲線が明瞭に表示されるように，座標軸は描かずに全体をボックスで囲んである．座標軸の目盛りは，t 座標のみボックスの垂直な辺に沿って示してある．

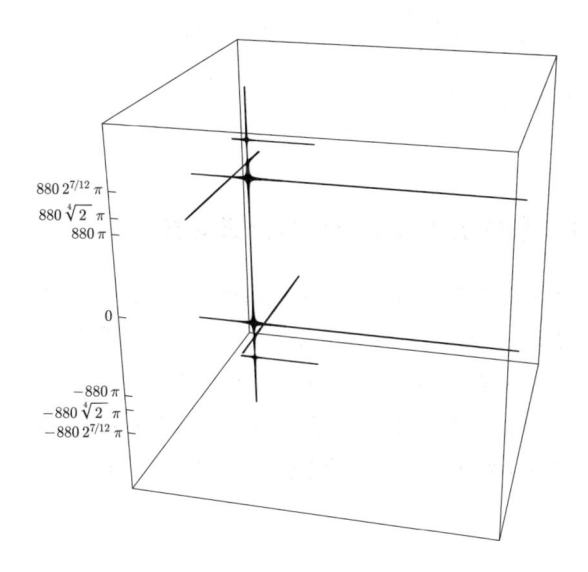

図 1-22 例 9 の信号のフーリエ変換：角周波数のスペクトル

図 1-21 の音声がどのような周波数（高さ）の音で成り立っているかという，いわゆる周波数成分が，cos 成分（実軸 Re 方向）と sin 成分（虚軸 Im 方向）とに分かれ，しかも大きさを伴ったスペクトルとしてきれいに現れているのが読み取れる（実際には，$t \geq 0$ の範囲で考えれば十分である）．

ここまで来れば，フーリエ変換がなぜ複素数の範囲で扱われると好都合なのかが（少なくとも感覚的には）理解いただけるであろう．

計算上有用なフーリエ変換の性質をまとめておこう．登場する関数はすべて定理 3.1 の条件を満たすものとする．

❖ 定理 3.2 ❖　フーリエ変換の性質

(1) $\mathcal{F}[af(x)+bg(x)] = a\mathcal{F}[f(x)] + b\mathcal{F}[g(x)]$

$\mathcal{F}[f(x)] = F(t)$ と表すとき，

(2) $\mathcal{F}[f(sx)] = \dfrac{1}{|s|}F\left(\dfrac{t}{s}\right)$　　(s は 0 でない実数)

(3) $\mathcal{F}[f(t)e^{it_0 x}] = F(t-t_0)$

〔2〕フーリエ余弦変換・フーリエ正弦変換

例 6 と例 7 で見たように，関数 $f(x)$ が偶関数ならば，そのフーリエ変換 $F(t)$ は実数値関数であり，関数 $f(x)$ が奇関数ならば，$F(t)$ は純虚数値関数だから，その虚部分を考えればすべて実数の範囲で処理できる．同じことだか，任意の関数を偶関数と奇関数の和に分解して考えれば，複素数を用いないで処理できる．このことからフーリエ級数の場合の余弦級数・正弦級数と同じように，余弦変換・正弦変換が定義される．

❖ 定義 3.3 ❖　フーリエ余弦変換・フーリエ正弦変換

関数 $f(x)$ が定義 3.1 (1) の条件を満たすとき，t を変数とする関数 $C(t), S(t)$ を

$$C(t) = \sqrt{\dfrac{2}{\pi}} \int_0^\infty f(u) \cos tu\, du \tag{1.18}$$

$$S(t) = \sqrt{\dfrac{2}{\pi}} \int_0^\infty f(u) \sin tu\, du \tag{1.19}$$

で定義し，それぞれ $f(x)$ の**フーリエ余弦変換**，**フーリエ正弦変換**という．

フーリエ余弦変換とフーリエ正弦変換に対して特に逆変換の記号は定めないが，定理 3.1 に対応して次の系が成り立つ．

> **♣ 系 3.1 ♣ 反転公式**
>
> 関数 $f(x)$ が定理 3.1 の条件を満たし，さらに偶関数であるとき，
>
> $$f(x) = \sqrt{\frac{2}{\pi}} \int_0^\infty C(t) \cos tx \, dt \tag{1.20}$$
>
> $f(x)$ が奇関数であるとき，
>
> $$f(x) = \sqrt{\frac{2}{\pi}} \int_0^\infty S(t) \sin tx \, dt \tag{1.21}$$

1.4　離散フーリエ変換の概要

〔1〕デジタル化

　フーリエ変換はさまざまに応用される．1.3 節〔1〕の例 9 のような音声の周波数成分の解析などは，わかりやすい例である．実際には，1.1 節の例で示したように雑音の入った音声にフーリエ変換を施し，雑音の成分を除去した上で逆変換して雑音のない音声にする，といった形で応用される．それをたとえば携帯電話で受信した音声に対してリアルタイムで行おうとすれば，高速に処理できなければ実用的ではない．

　コンピュータで高速にフーリエ変換を行うためにフーリエ変換を作り変えたものが離散フーリエ変換であり，それを実際にコンピュータ内で実行する際にさらにスピードを上げるためのアルゴリズムが，次の節で紹介する高速フーリエ変換である．

　この節では，応用を念頭において，物理や信号処理で一般的に用いられる表記法を用い，関数を $x(t)$ の形で表して信号と呼ぶことにする．t は時間のパラメータである．コンピュータ内部ではすべてのデータは有限桁の 2 進数で表現されるから，「無限」や「連続」を扱うことはできない．コンピュータでフーリエ変換を行うときには，次に述べるように信号 $x(t)$ をデジタル化して，それに対してあとで定義する離散フーリエ変換を施す．

(1) $x(t)$ が無限区間で存在したとしても，ある有限の時間帯 $a \leqq t \leqq b$ で測定する（**局所化**）．

(2) 適当な間隔で有限個の時刻 $a = t_0 < t_1 < t_2 < \cdots < t_{n-1} < b$ をとり，$x(t_k)$ $(k = 0, 1, 2, \cdots, n-1)$ の値を測定する（**離散化**）．

(3) 各 $x(t_k)$ の値は有限な一定の桁数の近似値として処理される（**量子化**）．

(1)(2)(3) のようにデータをコンピュータ処理に適した形に変換することを，**デジタル化**という（4.1 節 [1] 参照）．

[2] 離散フーリエ変換

まず，フーリエ変換とフーリエ逆変換の定義式 (1.13)，(1.14) を，物理や信号処理で一般的に用いられている表現に書き改める．虚数単位 $i = \sqrt{-1}$ を j で置き換え，信号 $x(t)$ にフーリエ変換を施して得られる関数を $X(\omega)$ で表し，式 (1.13) の係数 $\dfrac{1}{\sqrt{2\pi}}$ を式 (1.14) に組み込むと，フーリエ変換は

$$X(\omega) = \int_{-\infty}^{\infty} x(t) e^{-j\omega t} dt \tag{1.22}$$

となり，フーリエ逆変換は

$$x(t) = \frac{1}{2\pi} \int_{-\infty}^{\infty} X(\omega) e^{j\omega t} d\omega \tag{1.23}$$

となる（ω はギリシア文字のオメガ）．

次に，フーリエ変換 (1.22) を次のように離散化する．N を正の整数とする．信号 $x = x(t)$ を区間 $0 \leqq t < N$ に局所化し，区間内の分点 $t_n = n$ $(n = 0, 1, 2, \cdots, N-1)$ に離散化して $x_n = x(t_n)$ $(n = 0, 1, 2, \cdots, N-1)$ とする．式 (1.21) の積分を，被積分関数の $t = t_n$ における値に区間の幅 1 をかけたもので近似して

$$\tilde{X}(\omega) = \sum_{n=0}^{N-1} x_n e^{-j\omega n} \tag{1.24}$$

とおく．図 1-23 は積分の近似の様子を表す（実際には $x(t)e^{-j\omega t}$ は複素数値関数なので，一種の疑念図であるが）．

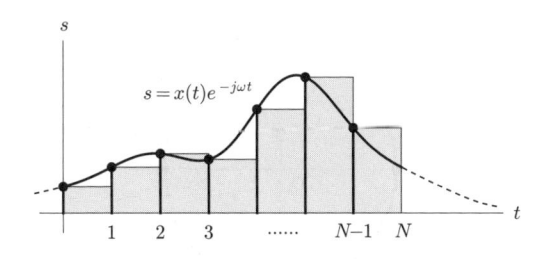

図 1-23 積分 (1.22) の近似の概念図

　右辺の各項は ω について周期 2π の周期関数で，それらの有限和 $\tilde{X}(\omega)$ も周期 2π の周期関数だから[4]，$\tilde{X}(\omega)$ を区間 $0 \leqq \omega < 2\pi$ に局所化し，区間を N 等分した点

$$\omega_k = \frac{2k\pi}{N} \ (k = 0, 1, 2, \cdots, N-1) \tag{1.25}$$

に離散化し，$X_k = \tilde{X}(\omega_k)$ とおけば

$$X_k = \sum_{n=0}^{N-1} x_n e^{-j\frac{2\pi nk}{N}} \ (k = 0, 1, 2, \cdots, N-1) \tag{1.26}$$

が得られる．

　さらに，表現を簡潔にするため 1 の原始 N 乗根を $\zeta = e^{j\frac{2\pi}{N}}$ とおいて（付録 A.4 節〔2〕，図 1-24 参照）式 (1.26) を書き直せば，次の定義となる．

❖ 定義 4.1 ❖　離散フーリエ変換

N 項の数列 $\{x_0, x_1, x_2, \cdots, x_{N-1}\}$ に対し，

$$X_k = \sum_{n=0}^{N-1} x_n \zeta^{-nk} \ (k = 0, 1, 2, \cdots, N-1) \tag{1.27}$$

で定まる N 項の数列 $\{X_0, X_1, X_2, \cdots, X_{N-1}\}$ を対応させる変換を，**離散フーリエ変換**という．ただし，ζ は 1 の原始 N 乗根（$\zeta = e^{j\frac{2\pi}{N}}$，$j$ は虚数単位）．

---

[4]. 離散化する前の式 (1.22) の $X(\omega)$ は周期関数ではない（1.3 節の $F(t)$ の例参照），念のため．

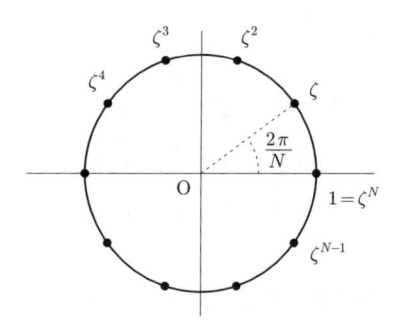

図 1-24　1 の原始 N 乗根 ζ

式 (1.27) は X_k が x_n の 1 次同次式であることを表すから，行列で表現される．正の整数 N に対し，次のように N 次の**フーリエ行列** F_N を定める．

$$F_N = \begin{pmatrix} 1 & 1 & 1 & \cdots & 1 \\ 1 & \zeta^{-1} & \zeta^{-2} & \cdots & \zeta^{-(N-1)} \\ 1 & \zeta^{-2} & \zeta^{-4} & \cdots & \zeta^{-2(N-1)} \\ \vdots & \vdots & \vdots & \cdots & \vdots \\ 1 & \zeta^{-(N-1)} & \zeta^{-2(N-1)} & \cdots & \zeta^{-(N-1)(N-1)} \end{pmatrix} \tag{1.28}$$

F_N を用いると，定義 4.1 は次のように書き表すことができる．

♣ 定義 4.1′ ♣　離散フーリエ変換の行列表現

N 項の数列 $\{x_0, x_1, x_2, \cdots, x_{N-1}\}$ に対し，

$$\begin{pmatrix} X_0 \\ X_1 \\ X_2 \\ \vdots \\ X_{N-1} \end{pmatrix} = \begin{pmatrix} 1 & 1 & 1 & \cdots & 1 \\ 1 & \zeta^{-1} & \zeta^{-2} & \cdots & \zeta^{-(N-1)} \\ 1 & \zeta^{-2} & \zeta^{-4} & \cdots & \zeta^{-2(N-1)} \\ \vdots & \vdots & \vdots & \cdots & \vdots \\ 1 & \zeta^{-(N-1)} & \zeta^{-2(N-1)} & \cdots & \zeta^{-(N-1)(N-1)} \end{pmatrix} \begin{pmatrix} x_0 \\ x_1 \\ x_2 \\ \vdots \\ x_{N-1} \end{pmatrix} \tag{1.29}$$

で定まる N 項の数列 $\{X_0, X_1, X_2, \cdots, X_{N-1}\}$ を対応させる変換を，**離散フーリエ変換**という．ただし，ζ は 1 の原始 N 乗根（$\zeta = e^{j\frac{2\pi}{N}}$，$j$ は虚数単位）．

〔3〕離散フーリエ逆変換

F_N の逆行列 F_N^{-1} を用いて，離散フーリエ逆変換が定義される．1 の原始 N 乗根 ζ と整数 a に対して，一般に次の等式が成立する（4.2 節〔2〕参照）．

$$1 + \zeta^a + \zeta^{2a} + \cdots + \zeta^{(N-1)a} = \begin{cases} 0 & (a \text{ は } N \text{ の倍数でない}) \\ N & (a \text{ は } N \text{ の倍数}) \end{cases} \tag{1.30}$$

これを用いると F_N^{-1} は

$$F_N^{-1} = \frac{1}{N} \begin{pmatrix} 1 & 1 & 1 & \cdots & 1 \\ 1 & \zeta & \zeta^2 & \cdots & \zeta^{N-1} \\ 1 & \zeta^2 & \zeta^4 & \cdots & \zeta^{2(N-1)} \\ \vdots & \vdots & \vdots & \cdots & \vdots \\ 1 & \zeta^{N-1} & \zeta^{2(N-1)} & \cdots & \zeta^{(N-1)(N-1)} \end{pmatrix} \tag{1.31}$$

であることがわかる．この F_N^{-1} を用いて逆変換を定義し，行列を用いない形で表せば，次の定義となる．

> ❖ 定義 4.2 ❖　**離散フーリエ逆変換**
>
> n 項の数列 $\{X_0, X_1, X_2, \cdots, X_{N-1}\}$ に対し，
>
> $$x_n = \frac{1}{N} \sum_{k=0}^{N-1} X_k \zeta^{nk} \quad (n = 0, 1, 2, \cdots, N-1) \tag{1.32}$$
>
> で定まる n 項の数列 $\{x_0, x_1, x_2, \cdots, x_{N-1}\}$ を対応させる変換を，**離散フーリエ逆変換**という．ただし，ζ は 1 の原始 N 乗根（$\zeta = e^{j\frac{2\pi}{N}}$，$j$ は虚数単位）．

離散フーリエ変換の定義 (1.27) は四則演算による有限数列の対応であって，フーリエ変換の定義 (1.13)，(1.14) とは論理的に独立である．この 1.4 節の前半に述べたことは，離散フーリエ変換のバックグラウンドとしてのフーリエ変換と離散フーリエ変換との関連性にすぎない．当然ながら，離散フーリエ変換はフーリエ変換のもっている性質を反映するとともに，大きく異なっている点もある．そのことはフーリエ積分を離散フーリエ変換で近似する概念図（図 1-23）からも見当がつくであろう．「近似する」とはいっても，定積分を近似する数値積分（誤差をいくらでも小さくできる）とは異なり，誤差（相違）がそもそも大きいこと

が図 1-23 から読み取れるであろう．このことに注意しながら，以下にいくつかの例を挙げる．

●●● 例10 ●●● 時刻のパラメータを t（秒）とし，1000 ヘルツ，つまり 1 秒間に 1000 回振動する音波

$$x(t) = \cos(1000 \times 2\pi t)$$

を考える．$x(t)$ を $0 \leqq t < 1/1000$ に局所化し，間隔 $1/8000$ で 8 個の点（サンプル点）$t_0 = 0 < t_1 < \cdots < t_7$ をとり，これらの点における $x(t)$ の値（サンプル値）

$$\left\{1, \frac{1}{\sqrt{2}}, 0, -\frac{1}{\sqrt{2}}, -1, -\frac{1}{\sqrt{2}}, 0, \frac{1}{\sqrt{2}}\right\} \tag{1.33}$$

を考える（図 1-25）．

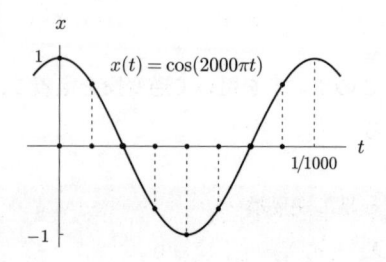

図 1-25 例 10：サンプル点とサンプル値

この 8 項の数列に離散フーリエ変換を施すと

$$\{0, 4, 0, 0, 0, 0, 0, 4\} \tag{1.34}$$

となり，図 1-26 のように分布している．

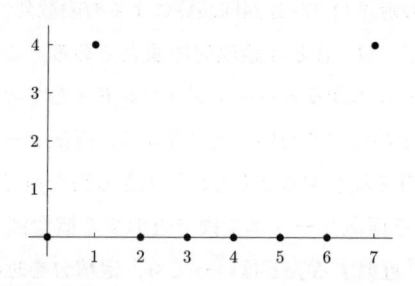

図 1-26 例 10：サンプル値の離散フーリエ変換

フーリエ変換との関連は次のようになる．フーリエ変換 (1.21) を式 (1.22) で近似するとき，信号 $x(t)$ を $0 \leqq t < N-1$ に局所化し，分点の幅を 1 として $t = 0, 1, \cdots, N-1$ に離散化したことを思い起こせば，この例の音波 $x(t) = \cos(2000\pi t)$ $(0 \leqq t < 0.001)$ を考えるとき，$x(t)$ 自身ではなく $x(t)$ t 軸方向に拡大した信号

$$y(t) = \cos\frac{\pi t}{4} \quad (0 \leqq t < 8)$$

を考える必要がある（図 1-27）．

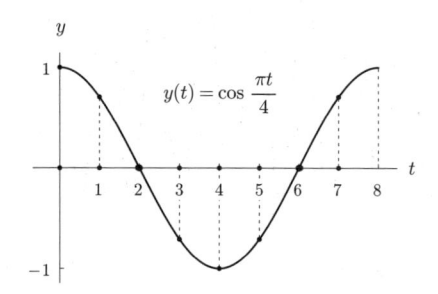

図 1-27　$f(t) = \cos\dfrac{\pi t}{4}$ の局所化と離散化

$y(t)$ にフーリエ変換 (1.21) を施したものは，計算の結果

$$Y(\omega) = \frac{-16\omega\sin(8\omega) + 32i\omega\sin^2(4\omega)}{\pi^2 - 16\omega^2} \tag{1.35}$$

となる．この $Y(\omega)$ に $\omega = \omega_k = k\pi/4$ $(k = 0, 1, \cdots, 7)$ を代入した値の近似値が式 (1.34) となるはずである．実際，$k \neq 1$ では 0 となり，$k = 1$ ではシンク関数の場合と同様の極限をとることにより，4 となる．つまり，

$$\{0, 4, 0, 0, 0, 0, 0, 0\} \tag{1.36}$$

となる．$k = 1$ のところにピークが現れる．つまり $\cos(\pi t/4)$ のフーリエ変換のピークが $\omega = k\pi/4$ で現れるのは，1.3 節 [1] の例 6 の関数 $\cos 4\pi x$ $(-1 \leqq x \leqq 1)$ のフーリエ変換のピークが $t = 4\pi$ で現れたのと同じ理由である．

一方，式 (1.36) の近似であるはずの式 (1.34) の第 8 項，つまり $k = 7$ の項が大きく異なっているのはなぜであろうか．このことは 1 の原始 8 乗根 ζ の性質

を用いて計算で示すこともできるが (4.2 節), 図 1-28 からも推察できるであろう. $x = \cos(2000\pi t)$ と $x = \cos(14000\pi t)$ のグラフは $t = t_k$ ($k = 0, 1, \cdots, 7$) でちょうど交わり, 式 (1.33) は $x = \cos(2000\pi t)$ のサンプル値であると同時に $x = \cos(14000\pi t)$ のサンプル値でもある. 図 1-20 に対応する関数は $y(t) = \cos(7\pi t/4)$ だから, $\omega = 7\pi/4$ のところ, つまり X_7 にもピークが現れるのである.

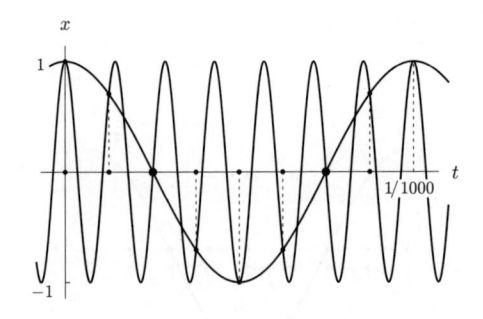

図 1-28 $x = \cos(2000\pi t)$ と $x = \cos(14000\pi t)$ のグラフ：同じサンプル値

●●● 例 11 ●●● 例 10 のコサインをサインに変えた例を考える. $x(t) = \sin(2000\pi t)$ を $0 \leqq t < 0.001$ に局所化し, 8 項のサンプル値

$$\left\{0, \frac{1}{\sqrt{2}}, 1, \frac{1}{\sqrt{2}}, 0, -\frac{1}{\sqrt{2}}, -1, -\frac{1}{\sqrt{2}}\right\}$$

をとる. 離散フーリエ変換を施すと

$$\{0, -4i, 0, 0, 0, 0, 0, 4i\}$$

となり, 純虚数が出てくるが, その虚数部分 (実数値) をプロットすると, 図 1-29 右図のようになる. 純虚数となることと $k = 1$ のところに下向きのピークが現れることは 1.3 節 [1] の例 7 に対応していて, $k = 7$ のところにも上向きのピークが現れる理由は, 例 10 と同様である.

例 10 と例 11 では信号の周期がサンプル点の間隔 (サンプル周期という) の整数倍になっていて, そのため離散フーリエ変換を施した結果が実数あるいは純虚数になっていた. 例 10 では ω のとり方から式 (1.35) の虚数部分が消えるためである.

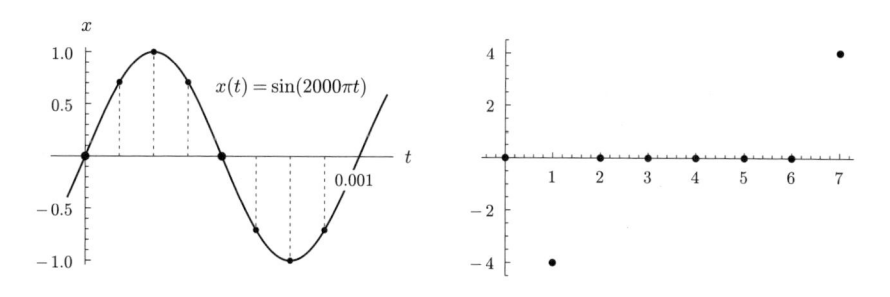

図 1-29 例 11：$x(t) = \sin(2000\pi t)$ の離散フーリエ変換の虚数部分

信号 $x(t)$ に sin の項と cos の項が混在したり，あるいは一方のみでも周期がサンプル周期の整数倍でない場合には，離散フーリエ変換を施した結果に実数と純虚数が混在する．

●●● 例 12 ●●● 信号 $x(t) = \cos(2600\pi t)$ を $0 \leqq t < 0.001$ に局所化し，8 個のサンプル値をとる．$x(t)$ の周期 $1/1300$ はサンプリング周期 $1/1000$ の整数倍ではない．サンプル値に離散フーリエ変換を施すと

$$\{1.50363, 2.85081 + 2.50697i, -0.121483 - 1.25265i,$$
$$0.324765 - 0.376387i, 0.3882, 0.324765 + 0.376387i,$$
$$-0.121483 + 1.25265i, 2.85081 - 2.50697i\}$$

となり，複素数が現れる．それらを複素平面上に，あるいは図 1-19 や図 1-22 のように 3 次元的に表すこともできるが，ここでは絶対値をとって離散フーリエ変換を図示してみる（図 1-30 右図）．規則な分布をすることがわかる．

●●● 例 13 ●●● 1.3 節〔1〕の例 9 に対応する例を挙げる．

図 1-31 左図の信号 $x_0(t)$ に高音のノイズを加えた信号 $x(t)$（図 1-31 右図）を考える．

$x(t)$ を $0 \leqq t < 1$ に局所化し，$8192 = 2^{13}$ 個のサンプル値をとり，離散フーリエ変換を施して $\{X_n\}$ とし，図 1-22 と同じ座標軸をとった空間にプロットしたのが，図 1-32 である．

図 1-32 の点 $\{X_n\}$ の中間部を 0 に置き換えたものを $\{\bar{X}_n\}$ とし，それを空間にプロットしたのが，図 1-33 である．

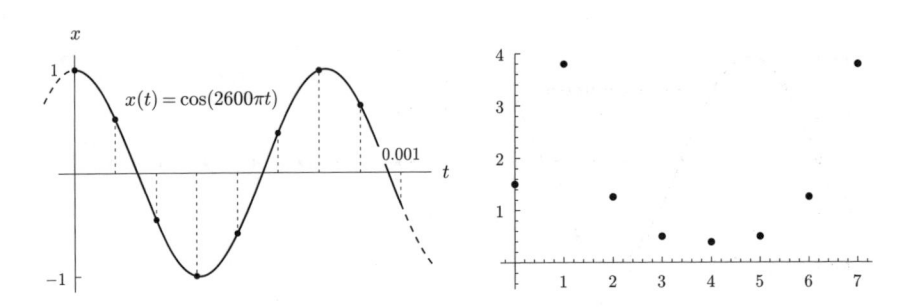

図 1-30 例 12：周期がサンプル周期の整数倍でない．右は離散フーリエ変換の絶対値

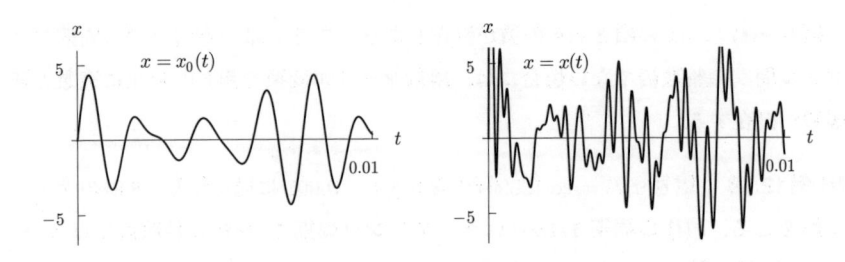

図 1-31 例 13：$x_0(t)$（左）にノイズを加えた $x(t)$（右）

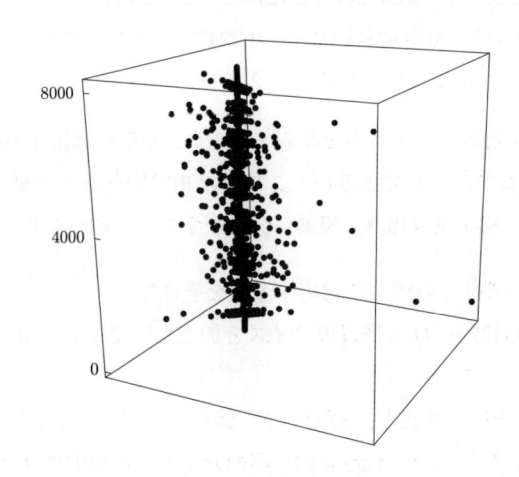

図 1-32 例 13：$x(t)$ の 8192 項の離散フーリエ変換

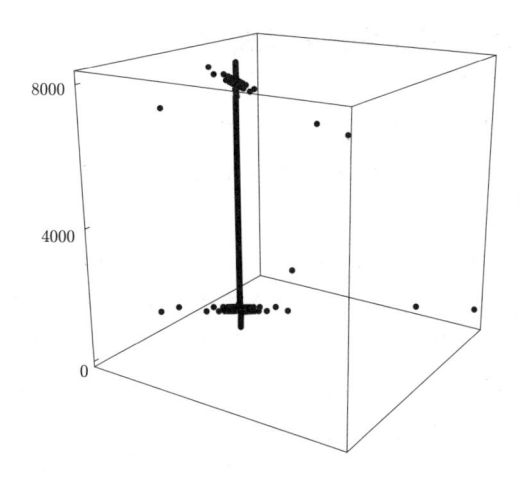

図 1-33　図 1-32 の中間部を 0 に置き換えたもの

　図 1-33 の数列 $\{\bar{X}_n\}$ に離散フーリエ逆変換を施したものを $\{\bar{x}_n\}$ とすると，$\{X_n\}$ を変形しているので，$\{\bar{x}_n\}$ は元の $\{x_n\}$ には戻らないばかりでなく，微小な複素数が現れる．$\{\bar{x}_n\}$ の各項の虚数部分を無視して得られる数列を $\{\hat{x}_n\}$ とし，その初めの 80 項をプロットして線分で結んだのが，図 1-34 の実線の曲線である．雑音が除去され，元の音声（点線．図 1-31 左図を横に 8192 倍したもの）に近いことが読み取れるであろう（ウェブ上のファイルでは聴き比べることができる）．

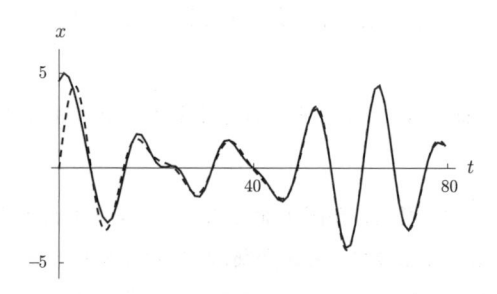

図 1-34　図 1-33 の数列の離散フーリエ逆変換

1.5　高速フーリエ変換の概要

定義 4.1′ で見たように，N 項の離散フーリエ変換はフーリエ行列 F_N をかけることによって得られる．F_N は 1 の原始 N 乗根 ζ の累乗を成分とする行列であった．式 (1.28) の行列の積を計算するには，N 回の複素数の乗法と $(N-1)$ 回の加法を合計 N 回ずつ，つまり N^2 回の乗算と $N(N-1)$ 回の加算の計 $N(2N-1)$ 回の複素数の計算を行わなければならない．N が大きい数であるときにはコンピュータで計算してもリアルタイムの処理には時間がかかりすぎる計算量である．

高速フーリエ変換（FFT：Fast Fourier Transform）のアイデアは，F_N を都合の良い行列の積の形に分解することによって，$(N/2)(\log_2 N - 1)$ 回の乗算と $N \log_2 N$ 回の加算の程度にまで（方法によって違いがあるが），計算回数を減らそうというものである．図 1-35 は，離散フーリエ変換を直接計算した場合の計算量（実線）と高速フーリエ変換による計算量（点線）の違いを示す．

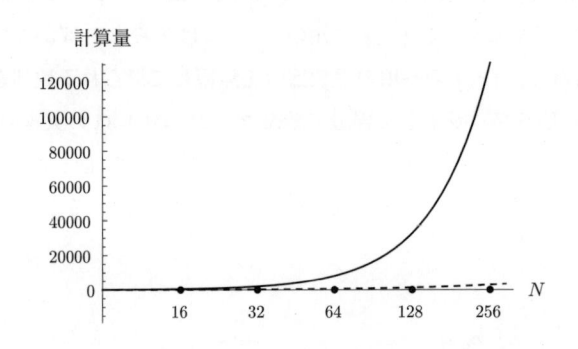

図 1-35　DFT の計算量（実線）と FFT の計算量（点線）

両者の比率をグラフにしたのが図 1-36 である．サンプル数 N が大きいほど，直接計算した場合に比べて高速フーリエ変換の計算量が少なくて済むことがわかる．

ここでは，多数ある高速フーリエ変換のうちの基本的な方法の概略を説明しよう．

サンプル数 N は 2 の累乗 2^m であるとする．高速フーリエ変換の多くの文献の表記法に従い，1 の原始 N 乗根 $\zeta = e^{2\pi j/N}$（j は虚数単位）を W_N で表すことに

1.5 高速フーリエ変換の概要　45

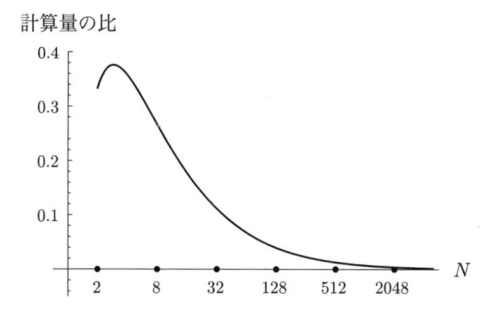

図 1-36　DFT と FFT の計算量の比

する．

このとき，4 次のフーリエ行列

$$F_4 = \begin{pmatrix} W_4{}^0 & W_4{}^0 & W_4{}^0 & W_4{}^0 \\ W_4{}^0 & W_4{}^1 & W_4{}^2 & W_4{}^3 \\ W_4{}^0 & W_4{}^2 & W_4{}^4 & W_4{}^6 \\ W_4{}^0 & W_4{}^3 & W_4{}^6 & W_4{}^9 \end{pmatrix}$$

を，2 次のフーリエ行列

$$F_2 = \begin{pmatrix} W_2{}^0 & W_2{}^0 \\ W_2{}^0 & W_2{}^1 \end{pmatrix}$$

を用いて表すことを考える．4 × 4 行列に右からかけて 2 列目と 3 列目を入れ替える行列 P_4 をとる（いわゆる基本行列の一つ）．

$$P_4 = \begin{pmatrix} 1 & 0 & 0 & 0 \\ 0 & 0 & 1 & 0 \\ 0 & 1 & 0 & 0 \\ 0 & 0 & 0 & 1 \end{pmatrix}$$

2 次の対角行列 Λ_2 を次のように定め，2 次の単位行列と零行列を I_2 と O_2 で表す．

$$\Lambda_2 = \begin{pmatrix} 1 & 0 \\ 0 & W_4{}^1 \end{pmatrix},\ I_2 = \begin{pmatrix} 1 & 0 \\ 0 & 1 \end{pmatrix},\ O_2 = \begin{pmatrix} 0 & 0 \\ 0 & 0 \end{pmatrix}$$

このとき，$(W_N)^N = 1$，$(W_4)^2 = W_2$ などを繰り返し用いることにより，F_4 は次

のように F_2 を用いて表される.

$$F_4 = \begin{pmatrix} I_2 & \Lambda_2 \\ I_2 & -\Lambda_2 \end{pmatrix} \begin{pmatrix} F_2 & O_2 \\ O_2 & F_2 \end{pmatrix} P_4$$

右辺の計算は「分割された行列の積の法則」に従っている（分割されたそれぞれがあたかもスカラーであるかのようにして計算してもよい．付録 A.9 節 [1] 参照）.

同様に F_8 は，F_4 と 4 次の対角行列 Λ_4，単位行列 I_4，零行列 O_4，および 8 次の基本行列 P_8 を用いて，次のように表される．

$$F_8 = \begin{pmatrix} I_4 & \Lambda_4 \\ I_4 & -\Lambda_4 \end{pmatrix} \begin{pmatrix} F_4 & O_4 \\ O_4 & F_4 \end{pmatrix} P_8$$

このようにしてフーリエ行列の列 $F_2, F_4, F_8, \cdots, F_{2^m}, \cdots$ に対する漸化式が得られる．このような分解は一見複雑そうに見えても，I_n や Λ_n や P_n は n^2 個の成分のうち n 個を除いて 0 であり，O_n は成分がすべて 0 だから，$N = 2^m$ が大きいときには計算量が著しく減少する結果となるのである．

1.6　ラプラス変換の概要

[1] ラプラス変換・ラプラス逆変換

定義 3.1 でフーリエ変換を定義したとき，関数 $f(x)$ に対して特異積分 $\int_{-\infty}^{\infty} |f(x)| dx$ が有限確定であるという条件を課した．一方，日常的には，たとえば「スイッチを入れて音楽を流す」というように，ある時刻から始まるというタイプの現象，つまり $x \leqq 0$ で $f(x) = 0$ のタイプの関数も多い．このような関数に，急速に減少する関数 e^{-ax} $(a > 0)$ をかけてフーリエ変換を施したらどうなるであろうか？（図 1-37）

この場合，フーリエ変換は

$$\frac{1}{\sqrt{2\pi}} \int_{-\infty}^{\infty} \left(f(x) e^{-ax} \right) e^{-itx} dx = \frac{1}{\sqrt{2\pi}} \int_0^{\infty} f(x) e^{-(a+it)x} dx$$

となる．この積分の値は a と t によって定まるが，$a + it$ を複素変数 s で表し，積

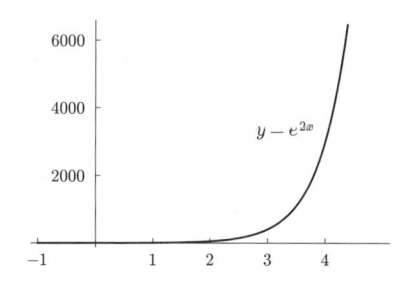

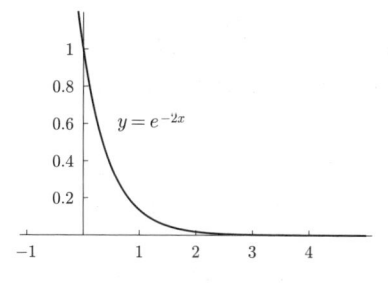

図 1-37　急速に増大（左），急速に減少（右）

分全体に $\sqrt{2\pi}$ をかけると，次の形になる．

$$\int_0^\infty f(x)e^{-sx}dx$$

これを踏まえて，またラプラス変換される関数の独立変数は伝統的に x ではなく t で表されることが多いので，次のように定義する．

> ❖ 定義 6.1 ❖　ラプラス変換
>
> $t > 0$ で定義された関数 $f(t)$ と複素数 s に対して，特異積分
>
> $$\int_0^\infty f(t)e^{-st}dt$$
>
> が存在するとき，それを $f(t)$ の**ラプラス積分**といい，$F(s)$ で表す．$f(t)$ に $F(s)$ を対応させる変換を**ラプラス変換**といい
>
> $$\mathcal{L}[f(t)] = F(s) = \int_0^\infty f(t)e^{-st}dt \tag{1.37}$$
>
> のように表す（$\mathcal{L}$ はスクリプト体の L）．

ラプラス積分の存在に関連して，用語を一つ定義する．

> ❖ 定義 6.2 ❖　指数的に増大
>
> $t > 0$ で定義された関数 $f(t)$ が，任意の $L > 0$ に対して
>
> $$t \geqq L \text{ ならば } |f(t)| < Me^{\alpha t} \tag{1.38}$$

となるような定数 α, M がとれる,という条件を満たすならば,$f(t)$ は $t \to \infty$ のとき指数的に増大するという.

$\alpha > 0$ なら $e^{\alpha t}$ 自身が急速に増大しているわけだから,(たとえ急速に増大したとしても)高々 $Me^{\alpha t}$ 程度の増大で抑えられている,とでもいうべきであろう.

♣ 定理 6.1 ♣ ラプラス積分の存在
$t > 0$ で定義された区分的に連続な関数 $f(t)$ が,$t \to \infty$ のとき指数的に増大するならば,式 (1.40) の α に対してラプラス積分 $F(s) = \mathcal{L}[f(t)]$ は,$\mathrm{Re}\, s > \alpha$ で存在する.

以下,ラプラス変換を考える場合には,関数はすべて定理 6.1 の条件を満たすものとする.

♣ 定理 6.2 ♣
$\mathcal{L}[f(t)] = \mathcal{L}[g(t)]$ ならば,$f(t)$ と $g(t)$ は不連続点を除いて一致する.

以下,区分的に連続な関数 $f(t)$ に対して,各不連続点 $t = p$ における値を左右極限の平均

$$f(p) = \frac{1}{2}\{f(p+0) + f(p-0)\} \tag{1.39}$$

であると修正して扱うものとする.この仮定の下で,定理 6.2 により

$$\mathcal{L}[f(t)] = \mathcal{L}[f(t)] \implies f(t) = g(t) \tag{1.40}$$

したがって,$\mathcal{L}$ の逆変換を次のように定義することができる.

♣ 定義 6.3 ♣ ラプラス逆変換
$\mathcal{L}[f(t)] = F(s)$ のとき,$F(s)$ に $f(t)$ を対応させる変換を $\mathcal{L}^{-1}$ で表し,**ラプラス逆変換**という.つまり

$$\mathcal{L}^{-1}[F(s)] = f(t) \iff \mathcal{L}[f(t)] = F(s) \tag{1.41}$$

基本的な関数に関して，次の公式が成り立つ．

❖ 公式 6.1 ❖　基本的な関数のラプラス変換

(1) $\mathcal{L}[t^n] = \dfrac{n!}{s^{n+1}}$　$(\operatorname{Re} s > 0,\ n = 0, 1, 2, \cdots)$

(2) $\mathcal{L}[e^{kt}] = \dfrac{1}{s-k}$　$(\operatorname{Re} s > k)$

(3) $\mathcal{L}[\sin kt] = \dfrac{k}{s^2 + k^2}$　$(\operatorname{Re} s > 0)$

(4) $\mathcal{L}[\cos kt] = \dfrac{s}{s^2 + k^2}$　$(\operatorname{Re} s > 0)$

(5) $\mathcal{L}[\sinh kt] = \dfrac{k}{s^2 - k^2}$　$(\operatorname{Re} s > |k|)$

(6) $\mathcal{L}[\cosh kt] = \dfrac{s}{s^2 - k^2}$　$(\operatorname{Re} s > |k|)$

ラプラス変換は次の性質をもっている．

❖ 公式 6.2 ❖　ラプラス変換の性質

$\mathcal{L}[f(t)] = F(s)$ とすると

(1) $\mathcal{L}[c_1 f(t) + c_2 g(t)] = c_1 \mathcal{L}[f(t)] + c_2 \mathcal{L}[g(t)]$　（線形性）

(2) $\mathcal{L}[f(at)] = \dfrac{1}{a} F\left(\dfrac{s}{a}\right)$　$(a > 0)$

(3) $\mathcal{L}[e^{at} f(t)] = F(s - a)$

(4) $f(t)$ が C^n 級のとき
$$\mathcal{L}\left[f^{(n)}(t)\right] = s^n F(s) - s^{n-1} f(+0)$$
$$- s^{n-2} f'(+0) - \cdots + s f^{(n-2)}(+0) - f^{(n-1)}(+0)$$

(5) $\mathcal{L}[tf(t)] = -\dfrac{d}{ds} F(s)$

(6) $\mathcal{L}\left[\dfrac{f(t)}{t}\right] = \displaystyle\int_s^\infty F(u)\,du$

微分方程式の解法にラプラス変換を用いる際には，(4) が重要な役割を果たす．なお，関数 $f(t)$ が n 回微分可能で n 次導関数 $f^{(n)}(t)$ が連続のとき，$f(t)$ は C^n 級の関数であるという．

〔2〕微分方程式の解法への応用

ラプラス変換の簡単な応用として，定数係数線形微分方程式の解法の例を挙げる．解法の手順は以下のとおりである（微分方程式の基本事項に関しては，付録A.8節参照）．

(1) 未知関数 $y = y(t)$ についての定数係数線形微分方程式の両辺に，ラプラス変換 $\mathcal{L}$ を施す．公式 6.2 (4) により，$\mathcal{L}[y]$ についての 1 次式が得られる．
(2) この 1 次式を $\mathcal{L}[y]$ について解く．
(3) 両辺にラプラス逆変換 $\mathcal{L}^{-1}$ を施して y を求める．

具体的に，次の初期条件付き微分方程式を解いてみよう．

$$y'' + 2y' + y = 3te^{-t}, \quad y(0) = 4, \, y'(0) = 2$$

微分方程式の両辺にラプラス変換 $\mathcal{L}$ を施して，公式 6.2 (1) の線形性を用いれば

$$\mathcal{L}[y''] + 2\mathcal{L}[y'] + \mathcal{L}[y] = \mathcal{L}[3te^{-t}]$$

となる．左辺については，第 1 項と第 2 項に公式 6.2 (4) を用い，初期条件 $y(0) = 4$，$y'(0) = 2$ を用いる．右辺については，公式 6.2 (5) と公式 6.1 (2) を用いて

$$s^2\mathcal{L}[y] - 4s - 2 + 2(s\mathcal{L}[y] - 4) + \mathcal{L}[y] = 3\left(-\frac{d}{ds}\frac{1}{s+1}\right)$$

まとめると

$$(s^2 + 2s + 1)\mathcal{L}[y] = 4s + 10 + \frac{3}{(s+1)^2}$$

両辺を $s^2 + 2s + 1$ で割って，公式 6.1 を使えるタイプの項の和の形に変形すると

$$\mathcal{L}[y] = \frac{4s + 10}{(s+1)^2} + \frac{3}{(s+1)^4} = \frac{4}{s+1} + 6\frac{1!}{(s+1)^2} + \frac{1}{2}\frac{3!}{(s+1)^4}$$

となる．両辺にラプラス逆変換 $\mathcal{L}^{-1}$ を施すと，公式 6.2 (1) から $\mathcal{L}^{-1}$ も線形性をもつことに注意し，公式 6.1 (1) と公式 6.2 (3) を用いて

$$y = 4e^{-t} + 6e^{-t}t + \frac{1}{2}e^{-t}t^3 = \left(4 + 6t + \frac{1}{2}t^3\right)e^{-t}$$

となり，求める解が得られた．

以上がこの本の概要である．この章の冒頭に述べたように，各節ごとの細かい計算，証明，例題，問題は，第2章以降に項目ごとに述べてある．第2章以降の記述は，説明の都合上，この章の説明と重複している部分もあえて残してある．

　また，手計算は数学を理解する上で不可欠だから，第2章以降の証明，例題，問題も，こまめに紙に書いてみることを勧める．

第2章

フーリエ級数

　この章では，1.2 節で述べたフーリエ級数について，補足的な説明をし，例題を通して実際の計算を示し，類題を問題として挙げる．例題や問題は，定義を理解するのに必要な程度に，基本的なものに限定してある．さらに多様な例については，ウェブサイトのコンピュータによる処理を参照されたい．

　補足説明の重点は，フーリエ係数，フーリエ級数，フーリエ余弦級数，フーリエ正弦級数，複素フーリエ級数を，1.2 節に述べた形に定義する必然性においた．フーリエ級数の収束性（p.14，定理 2.1）の証明はここでは述べず（参考文献 [1], [2], [3] 参照），図版による直感的な説明にとどめた．紙面上の図版では，提示できるグラフィックスに限界があるので，ウェブサイトに挙げたアニメーションなども参照していただきたい．

　キーワード　フーリエ係数，フーリエ級数，区分的に連続，フーリエ級数の収束，フーリエ余弦級数，フーリエ正弦級数，複素フーリエ級数．

2.1　三角関数の有限和

　1.2 節 [1]「三角関数の有限和」に関連した三角関数の基本的な事項を，付録 A.1 節「三角関数の有限和」にまとめてあるので，必要に応じて参照していただきたい．A.1 節に挙げた項目は，周期関数・周期・振幅，角の単位ラジアン，三角関数

の定義・加法定理・積を和に直す公式，三角関数の周期と振幅，三角関数の有限和などであるが，それらをまとめてフーリエ級数の出発点となる命題 1.1 (p.12) を説明してある．

2.2　フーリエ係数

ここでは 1.2 節〔2〕「フーリエ級数」について，定義 2.1 (p.12) のフーリエ係数と定義 2.2 (p.13) のフーリエ級数が，なぜこの形になるかの説明をし，フーリエ級数の収束の補足説明をする．

次の命題が計算のもとになる．この命題は三角関数の積を和に直す公式 (A.1 節〔2〕) を用いて証明される (A.2 節〔1〕)．

♣ 命題 2.1 ♣

m, n を自然数とし，$L > 0$ とするとき

(1) $\displaystyle\int_{-L}^{L} \sin\frac{m\pi x}{L} \sin\frac{n\pi x}{L}\, dx = 0 \quad (m \neq n)$

(2) $\displaystyle\int_{-L}^{L} \sin^2\frac{m\pi x}{L}\, dx = L$

(3) $\displaystyle\int_{-L}^{L} \cos\frac{m\pi x}{L} \cos\frac{n\pi x}{L}\, dx = 0 \quad (m \neq n)$

(4) $\displaystyle\int_{-L}^{L} \cos^2\frac{m\pi x}{L}\, dx = L$

(5) $\displaystyle\int_{-L}^{L} \sin\frac{m\pi x}{L} \cos\frac{n\pi x}{L}\, dx = 0$

ここで，関数 $f(x)$ が $a\cos\dfrac{m\pi x}{L}$, $b\sin\dfrac{n\pi x}{L}$ の形の，周期 $2L$ の三角関数の有限個の和で

$$f(x) = \frac{a_0}{2} + a_1\cos\frac{\pi x}{L} + b_1\sin\frac{\pi x}{L} + a_2\cos\frac{2\pi x}{L} + b_2\sin\frac{2\pi x}{L}$$
$$+ \cdots + a_n\cos\frac{n\pi x}{L} + b_n\sin\frac{n\pi x}{L} \tag{2.1}$$

と表されているとする．このとき，a_k, b_k は以下で見るように $f(x)$ と三角関数の積の積分で表示される．$1 \leqq k \leqq n$ なる番号 k に対し，式 (2.1) の両辺に $\sin\dfrac{k\pi x}{L}$

をかけて $-L \leqq x \leqq L$ の範囲で積分すると,

$$\int_{-L}^{L} f(x) \sin \frac{k\pi x}{L} dx = \frac{a_0}{2} \int_{-L}^{L} \sin \frac{k\pi x}{L} dx$$
$$+ a_1 \int_{-L}^{L} \cos \frac{\pi x}{L} \sin \frac{k\pi x}{L} dx + b_1 \int_{-L}^{L} \sin \frac{\pi x}{L} \sin \frac{k\pi x}{L} dx + \cdots$$
$$+ a_k \int_{-L}^{L} \cos \frac{k\pi x}{L} \sin \frac{k\pi x}{L} dx + b_k \int_{-L}^{L} \sin \frac{k\pi x}{L} \sin \frac{k\pi x}{L} dx + \cdots$$
$$+ a_n \int_{-L}^{L} \cos \frac{n\pi x}{L} \sin \frac{k\pi x}{L} dx + b_n \int_{-L}^{L} \sin \frac{n\pi x}{L} \sin \frac{k\pi x}{L} dx$$

となる.ここで,右辺の第 1 項は直接計算するか奇関数の積分 (A.2 節 [2]) に注意して 0 となり,その他の項には命題 2.1 を用いれば,右辺の項で残るのは $b_k \int_{-L}^{L} \sin \frac{k\pi x}{L} \sin \frac{k\pi x}{L} dx = b_k L$ のみである.したがって

$$\int_{-L}^{L} f(x) \sin \frac{k\pi x}{L} dx = b_k L \quad \therefore \quad b_k = \frac{1}{L} \int_{-L}^{L} f(x) \sin \frac{k\pi x}{L} dx$$

また,式 (2.1) の両辺に $\cos \frac{k\pi x}{L}$ をかけて積分すると,同様の計算から

$$\int_{-L}^{L} f(x) \cos \frac{k\pi x}{L} dx = a_k L \quad \therefore \quad a_k = \frac{1}{L} \int_{-L}^{L} f(x) \cos \frac{k\pi x}{L} dx$$

が得られる.式 (2.1) の両辺をそのまま積分すると,右辺は第 1 項のみ残るから

$$\int_{-L}^{L} f(x) dx = \frac{a_0}{2} \int_{-L}^{L} dx = a_0 L \quad \therefore \quad a_0 = \frac{1}{L} \int_{-L}^{L} f(x) dx$$

となり,上の a_k の式で $k = 0$ としたものに一致する.

上で求められた a_n, b_n の形を踏まえて,一般に関数 $f(x)$ に対して,次のようにフーリエ係数を定義する.

♣ 定義 2.1 ♣　フーリエ係数

関数 $f(x)$ と正の数 L に対し,

$$a_n = \frac{1}{L} \int_{-L}^{L} f(x) \cos \frac{n\pi x}{L} dx \quad (n = 0, 1, 2, 3, \cdots) \tag{2.2}$$

$$b_n = \frac{1}{L} \int_{-L}^{L} f(x) \sin \frac{n\pi x}{L} dx \quad (n = 1, 2, 3, \cdots) \tag{2.3}$$

で定まる定数の列 $a_0, a_1, \cdots, a_n, \cdots, b_1, \cdots, b_n, \cdots$ を，$f(x)$ の区間 $[-L, L]$ における**フーリエ係数**という．

この定義では，関数 $f(x)$ の周期性や連続性は条件として仮定せず，あくまでも定積分可能性だけから形式的にフーリエ係数が定義されるのである．

フーリエ係数の計算の例を挙げよう．式 (2.2) や式 (2.2) には二つの関数の積の積分が現れるから，部分積分が役に立つ (A.2 節 [1])．また，積分の区間が $[-L, L]$ のように原点の両側に同じ幅になっていることから，積分される関数が偶関数や奇関数の場合には積分が簡単になることにも注意して計算する (A.2 節 [2])．

例題 2.1 $f(x) = x$ の区間 $-1 \leqq x \leqq 1$ におけるフーリエ係数を求めよ．

解答 $a_n \; (n \geqq 0)$ については，$x \cos nx$ が奇関数であることから，$a_n = 0$ となる．$b_n \; (n \geqq 1)$ については，$x \sin nx$ が偶関数であることと部分積分を用いて

$$
\begin{aligned}
b_n &= \frac{1}{1} \int_{-1}^{1} x \sin n\pi x \, dx = 2 \int_{0}^{1} x \left(\frac{-1}{n\pi} \cos n\pi x \right)' dx \\
&= 2 \left[x \left(\frac{-1}{n\pi} \cos n\pi x \right) \right]_{0}^{1} - 2 \int_{0}^{1} \frac{-1}{n\pi} \cos n\pi x \, dx \\
&= \left(\frac{-2}{n\pi} \cos n\pi \right) + \frac{2}{n\pi} \left[\frac{1}{n\pi} \sin n\pi x \right]_{0}^{1} = \frac{-2}{n\pi} (-1)^n
\end{aligned}
$$
∎

計算の途中で出てきたが，n が整数なら $\cos n\pi = (-1)^n$, $\sin n\pi = 0$ であり，この式はこのあとも繰り返し現れる．関数 $f(x)$ のフーリエ係数は，$f(x)$ が式 (2.1) のタイプの有限個の関数の和となっているときの右辺の各項の係数を求めることを出発点として定義された．例題 2.1 の関数 $f(x)$ は周期関数ではないから，式 (2.1) の形には表されないのだが，そのとき式 (2.1) の右辺は何を表しているのだろうか？

いま自然数 n に対して，例題 2.1 で求めた a_n, b_n を式 (2.1) の右辺に代入した関数を $g_n(x)$ と表すことにすれば

$$
g_n(x) = \frac{2}{\pi} \sin \pi x - \frac{1}{\pi} \sin 2\pi x + \frac{2}{3\pi} \sin 3\pi x - \cdots + \frac{-2}{n\pi} (-1)^n \sin n\pi x \qquad (2.4)
$$

$n = 2, 4, 8$ に対しては

$$g_2(x) = \frac{2}{\pi}\sin\pi x - \frac{1}{\pi}\sin 2\pi x$$

$$g_4(x) = \frac{2}{\pi}\sin\pi x - \frac{1}{\pi}\sin 2\pi x + \frac{2}{3\pi}\sin 3\pi x - \frac{1}{2\pi}\sin 4\pi x$$

$$g_8(x) = \frac{2}{\pi}\sin\pi x - \frac{1}{\pi}\sin 2\pi x + \frac{2}{3\pi}\sin 3\pi x - \frac{1}{2\pi}\sin 4\pi x$$
$$+ \frac{2}{5\pi}\sin 5\pi x - \frac{1}{3\pi}\sin 6\pi x + \frac{2}{7\pi}\sin 7\pi x - \frac{1}{4\pi}\sin 8\pi x$$

これらの関数のグラフを手で正確に描くのは困難だが，コンピュータを用いれば正確に描くことができる．図 2-1 は，左上から右下へと順に $y =$

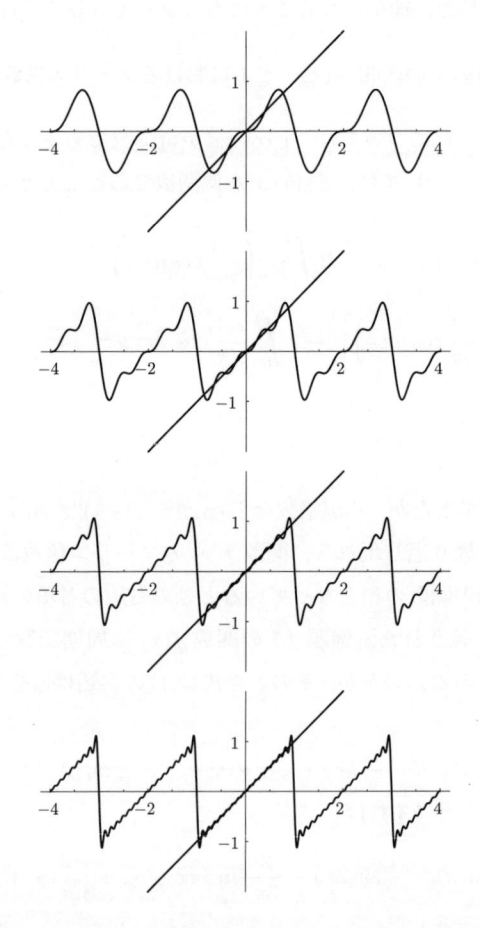

図 2-1　例題 2.1 の $g_n(x)$ のグラフ（上から $n = 2, 4, 8, 16$）

$g_2(x), g_4(x), g_8(x), g_{16}(x)$ のグラフを示す．比較するために，$y = f(x) = x$ のグラフも併せて描いてある．

これらの $y = g_n(x)$ は 2 を周期とする周期関数であるが，n を大きくするに伴って，$-1 < x < 1$ の範囲では元の関数 $y = f(x) = x$ に近づくことが，グラフから読み取れる．これを正確に表現するために，$-1 < x < 1$ の範囲で $f(x)$ に一致し，2 を周期とする周期関数 $g(x)$ を考える．この関数は不連続関数であるが，不連続点 $x = 2k + 1$ (k は整数) における $g(x)$ の値を，各 $g_n(x)$ が $g_n(2k+1) = 0$ を満たしていることを考慮して，$g(2k+1) = 0$ と定める．このように定めると，不連続点，たとえば $x = 1$ においては，$g(x)$ の値が右方極限と左方極限の平均

$$\frac{1}{2}\left(\lim_{x \to 1+0} g(x) + \lim_{x \to 1-0} g(x)\right) = 0 = g(1) \tag{2.5}$$

になっていることに注意されたい．図 2-2 下図は $y = g(x)$ のグラフを示す．不連続点において，グラフは孤立した点（黒丸●で表す）になっている．

実際に，式 (2.4) の関数 $g_n(x)$ は，n を大きくするにつれてこの関数 $g(x)$ に近づくのである（詳細は次節に述べる）．図 2-2 上図は，$y = g_{128}(x)$ を示す．

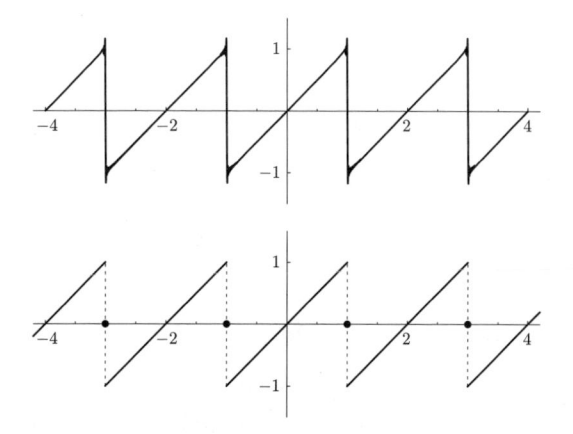

図 2-2　$g_n(x)$ は $g(x)$（下のグラフ）に近づく

問題 2.1 次の関数 $f(x)$ の区間 $[-\pi, \pi]$ におけるフーリエ係数を求めよ．

(1) $f(x) = \begin{cases} -1 & (x < 0) \\ +1 & (x \geqq 0) \end{cases}$

(2) $f(x) = \begin{cases} \pi/2 + x & (x < 0) \\ \pi/2 - x & (x \geqq 0) \end{cases}$

(3) $f(x) = |\sin x|$

2.3　フーリエ級数

[1] フーリエ級数

前節で見たように，関数 $f(x)$ の区間 $[-L, L]$ におけるフーリエ係数 a_n, b_n を式 (2.1) の右辺に代入すると，n を大きくするにつれて，右辺の関数は $-L < x < L$ の範囲で $f(x)$ に近づくと考えられる．式 (2.1) の右辺の n を限りなく大きくして得られる無限級数をフーリエ級数という．

> ❖ **定義 2.2** ❖　**フーリエ級数**
>
> 正の数 L に対し，$f(x)$ の $[-L, L]$ におけるフーリエ係数を a_n, b_n とするとき
>
> $$f(x) \sim \frac{a_0}{2} + \sum_{n=1}^{\infty} \left(a_n \cos \frac{n\pi x}{L} + b_n \sin \frac{n\pi x}{L} \right) \tag{2.6}$$
>
> つまり
>
> $$f(x) \sim \frac{a_0}{2} + a_1 \cos \frac{\pi x}{L} + b_1 \sin \frac{\pi x}{L} + a_2 \cos \frac{2\pi x}{L} + b_2 \sin \frac{2\pi x}{L} \\ + \cdots + a_n \cos \frac{n\pi x}{L} + b_n \sin \frac{n\pi x}{L} + \cdots$$
>
> で定まる関数項級数を，$f(x)$ の区間 $[-L, L]$ における**フーリエ級数**という．

フーリエ級数は項に変数 x を含んでいるので，関数項級数である．数列，級数，関数項級数については，付録 A.3 節 [1], A.3 節 [2], A.3 節 [3] 参照されたい．

上の定義の中の〜は，右辺が $f(x)$ によって定まるフーリエ級数であることを示す記号である．この節ではどのような条件の下で〜が＝になるのかを考える．

〔2〕 フーリエ級数の収束

マクローリン級数(A.3 節〔3〕)などの整級数の収束は比較的簡単に調べられるのだが，フーリエ級数の収束についてはかなりの準備がいる．ここでは証明は省略して，収束性に関する結論のみを紹介する．

まず，用語を一つ定義する．

♣ 定義 2.3 ♣　区分的に連続
関数 $f(x)$ があって，任意の有限区間の中では不連続点があったとしても有限個であるとき，$f(x)$ は**区分的に連続**であるという．

不連続点がない場合，つまり連続関数は区分的に連続でもある．図 2-3 のように不連続点が有限個であれば，区分的に連続である．

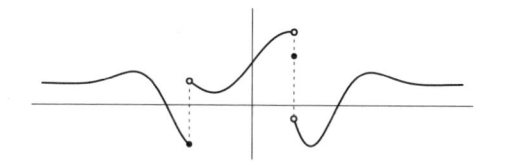

図 2-3　2 個の不連続点をもつ関数

無限個の不連続点をもっていても，図 2-4 のように不連続点が離散的に，つまり密集せずにとびとびに分布していれば，区分的に連続である．

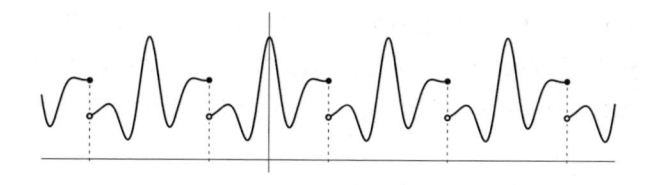

図 2-4　無限個の不続点を離散的にもつ関数

比較のために，区分的に連続でない関数の例を挙げておこう．図 2-5 左図は

$$f(x) = \begin{cases} x \sin \dfrac{1}{x} & (x \neq 0) \\ 0 & (x = 0) \end{cases}$$

で定められる関数のグラフである．$x = 0$ の付近で無限回振動しているが，至るところ連続な関数である．図 2-5 右図は，$y = f(x)$ のグラフの $f(x) \geqq 0$ の部分を $f(x) + 0.1$，$f(x) < 0$ の部分を $f(x) - 0.1$ で置き換えて得られた関数 $y = g(x)$ のグラフである．$y = g(x)$ は不連続点を無数にもつばかりでなく，$x = 0$ のどんな近くにも無数の不連続点があるから，たとえば有限区間 $[-1, 1]$ の中に不連続点が無数にあるから，関数 $y = g(x)$ は区分的に連続ではない．

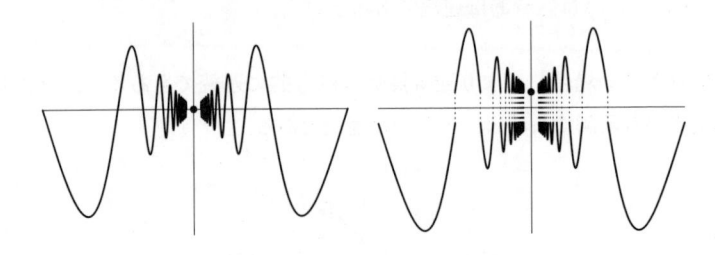

図 2-5 連続（左），$x = 0$ の付近に無限個の不連続点が集中（右）

以上の準備のもとに，フーリエ級数の収束に関する定理を述べる．

❖ 定理 2.1 ❖ フーリエ級数の収束

関数 $f(x)$ は区分的に連続であるとし，正の数 L に対して区間 $[-L, L]$ が $f(x)$ の定義域に含まれるとする．関数 $\tilde{f}(x)$ を，開区間 $-L < x < L$ では不連続点を除いて $f(x)$ に一致し，$2L$ を周期とする周期関数で，不連続点における関数の値が右極限と左極限の平均であるような関数とする．このとき，$f(x)$ の区間 $[-L, L]$ におけるフーリエ級数は $-\infty < x < \infty$ において収束し，和が $\tilde{f}(x)$ となる．つまり

$$\tilde{f}(x) = \sum_{n=1}^{\infty} \left(a_n \cos \frac{n\pi x}{L} + b_n \sin \frac{n\pi x}{L} \right) \tag{2.7}$$

定理を図で表すと図 2-6 となる．関数 $y = f(x)$ は点線で表されている．$y = \tilde{f}(x)$ は実線で表されている．白丸 ○ はその点が $y = \tilde{f}(x)$ のグラフに属さないことを示し，黒丸 ● はその点が $y = \tilde{f}(x)$ のグラフの点であることを示す．

たとえば $x = L$ においては，上の白丸が右方極限 $\lim_{x \to L+0} \tilde{f}(x)$ を示し，下の白丸が左方極限 $\lim_{x \to L-0} \tilde{f}(x)$ を示し，$\tilde{f}(L)$ を示す黒丸は二つの白丸の中点となっている．この図の場合には $f(x)$ が $-L < x < L$ で連続であるが，もし $f(x)$ が $-L < x < L$ の範囲に不連続点をもっていれば，そこでも $\tilde{f}(x)$ の値は右方極限と左方極限の平均になっているものとする．

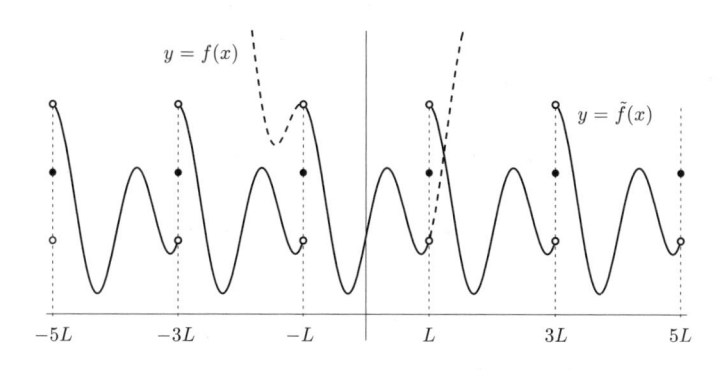

図 2-6　$f(x)$ のフーリエ級数が表す関数 $\tilde{f}(x)$

$f(x)$ が初めから $\tilde{f}(x)$ のようになっていれば，$f(x)$ のフーリエ級数の和は $f(x)$ に一致する．系として確認しておく．

❖ 系 2.1 ❖　フーリエ級数の収束

実数全域 $-\infty < x < \infty$ で定義された関数 $f(x)$ が，$2L\ (>0)$ を周期とする区分的に連続な周期関数であって，不連続点における関数の値は右極限と左極限の平均であるものとする．このとき，$f(x)$ の区間 $[-L, L]$ におけるフーリエ級数は収束し，和は $-\infty < x < \infty$ において $f(x)$ に一致する．

定理 2.1 を示す例題（1.2 節 [2] の例 1，例 2，例 3）を挙げておこう．

例題 2.2 次の関数 $f(x)$ と L に対し，区間 $[-L, L]$ における $f(x)$ のフーリエ級数を求めよ．

(1) $f(x) = x$, $L = \pi$

(2) $f(x) = x^2$, $L = 1$

(3) $f(x) = \begin{cases} x^2 & (x \geqq 0) \\ 0 & (x < 0) \end{cases}$, $L = 1$

解答

(1) a_n $(n \geqq 0)$ については，積分 (2.2) において $x \cos nx$ が奇関数であることから，$a_n = 0$ となる．b_n $(n \geqq 1)$ については，積分 (2.3) において $x \sin nx$ が偶関数であることと部分積分を用いて

$$b_n = \frac{1}{\pi} \int_{-\pi}^{\pi} x \sin nx \, dx = \frac{2}{\pi} \int_0^{\pi} x \left(\frac{-1}{n} \cos nx \right)' dx$$

$$= \frac{2}{\pi} \left\{ \left[x \left(\frac{-1}{n} \cos nx \right) \right]_0^{\pi} - \int_0^{\pi} \frac{-1}{n} \cos nx \, dx \right\}$$

$$= \frac{2}{\pi} \left\{ \left(\frac{-\pi}{n} \cos n\pi \right) + \frac{1}{n} \left[\frac{1}{n} \sin nx \right]_0^{\pi} \right\} = \frac{2}{n} (-1)^{n+1}$$

したがってフーリエ級数は

$$f(x) \sim \sum_{n=1}^{\infty} \frac{2}{n} (-1)^{n+1} \sin nx$$

つまり

$$f(x) \sim 2 \sin x - \sin(2x) + \frac{2}{3} \sin(3x) - \frac{1}{2} \sin(4x) + \frac{2}{5} \sin(5x) + \cdots$$

となる．この例では，$f(x)$ が奇関数だから $a_n = 0$ となり，フーリエ級数には $\sin$ の項のみが現れる．このフーリエ級数の収束する関数 $\tilde{f}(x)$ のグラフと収束の状況は，第 1 章の図 1-8（p.16）のようになる．

(2) $f(x) = x^2$ は偶関数だから，式 (2.2) の積分の中の関数 $f(x) \cos \dfrac{n\pi x}{L}$ は偶関数，式 (2.3) の積分の中の関数 $f(x) \sin \dfrac{n\pi x}{L}$ は奇関数であることに注意して，$b_n = 0$ となり，a_0 は

$$a_0 = 2 \int_0^1 x^2 \cos 0 \, dx \int_0^1 x^2 \, dx = 2 \left[\frac{x^3}{3} \right]_0^1 = \frac{2}{3}$$

$n \geqq 1$ なら部分積分を 2 回用いて

$$a_n = 2\int_0^1 x^2 \cos n\pi x\, dx = 2\int_0^1 x^2 \left(\frac{1}{n\pi}\sin n\pi x\right)' dx$$

$$= 2\left\{\left[x^2 \times \frac{1}{n\pi}\sin n\pi x\right]_0^1 - \int_0^1 2x \times \frac{1}{n\pi}\sin n\pi x\, dx\right\}$$

$$= -\frac{4}{n\pi}\int_0^1 x\sin n\pi x\, dx = -\frac{4}{n\pi}\int_0^1 x\left(-\frac{1}{n\pi}\cos n\pi x\right)' dx$$

$$= -\frac{4}{n\pi}\left\{\left[x\left(-\frac{1}{n\pi}\cos n\pi x\right)\right]_0^1 - \int_0^1 \left(-\frac{1}{n\pi}\cos n\pi x\right) dx\right\}$$

$$= -\frac{4}{n\pi}\left\{-\frac{1}{n\pi}\cos n\pi + \frac{1}{n\pi}\int_0^1 \cos n\pi x\, dx\right\}$$

$$= -\frac{4}{n\pi}\left\{-\frac{1}{n\pi}\cos n\pi + \frac{1}{n\pi}\left[\frac{1}{n\pi}\sin n\pi x\right]_0^1\right\} = \frac{4}{n^2\pi^2}(-1)^n$$

したがってフーリエ級数は

$$f(x) \sim \frac{1}{3} + \sum_{n=1}^{\infty} \frac{4}{n^2\pi^2}(-1)^n \cos n\pi x$$

つまり

$$f(x) \sim \frac{1}{3} - \frac{4\cos \pi x}{\pi^2} + \frac{\cos(2\pi x)}{\pi^2} - \frac{4\cos(3\pi x)}{9\pi^2} + \frac{\cos(4\pi x)}{4\pi^2} - \cdots$$

となる．この例では，$f(x)$ が偶関数だから $b_n = 0$ となり，フーリエ級数には $\cos$ の項のみが現れる．このフーリエ級数の収束する関数 $\tilde{f}(x)$ のグラフと収束の状況は，第 1 章の図 1-9（p.17）のようになる．

(3) $x < 0$ で $f(x) =$ だから

$$a_n = \int_0^1 x^2 \cos(n\pi x)\, dx$$

となり，(2) の a_n の半分の値になるから

$$a_0 = \frac{1}{3},\ a_n = \frac{2}{n^2\pi^2}(-1)^n\ (n > 0)$$

となる．一方

$$b_n = \int_0^1 x^2 \sin(n\pi x)\, dx = \int_0^1 x^2 \left(-\frac{1}{n\pi}\cos(n\pi x)\right)' dx$$

$$= \left[x^2\left(-\frac{1}{n\pi}\cos(n\pi x)\right)\right]_0^1 - \int_0^1 2x\left(-\frac{1}{n\pi}\cos(n\pi x)\right)dx$$

$$= -\frac{1}{n\pi}(-1)^n + \frac{2}{n\pi}\int_0^1 x\cos(n\pi x)\,dx$$

$$= \frac{1}{n\pi}(-1)^{n+1} + \frac{2}{n\pi}\int_0^1 x\left(\frac{1}{n\pi}\sin(n\pi x)\right)'dx$$

$$= \frac{1}{n\pi}(-1)^{n+1} + \frac{2}{n\pi}\left\{\left[x\times\frac{1}{n\pi}\sin(n\pi x)\right]_0^1 - \int_0^1 \frac{1}{n\pi}\sin(n\pi x)\,dx\right\}$$

$$= \frac{1}{n\pi}(-1)^{n+1} - \frac{2}{n^2\pi^2}\left[-\frac{1}{n\pi}\cos(n\pi x)\right]_0^1$$

$$= \frac{1}{n\pi}(-1)^{n+1} + \frac{2}{n^3\pi^3}\left((-1)^n - 1\right)$$

$$= \frac{1}{n^3\pi^3}\left\{(-1)^{n+1}n^2\pi^2 + 2\left((-1)^n - 1\right)\right\}$$

である. したがってフーリエ級数の $n=3$ までの項を具体的に書けば

$$f(x) \sim \frac{1}{6} - \frac{2\cos(\pi x)}{\pi^2} + \frac{(\pi^2-4)\sin(\pi x)}{\pi^3} + \frac{\cos(2\pi x)}{2\pi^2} - \frac{\sin(2\pi x)}{2\pi}$$

$$- \frac{2\cos(3\pi x)}{9\pi^2} + \frac{(9\pi^2-4)\sin(3\pi x)}{27\pi^3} + \cdots$$

となる. この例では, $f(x)$ は偶関数でも奇関数でもないから, sin の項と cos の項が混在する. このフーリエ級数の収束する関数 $\tilde{f}(x)$ のグラフと収束の状況は, 第 1 章の図 1-10 (p.18) のようになる. ∎

〔3〕余弦級数・正弦級数

上の例で見た偶関数と奇関数のフーリエ級数の形を一般的にまとめとおこう.

$f(x)$ が偶関数ならば, $f(x)\sin\dfrac{n\pi x}{L}$ は奇関数であり, $f(x)\cos\dfrac{n\pi x}{L}$ は偶関数だから

$$a_n = \frac{2}{L}\int_0^L f(x)\cos\frac{n\pi x}{L}\,dx, \quad b_n = 0$$

となる. 同様に $f(x)$ が奇関数ならば

$$a_n = 0, \quad b_n = \frac{2}{L}\int_0^L f(x)\sin\frac{n\pi x}{L}\,dx$$

となる．したがって次の系が成り立つ．

❖ 系 2.2 ❖

$f(x)$ が区分的に連続な周期 $2L$ の周期関数で，不連続点における関数の値は右極限と左極限の平均であるものとする．$f(x)$ が偶関数ならば

$$f(x) = \frac{a_0}{2} + \sum_{n=1}^{\infty} a_n \cos \frac{n\pi x}{L}, \quad a_n = \frac{2}{L} \int_0^L f(x) \cos \frac{n\pi x}{L} dx \tag{2.8}$$

$f(x)$ が奇関数ならば

$$f(x) = \sum_{n=1}^{\infty} b_n \sin \frac{n\pi x}{L}, \quad b_n = \frac{2}{L} \int_0^L f(x) \sin \frac{n\pi x}{L} dx \tag{2.9}$$

系 2.2 を念頭において，$f(x)$ が偶関数や奇関数であるか否かにかかわらず，次のようにフーリエ余弦級数とフーリエ正弦級数を定義する．

❖ 定義 2.4 ❖　フーリエ余弦級数・フーリエ正弦級数

関数 $f(x)$ と正の数 L に対し，次の式で定まる関数項級数を，$f(x)$ の区間 $[0, L]$ における**フーリエ余弦級数**という．

$$f(x) \sim \frac{a_0}{2} + \sum_{n=1}^{\infty} a_n \cos \frac{n\pi x}{L}, \quad ただし \ a_n = \frac{2}{L} \int_0^L f(x) \cos \frac{n\pi x}{L} dx \tag{2.10}$$

また，次の式で定まる関数項級数を，$f(x)$ の区間 $[0, L]$ における**フーリエ正弦級数**という．

$$f(x) \sim \sum_{n=1}^{\infty} b_n \cos \frac{n\pi x}{L}, \quad ただし \ b_n = \frac{2}{L} \int_0^L f(x) \sin \frac{n\pi x}{L} dx \tag{2.11}$$

注意すべきことは，$f(x)$ が偶関数や奇関数でなければ，フーリエ級数 (2.6) の a_n とフーリエ余弦級数 (2.10) の a_n，フーリエ級数 (2.6) の b_n とフーリエ正弦級数 (2.11) の b_n は，同じ記号で表してはいるが定義が異なることである．今までの議論から直ちにわかるように，次の系が成り立つ．

❖ 系 2.3 ❖ フーリエ余弦級数・フーリエ正弦級数の収束

(1) 区分的に連続な関数 $f(x)$ の $[0,L]$ におけるフーリエ余弦級数は，開区間 $(0,L)$ においては不連続点を除いて $\tilde{f}(x) = f(x)$，開区間 $(-L,0)$ においては不連続点を除いて $\tilde{f}(x) = f(-x)$ を満たす周期 $2L$ の偶関数 $\tilde{f}(x)$ に収束する．ただし，$\tilde{f}(x)$ の各不連続点における値は，左方極限と右方極限の平均値であるとする．

(2) 区分的に連続な関数 $f(x)$ の $[0,L]$ におけるフーリエ正弦級数は，開区間 $(0,L)$ においては不連続点を除いて $\tilde{f}(x) = f(x)$，開区間 $(-L,0)$ においては不連続点を除いて $\tilde{f}(x) = -f(-x)$ を満たす周期 $2L$ の奇関数 $\tilde{f}(x)$ に収束する．ただし，$\tilde{f}(x)$ の各不連続点における値は，左方極限と右方極限の平均値であるとする．

例題 2.3 関数 $f(x) = \begin{cases} x & (x \geqq 0) \\ 0 & (x < 0) \end{cases}$ の区間 $[-\pi/2, \pi/2]$ におけるフーリエ級数，区間 $[0, \pi/2]$ におけるフーリエ余弦級数およびフーリエ正弦級数を求めよ．

解答 $y = f(x)$ のグラフは図 2-7 のようになる．

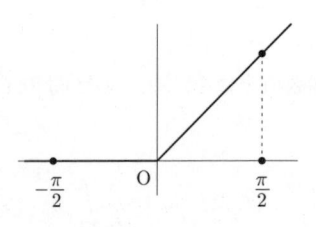

図 2-7 例題 2.3 の $f(x)$

フーリエ係数は

$$a_n = \frac{1}{\pi/2} \int_{-\pi/2}^{\pi/2} f(x) \cos \frac{n\pi x}{\pi/2} dx = \frac{2}{\pi} \int_0^{\pi/2} x \cos(2nx) dx$$
$$= \frac{2}{\pi} \left\{ \left[x \frac{\sin(2nx)}{2n} \right]_0^{\pi/2} - \int_0^{\pi/2} \frac{\sin(2nx)}{2n} dx \right\}$$

$$= \frac{2}{\pi}\frac{1}{(2n)^2}\Big[\cos(2nx)\Big]_0^{\pi/2} = \frac{(-1)^n - 1}{2n^2\pi} \quad (n > 0)$$

$$a_0 = \frac{1}{\pi/2}\int_{-\pi/2}^{\pi/2} f(x)dx = \frac{2}{\pi}\int_0^{\pi/2} xdx - \frac{2}{\pi}\left[\frac{x^2}{2}\right]_0^{\pi/2} = \frac{\pi}{4}$$

$$b_n = \frac{1}{\pi/2}\int_{-\pi/2}^{\pi/2} f(x)\sin\frac{n\pi x}{\pi/2}dx = \frac{2}{\pi}\int_0^{\pi/2} x\sin(2nx)dx$$

$$= \frac{2}{\pi}\left\{\left[x\frac{-\cos(2nx)}{2n}\right]_0^{\pi/2} - \int_0^{\pi/2}\frac{-\cos(2nx)}{2n}dx\right\}$$

$$= \frac{2}{\pi}\left\{\frac{\pi}{2}\frac{-\cos(n\pi)}{2n} + \frac{1}{(2n)^2}\Big[\sin(2nx)\Big]_0^{\pi/2}\right\} = \frac{(-1)^{n-1}}{2n}$$

$$\therefore\ f(x) \sim \frac{\pi}{8} + \sum\left(\frac{(-1)^n - 1}{2n^2\pi}\cos(2nx) + \frac{(-1)^{n-1}}{2n}\sin(2nx)\right)$$

フーリエ級数の有限項までの和のグラフは，図 2-8 のようになる．

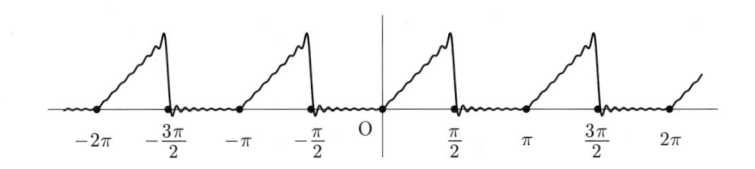

図 2-8　例題 2.3 のフーリエ級数の有限項までの和

フーリエ余弦級数は，計算を上とほぼ同じに行って

$$a_n = \frac{2}{\pi/2}\int_0^{\pi/2} x\cos\frac{n\pi x}{\pi/2}dx = \frac{(-1)^n - 1}{n^2\pi} \quad (n > 0)$$

$$a_0 = \frac{2}{\pi/2}\int_0^{\pi/2} xdx = \frac{\pi}{2}$$

$$\therefore\ f(x) \sim \frac{\pi}{4} + \sum\frac{(-1)^n - 1}{n^2\pi}\cos(2nx)$$

フーリエ正弦係数についても同様に

$$b_n = \frac{2}{\pi/2}\int_{-\pi/2}^{\pi/2} f(x)\sin\frac{n\pi x}{\pi/2}dx = \frac{(-1)^{n-1}}{n}$$

$$\therefore f(x) \sim \sum \frac{(-1)^{n-1}}{n} \sin(2nx)$$

有限和のグラフは，図 2-9 がフーリエ余弦級数，図 2-10 がフーリエ正弦級数を示す． ∎

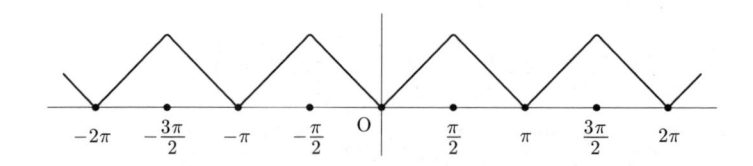

図 2-9　例題 2.3 のフーリエ余弦級数の有限項までの和

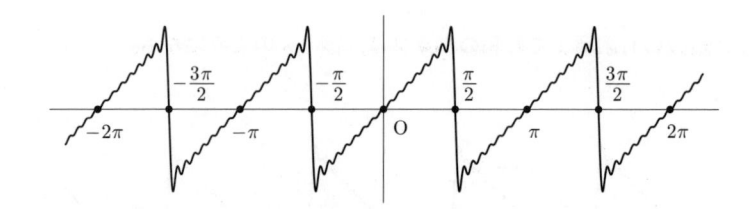

図 2-10　例題 2.3 のフーリエ正弦級数の有限項までの和

問題 2.2　関数 $f(x) = \begin{cases} x^2 & (x \geqq 0) \\ 0 & (x < 0) \end{cases}$ の区間 $[-1,1]$ におけるフーリエ級数，区間 $[0,1]$ におけるフーリエ余弦級数およびフーリエ正弦級数を求めよ．

2.4　複素フーリエ級数

　フーリエ級数は sin の項と cos の項が混ざった形をしているのだが，複素数の関数を考えれば，指数関数を用いて統一的に表現される．

　まず，これ以降重要な役割を果たし続けるオイラーの公式を引用しておこう．

オイラーの公式

$$e^{i\theta} = \cos\theta + i\sin\theta \tag{2.12}$$

オイラーの公式は指数関数を複素数に拡張した

$$e^{x+iy} = x(\cos y + i\sin y)$$

において，$x=1$，$y=\theta$ とおいて得られる（A.4節〔3〕）．しかし，複素数の関数に慣れていない場合には，実数 θ に対して式 (2.12) の右辺で定まる複素数を $e^{i\theta}$ のように表すのだと考えればよい．このとき，三角関数の加法定理により簡単に示されるように，次の形の「指数法則」が成り立つ（A.4節〔3〕）．

$$e^{i(\alpha+\beta)} = e^{i\alpha}e^{i\beta}, \quad \left(e^{i\theta}\right)^n = e^{i(n\theta)} \quad (n=1,2,3,\cdots) \tag{2.13}$$

また図 2-11 に示すように，複素平面（付録 A.4 節〔1〕参照）において，$e^{i\theta}$ は単位円周上の偏角が θ である点を表す．

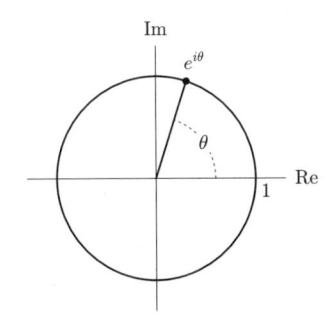

図 2-11 複素平面状で $e^{i\theta}$ が表す点

また，式 (2.12) と，式 (2.12) の θ を $-\theta$ で置き換えた式の両辺を加えたり引いたりすることによって，次の式が得られる（A.4節〔4〕）．

$$\sin\theta = \frac{e^{i\theta} - e^{-i\theta}}{2i}, \quad \cos\theta = \frac{e^{i\theta} + e^{-i\theta}}{2} \tag{2.14}$$

さらに，積分の中に虚数単位 i が現れるための準備として，$f(x)$, $g(x)$ を実関数，つまり変数も関数の値も実数の範囲の関数とするとき，実変数 x の複素数値関数 $f(x) + ig(x)$ の定積分は

$$\int_a^b (f(x) + ig(x))dx = \int_a^b f(x)dx + i\int_a^b g(x)dx \tag{2.15}$$

であると定義しておく．

以下，やや長く煩雑であるが，フーリエ級数を複素形で表現するための計算をする．フーリエ級数の定義 (2.6) より

$$f(x) \sim \frac{a_0}{2} + \sum_{n=1}^{\infty} \left\{ a_n \cos \frac{n\pi x}{L} + b_n \sin \frac{n\pi x}{L} \right\} \tag{2.16}$$

となるが，これにフーリエ係数の定義 (2.2)，(2.3) を代入する．ただし，(2.2) と (2.3) の定積分の積分変数 x を，式 (2.16) の x と区別するため，別な変数 u に変えておく．

$$f(x) \sim \frac{1}{2L} \int_{-L}^{L} f(u)du + \sum_{n=1}^{\infty} \left\{ \left(\frac{1}{L} \int_{-L}^{L} f(u) \cos \frac{n\pi u}{L} du \right) \cos \frac{n\pi x}{L} \right.$$
$$\left. + \left(\frac{1}{L} \int_{-L}^{L} f(u) \sin \frac{n\pi u}{L} du \right) \sin \frac{n\pi x}{L} \right\} \tag{2.17}$$

$\cos \frac{n\pi x}{L}$, $\sin \frac{n\pi x}{L}$ は積分変数 u を含まず，u から見れば定数だから，積分記号の中に入れて第 2 項と第 3 項の積分をまとめると

$$f(x) \sim \frac{1}{2L} \int_{-L}^{L} f(u)du +$$
$$+ \sum_{n=1}^{\infty} \frac{1}{L} \int_{-L}^{L} f(u) \left(\cos \frac{n\pi u}{L} \cos \frac{n\pi x}{L} + \sin \frac{n\pi u}{L} \sin \frac{n\pi x}{L} \right) du \tag{2.18}$$

cos の加法定理を用いて

$$f(x) \sim \frac{1}{2L} \int_{-L}^{L} f(u)du + \sum_{n=1}^{\infty} \frac{1}{L} \int_{-L}^{L} f(u) \cos \frac{n\pi(u-x)}{L} du \tag{2.19}$$

となる．ここでオイラーの公式から導かれた式 (2.14) を用いて

$$\cos\frac{n\pi(u-x)}{L} = \frac{e^{i\frac{n\pi(u-x)}{L}} + e^{-i\frac{n\pi(u-x)}{L}}}{2}$$
$$= \frac{e^{i\frac{-n\pi(x-u)}{L}}}{2} + \frac{e^{i\frac{n\pi(x-u)}{L}}}{2} \qquad (2.20)$$

これを式 (2.19) に代入すると（厳密には，積分と総和の記号の順序変更に関する議論が必要なのだが）

$$f(x) \sim \frac{1}{2L}\int_{-L}^{L} f(u)du + \sum_{n=1}^{\infty} \frac{1}{2L}\int_{-L}^{L} f(u)e^{i\frac{-n\pi(x-u)}{L}}du$$
$$+ \sum_{n=1}^{\infty} \frac{1}{2L}\int_{-L}^{L} f(u)e^{i\frac{n\pi(x-u)}{L}}du \qquad (2.21)$$

となる．第 2 項で $-n$ をあらためて n とおくと[1]，和は $\sum_{-\infty}^{-1}$ となる．また，$e^0 = 1$ だから $f(u)e^{i\frac{n\pi(x-u)}{L}}$ において $n=0$ とすると $f(u)$ となり，第 1 項は第 3 項で $n=0$ とした項である．したがって，式 (2.21) は次のように書き直される．

$$f(x) \sim \sum_{n=-\infty}^{\infty} \frac{1}{2L}\int_{-L}^{L} f(u)e^{i\frac{n\pi(x-u)}{L}}du \qquad (2.22)$$

ここで指数法則 (2.13) を用いれば，

$$e^{i\frac{n\pi(x-u)}{L}} = e^{i\frac{n\pi x}{L}} e^{-i\frac{n\pi u}{L}}$$

であるが，$e^{i\frac{n\pi x}{L}}$ は積分変数 u から見れば定数だから，積分の外に出して

$$f(x) \sim \sum_{n=-\infty}^{\infty} \left(\frac{1}{2L}\int_{-L}^{L} f(u)e^{-i\frac{n\pi u}{L}}du\right) e^{i\frac{n\pi x}{L}} \qquad (2.23)$$

となる．最終的に得られた式 (2.23) を念頭において，次のように定義する．

---

[1] いわゆるダミーインデックスの入れ替え．つまり，総和の記号 Σ の中に現れる和をとるための番号は，一斉に他の文字に入れ替えてもよい．ここでは n を $-n$ に置き換えた．

> ❖ 定義 2.5 ❖　複素フーリエ係数・複素フーリエ級数
>
> 関数 $f(x)$ と正の数 L に対し
>
> $$\alpha_n = \frac{1}{2L}\int_{-L}^{L} f(u)e^{-i\frac{n\pi u}{L}}du \quad (n=0,\pm 1,\pm 2,\cdots) \tag{2.24}$$
>
> で定まる複素数の列 $\cdots,\alpha_{-n},\cdots,\alpha_{-1},\alpha_0,\alpha_1,\cdots,\alpha_n,\cdots$ を，区間 $[-L,L]$ における $f(x)$ の**複素フーリエ係数**といい，級数
>
> $$f(x) \sim \sum_{n=-\infty}^{\infty} \alpha_n e^{i\frac{n\pi x}{L}} \tag{2.25}$$
>
> を，区間 $[-L,L]$ における $f(x)$ の**複素フーリエ級数**という．

　$f(x)$ が系 2.1 の条件を満たせば，式 (2.25) の ～ は ＝ となる．右辺は虚数単位 i を含んでいるが，各項をオイラーの公式で書き直すと，i を含む項は互いに打ち消し合って実数形となり，区間 $[-L,L]$ における $f(x)$ のフーリエ級数に一致する．同じものをなぜあえて複素形で表す必要があるのかというと，まず，複素形にすると sin の項と cos の項に分かれずに e で統一的に表現できることが挙げられるが，それよりもフーリエ変換（複素形で定義される）を準備するという意味が大きい．

　複素フーリエ級数の例を挙げておく（p.20，1.2 節 [4] 例 4）．

例題 2.4　関数 $f(x) = x$ の $[-\pi,\pi]$ における複素フーリエ級数を求めよ．

解答　複素フーリエ係数は

$$\begin{aligned}\alpha_n &= \frac{1}{2\pi}\int_{-\pi}^{\pi} u e^{-inu} du \\ &= \frac{1}{2\pi}\int_{-\pi}^{\pi} u\cos(-nu)du + \frac{i}{2\pi}\int_{-\pi}^{\pi} u\sin(-nu)du \\ &= \frac{i}{\pi}\int_0^{\pi} u\sin(-nu)du\end{aligned}$$

したがって，$\alpha_0 = 0$ となり，$n \neq 0$ ならば

$$\alpha_n = \frac{i}{\pi}\left\{\left[u\frac{1}{n}\cos(-nu)\right]_0^{\pi} - \int_0^{\pi}\frac{1}{n}\cos(-nu)du\right\}$$

$$= \frac{i}{\pi}\left\{\frac{\pi}{n}\cos(-n\pi) + \frac{1}{n}\left[\frac{1}{n}\sin(-nu)\right]_0^\pi\right\} = (-1)^n \frac{i}{n} \qquad (2.26)$$

したがって，求める複素フーリエ級数は

$$f(x) \sim \sum_{n=-\infty, n\neq 0}^{\infty} (-1)^n \frac{i}{n} e^{inx}$$

$$= \cdots + \frac{i}{3}e^{-3ix} - \frac{i}{2}e^{-2ix} + ie^{-ix} - ie^{ix} + \frac{i}{2}e^{2ix} - \frac{i}{3}e^{3ix} + \cdots \qquad ∎$$

問題 2.3　関数 $f(x) = |x|$ の $[-\pi, \pi]$ における複素フーリエ級数を求めよ．

本章の要項

■ フーリエ級数

❖ 区間 $-L \leqq x \leqq L$ 上の**フーリエ係数**：

$$a_n = \frac{1}{L}\int_{-L}^{L} f(x) \cos\frac{n\pi x}{L}\,dx, \quad b_n = \frac{1}{L}\int_{-L}^{L} f(x) \sin\frac{n\pi x}{L}\,dx$$

❖ 区間 $-L \leqq x \leqq L$ 上の**フーリエ級数**：

$$f(x) \sim \frac{a_0}{2} + \sum_{n=1}^{\infty}\left(a_n \cos\frac{n\pi x}{L} + b_n \sin\frac{n\pi x}{L}\right)$$

■ フーリエ級数の表す関数

❖ 関数 $f(x)$ は区分的に連続であるとし，正の数 L に対して区間 $[-L, L]$ が $f(x)$ の定義域に含まれるとする．関数 $\tilde{f}(x)$ を，開区間 $-L < x < L$ では $f(x)$ に一致し，$2L$ を周期とする周期関数で，不連続点における関数の値が右極限と左極限の平均であるような関数とする．このとき，$f(x)$ の区間 $-L \leqq x \leqq L$ におけるフーリエ級数は $-\infty < x < \infty$ において収束し，和が $\tilde{f}(x)$ となる．

■ フーリエ余弦級数・フーリエ正弦級数

❖ $f(x)$ の $[0, L]$ における**フーリエ余弦級数**：

$$f(x) \sim \frac{a_0}{2} + \sum_{n=0}^{\infty} a_n \cos\frac{n\pi x}{L}, \quad a_n = \frac{2}{L}\int_0^L f(x)\cos\frac{n\pi x}{L}\,dx$$

$(0, L)$ で不連続点を除き $f(x)$ に一致する周期 $2L$ の偶関数を表す．ただし，不連続点での値は右極限と左極限の平均値をとる．

❖ $f(x)$ の $[0, L]$ におけるフーリエ正弦級数：

$$f(x) \sim \sum_{n=0}^{\infty} b_n \sin \frac{n\pi x}{L}, \quad b_n = \frac{2}{L} \int_0^L f(x) \sin \frac{n\pi x}{L} \, dx$$

$(0, L)$ で不連続点を除き $f(x)$ に一致する周期 $2L$ の奇関数を表す．ただし，不連続点での値は右極限と左極限の平均値をとる．

■ 複素フーリエ級数

❖ 区間 $[-L, L]$ における $f(x)$ の複素フーリエ係数：

$$\alpha_n = \frac{1}{2L} \int_{-L}^{L} f(u) e^{-i\frac{n\pi u}{L}} \, du \quad (n = 0, \pm 1, \pm 2, \cdots)$$

❖ 区間 $[-L, L]$ における $f(x)$ の複素フーリエ級数：

$$f(x) \sim \sum_{n=-\infty}^{\infty} \alpha_n e^{i\frac{n\pi x}{L}}$$

❖ $f(x)$ が $2L$ を周期とする区分的に連続な周期関数で，不連続点での値が左右極限の平均ならば

$$f(x) = \sum_{n=-\infty}^{\infty} \alpha_n e^{i\frac{n\pi x}{L}}$$

章末問題

1 次のように関数 $f(x)$ と定数 L が与えられたとき,区間 $-L \leqq x \leqq L$ での関数 $f(x)$ のフーリエ級数を求め,区間 $0 \leqq x \leqq L$ での $f(x)$ のフーリエ余弦級数とフーリエ正弦級数を求めよ.また,フーリエ級数の表す関数を $\tilde{f}(x)$,フーリエ余弦級数の表す関数を $c(x)$,フーリエ正弦級数の表す関数を $s(x)$ とするとき,$y = f(x)$, $y = \tilde{f}(x)$, $y = c(x)$, $y = s(x)$ のグラフを描け(不連続点における値も明確に示すこと).

(1) $f(x) = x$, $L = 1$　　(2) $f(x) = -x$, $L = 1$　　(3) $f(x) = \dfrac{x}{3}$, $L = \pi$

(4) $f(x) = \operatorname{sgn} x = \begin{cases} 1 & (x > 0) \\ 0 & (x = 0), \\ -1 & (x < 0) \end{cases}$　$L = \pi$

2 関数 $f(x) = \begin{cases} x^2 & (x \geqq 0) \\ 0 & (x < 0) \end{cases}$ に対し,区間 $-1 \leqq x \leqq 1$ での $f(x)$ のフーリエ級数の表す関数を $\tilde{f}(x)$,区間 $0 \leqq x \leqq 1$ でのフーリエ余弦級数の表す関数を $c(x)$,フーリエ正弦級数の表す関数を $s(x)$ とするとき,$y = f(x)$, $y = \tilde{f}(x)$, $y = c(x)$, $y = s(x)$ のグラフを描け.不連続点における値も明確に示すこと(計算は不要.結果のみでよい).

3 次のように関数 $f(x)$ と定数 L が与えられたとき,区間 $-L \leqq x \leqq L$ での関数 $f(x)$ の複素フーリエ級数を求めよ.

(1) $f(x) = x$, $L = 1$
(2) $f(x) = -x$, $L = \pi$

4 関数 $f(x) = -x$ と区間 $-\dfrac{1}{2} \leqq x \leqq \dfrac{1}{2}$ に対し,次の問いに答えよ.

(1) フーリエ係数 a_n, b_n を求めよ.
(2) フーリエ級数を求めよ.

(3) $n \leqq 2$ の項の和について, $\sin\theta = \dfrac{e^{i\theta} - e^{-i\theta}}{2i}$, $\cos\theta = \dfrac{e^{i\theta} + e^{-i\theta}}{2}$ を用いて複素フーリエ級数の形に直せ.

5 関数 $f(x) = -x$ と区間 $-\dfrac{1}{2} \leqq x \leqq \dfrac{1}{2}$ に対し,次の問いに答えよ.

(1) 複素フーリエ係数 α_n を求めよ.
(2) 複素フーリエ級数を求めよ.
(3) $-2 \leqq n \leqq 2$ の項の和について,オイラーの公式 $e^{i\theta} = \cos\theta + i\sin\theta$ を用いて(実数形の)フーリエ級数の形に直せ.

第3章

フーリエ変換

　関数 $f(x)$ と定数 $L > 0$ が与えられれば，区間 $[-L, L]$ における $f(x)$ のフーリエ級数が定まった．この章では，L を無限に大きくしたときのフーリエ級数の極限として，フーリエ積分を考える．

　フーリエ変換は，第5章で述べるラプラス変換とともに，従来は主に微分方程式の解法に応用されてきた．しかし，本書は信号処理などの工学への応用を目的としているので，フーリエ変換の応用例には音波を表す関数を多く挙げた．

　一般にフーリエ変換の計算は容易ではないので，手計算で行われる範囲での例は具体性に乏しいものに限られがちである．ここでは，コンピュータによるシミュレーションの例を引用して，フーリエ変換がどのようなことを表しているのかの可視化を試みる．

　フーリエ変換は複素形で定義されるので，最初は理解しにくいかもしれない．それに比べると，フーリエ余弦変換やフーリエ正弦変換は実数の範囲で処理できるのでわかりやすい．しかし，フーリエ余弦変換やフーリエ正弦変換はフーリエ変換の一部分しか反映していないので，やはり複素形でとらえたほうが便利であることが，この章の例から理解されるであろう．

　キーワード　　フーリエ積分，フーリエ変換，フーリエ余弦変換，フーリエ正弦変換，フーリエ逆変換，反転公式．

3.1　予備的考察

〔1〕簡単な例

まず，簡単な例から考えよう．関数 $f(x)$ を次のように定義する（図 3-1 の 1 段目）．

$$f(x) = \begin{cases} 1 & (|x| < 1) \\ \dfrac{1}{2} & (|x| = 1) \\ 0 & (|x| > 1) \end{cases} \tag{3.1}$$

$f(x)$ は区分的に連続な関数であるが，周期関数ではないので，区間 $[-L, L]$ における $f(x)$ のフーリエ級数は，全区間 $-\infty < x < \infty$ では $f(x)$ と一致しない．

しかし，L の値を大きくすれば，それに伴ってフーリエ級数の周期が大きくなる（図 3-1）．図 3-1 の 2 段目から 5 段目は，$(L, n) = (2, 32), (8, 32), (16, 64), (64, 256)$ としたときのフーリエ級数の $\cos(n\pi x/L)$, $\sin(n\pi x/L)$ の項までの有限和のグラ

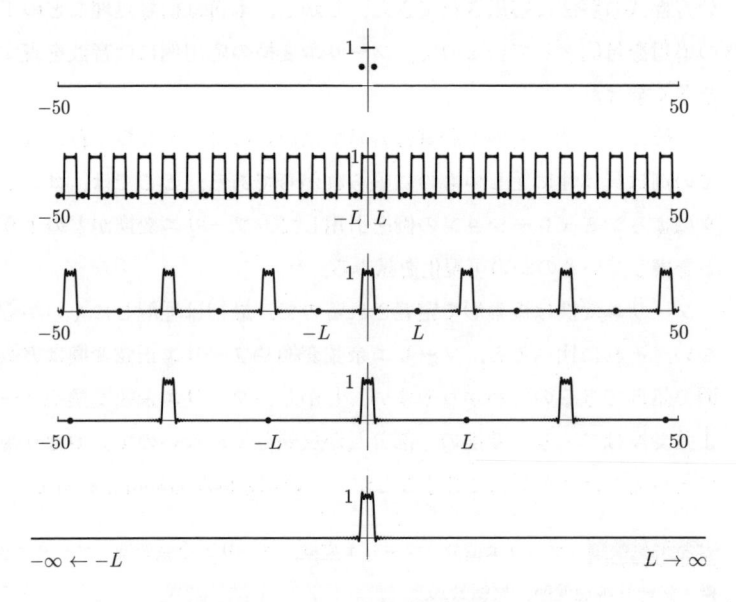

図 3-1　$y = f(x)$ とフーリエ級数，$L \to \infty$

フである．L を限りなく大きくしたときのフーリエ級数の極限が，元の関数 $f(x)$ を表していると考えられるであろう．結論をいえば，そのような級数の極限は積分で表現され，その積分が元の関数を表しているというのがフーリエ変換の基本的なアイデアである．

以下，この章において，まず式 (3.1) の $f(x)$ がどのように積分で表示されるかを調べ，それを一般化してフーリエ積分を定義し，それがどのような性質をもっているかを見る，という順序で話を進めよう．

式 (3.1) の $f(x)$ は偶関数だから，$L > 1$ とすると区間 $[-L, L]$ での $f(x)$ のフーリエ級数は

$$f(x) \sim \frac{a_0}{2} + \sum_{n=1}^{\infty} a_n \cos \frac{n\pi x}{L}$$

$$= \frac{1}{L} \int_0^L f(u)\,du + \sum_{n=1}^{\infty} \left(\frac{2}{L} \int_0^L f(u) \cos \frac{n\pi u}{L}\,du \right) \cos \frac{n\pi x}{L}$$

$$= \frac{1}{L} \int_0^1 du + \sum_{n=1}^{\infty} \left(\frac{2}{L} \int_0^1 \cos \frac{n\pi u}{L}\,du \right) \cos \frac{n\pi x}{L}$$

となる．係数の定積分を計算すると，$n \geqq 1$ のときには

$$\int_0^1 \cos \frac{n\pi u}{L}\,du = \frac{L}{n\pi} \left[\sin \frac{n\pi u}{L} \right]_0^1 = \frac{L}{n\pi} \sin \frac{n\pi}{L}$$

であることを用いて

$$f(x) \sim \frac{1}{L} + \sum_{n=1}^{\infty} \left(\frac{2}{L} \frac{L}{n\pi} \sin \frac{n\pi}{L} \right) \cos \frac{n\pi x}{L}$$

ここで，$\Delta\omega = \dfrac{\pi}{L}$ とおくと

$$f(x) \sim \frac{1}{L} + \frac{2}{\pi} \sum_{n=1}^{\infty} \Delta\omega \left(\frac{\sin(n\Delta\omega)}{n\Delta\omega} \cos(n\Delta\omega\, x) \right) \tag{3.2}$$

と表される．表現を簡単にするために，x を任意にとって固定したときにできる t の関数 $G_{(x)}(t)$ を

$$G_{(x)}(t) = \begin{cases} \dfrac{\sin t}{t} \cos(t\,x) & (t \neq 0) \\ 1 & (t = 0) \end{cases}$$

で定める．三角関数の基本的な極限 $\lim_{t\to 0}\frac{\sin t}{t}=1$ により，任意の x に対して $G_{(x)}(t)$ は実数全域で連続な t の関数である（図 3-2）．

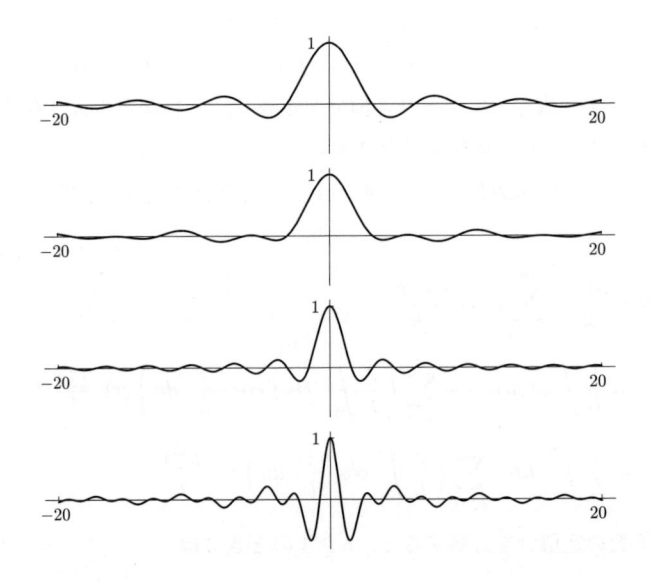

図 3-2　$y=G_{(x)}(t)$（上から $x=0, 0.3, 1, 2$）のグラフ

この $G_{(x)}(t)$ を用いると，式 (3.2) の第 2 項は

$$\text{第 2 項} = \frac{2}{\pi}\sum_{n=1}^{\infty}\Delta\omega G_{(x)}(n\Delta\omega)$$

の形に表現できる．右辺の $\sum$ の部分は，無限区間 $0 \leqq t < \infty$ を，幅が $\Delta\omega$ の無限個の小区間

$$(n-1)\Delta\omega \leqq t \leqq n\Delta\omega \quad (n=1,2,3,\cdots)$$

に分割し，各区間の端点 $n\Delta\omega$ における関数 $G_{(x)}(t)$ の値に区間の幅 $\Delta\omega$ をかけて総和をとったものである．図 3-3 はこの状態を示す．

　したがって，$L\to\infty$ とすれば $\Delta\omega=(\pi/L)\to 0$ だから，第 2 項は区分求積法（付録 A.6 節参照）により特異積分（無限区間での積分．付録 A.7 節参照）

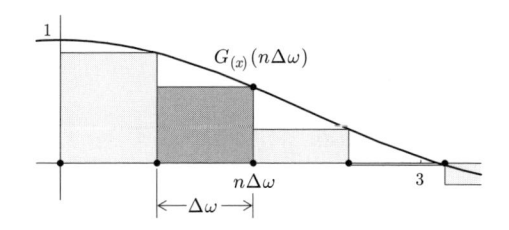

図 3-3 $y = G_{(0.3)}(t)$ と小長方形の符号付き面積の和（$\Delta\omega = 0.8$）

$\frac{2}{\pi} \int_0^\infty G_{(x)}(t)\,dt$ に収束するであろう．図 3-4 は $y = G_{(0.1)}(t)$ の場合で，上段から $\Delta\omega = 0.8, 0.4, 0.1$ のときの状況を表す．

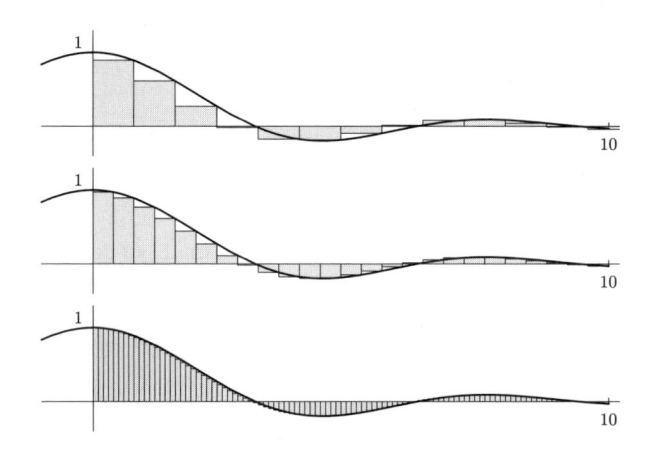

図 3-4 小長方形の符号付き面積の和は積分に収束する

また，$L \to \infty$ のとき，式 (3.2) の第 1 項は 0 に収束する．したがって，次の式が得られる．

$$f(x) \sim \frac{2}{\pi} \int_0^\infty \frac{\sin t}{t} \cos(t\,x)\,dt \tag{3.3}$$

再確認すると，この式は関数 $f(x)$ の区間 $[-L, L]$ 上のフーリエ級数の，$L \to \infty$ としたときの極限を，積分で表現したものである．この式を，ある種の対称性を

もった式に書き換えるため，一般に関数 $f(x)$ に対して関数 $C(t)$ を次のように定義する．

$$C(t) = \frac{1}{\sqrt{\pi}} \int_{-\infty}^{\infty} f(u) \cos tu \, du \tag{3.4}$$

このとき，いま考えている式 (3.1) の関数 $f(x)$ に対しては

$$C(t) = \frac{2}{\sqrt{\pi}} \int_0^1 \cos tu \, du = \frac{2}{\sqrt{\pi}} \left[\frac{\sin tu}{t} \right]_{u=0}^{u=1} = \frac{2}{\sqrt{\pi}} \frac{\sin t}{t}$$

であるから，式 (3.3) は

$$f(x) \sim \frac{1}{\sqrt{\pi}} \int_0^{\infty} C(t) \cos tx \, dt \tag{3.5}$$

と書き直すことができる．式 (3.4) と式 (3.5) の形の類似性に注目されたい．あらためて後述する定義によれば，式 (3.4) で定まる関数 $C(t)$ が $f(x)$ のフーリエ余弦変換であり，式 (3.5) が $f(x)$ の反転公式である．

〔2〕一般的考察

前項では，式 (3.1) で定まる特別な関数について式 (3.4)，(3.5) を導いたが，ここでは一般の関数 $f(x)$ について同様の式を作ろう．$f(x)$ は無限区間 $-\infty < x < \infty$ で定義されていて，特異積分 $\int_{-\infty}^{\infty} |f(x)| \, dx$ が有限な値として定まるものと仮定する．

有限区間 $[-L, L]$ での $f(x)$ のフーリエ級数の定義にフーリエ係数の定義を代入して，前述の例と同様に変形すると

$$\begin{aligned}
f(x) &\sim \frac{a_0}{2} + \sum_{n=1}^{\infty} \left\{ a_n \cos \frac{n\pi x}{L} + b_n \sin \frac{n\pi x}{L} \right\} \\
&= \frac{a_0}{2} + \sum_{n=1}^{\infty} \left\{ \left(\frac{1}{L} \int_{-L}^{L} f(u) \cos \frac{n\pi u}{L} \, du \right) \cos \frac{n\pi x}{L} \right. \\
&\quad \left. + \left(\frac{1}{L} \int_{-L}^{L} f(u) \sin \frac{n\pi u}{L} \, du \right) \sin \frac{n\pi x}{L} \right\} \\
&= \frac{a_0}{2} + \sum_{n=1}^{\infty} \left\{ \frac{1}{L} \int_{-L}^{L} f(u) \cos \frac{n\pi u}{L} \cos \frac{n\pi x}{L} \, du \right.
\end{aligned}$$

$$+ \frac{1}{L} \int_{-L}^{L} f(u) \sin \frac{n\pi u}{L} \sin \frac{n\pi x}{L} du \Big\}$$

$$= \frac{a_0}{2} + \sum_{n=1}^{\infty} \frac{1}{L} \int_{-L}^{L} f(u) \left\{ \cos \frac{n\pi u}{L} \cos \frac{n\pi x}{L} + \sin \frac{n\pi u}{L} \sin \frac{n\pi x}{L} \right\} du$$

$$= \frac{1}{2L} \int_{-L}^{L} f(u) \, du + \sum_{n=1}^{\infty} \frac{1}{L} \int_{-L}^{L} f(u) \cos \frac{n\pi(u-x)}{L} du$$

となる．ここで $\Delta\omega = \dfrac{\pi}{L}$ とおくと

$$\text{第 2 項} = \sum_{n=1}^{\infty} \Delta\omega \frac{1}{\pi} \int_{-L}^{L} f(u) \cos(n\Delta\omega(u-x)) \, du$$

ここで x を固定して，t の関数を $G_{(x)}(t) = \displaystyle\int_{-L}^{L} f(u) \cos\left(t(u-x)\right) du$ で定めると

$$\text{第 2 項} = \frac{1}{\pi} \sum_{n=1}^{\infty} \Delta\omega \, G_{(x)}(n\Delta\omega)$$

と表される．$L \to \infty$ とすれば $\Delta\omega = \dfrac{\pi}{L} \to 0$ だから，第 2 項は特異積分 $\dfrac{1}{\pi} \displaystyle\int_0^{\infty} G_{(x)}(t) \, dt$ に収束すると考えられる[1]．したがって $L \to \infty$ のとき

$$G_{(x)}(t) = \int_{-L}^{L} f(u) \cos\left(t(u-x)\right) du \to \int_{-\infty}^{\infty} f(u) \cos\left(t(u-x)\right) du$$

と考えられる．また，仮定により $\displaystyle\int_0^{\infty} f(x) \, dx$ は有限の値だから，$L \to \infty$ のとき第 1 項は 0 に収束する．

以上の推論をまとめると

$$f(x) \sim \frac{1}{\pi} \int_0^{\infty} G_{(x)}(t) \, dt, \quad G_{(x)}(t) = \int_{-\infty}^{\infty} f(u) \cos\left(t(u-x)\right) du$$

つまり

$$f(x) \sim \frac{1}{\pi} \int_0^{\infty} \int_{-\infty}^{\infty} f(u) \cos\left(t(u-x)\right) du\, dt \tag{3.6}$$

---

[1] 実は，$G_{(x)}(t)$ は t だけでなく L と x によって決まる関数だから，$L \to \infty$ としたときの上の区分求積法については厳密な検証が必要である．しかし，ここでは予備的な考察を述べているので，その検証は省略する．

となり，$L \to \infty$ としたときのフーリエ級数の極限の，累次積分（定積分の繰り返し）による表現が得られた．以下，前述の例にならって，形を整えるため多少変形する．まず，cos の加法定理から

$$f(x) \sim \frac{1}{\pi} \int_{u=0}^{\infty} \int_{-\infty}^{\infty} f(u) \left\{ \cos tu \cos tx + \sin tu \sin tx \right\} du\, dt$$

$$= \frac{1}{\sqrt{\pi}} \int_{u=0}^{\infty} \left(\frac{1}{\sqrt{\pi}} \int_{-\infty}^{\infty} f(u) \cos tu\, du \right) \cos tx\, dt$$

$$+ \frac{1}{\sqrt{\pi}} \int_{u=0}^{\infty} \left(\frac{1}{\sqrt{\pi}} \int_{-\infty}^{\infty} f(u) \sin tu\, du \right) \sin tx\, dt$$

ここで

$$A(t) = \frac{1}{\sqrt{\pi}} \int_{-\infty}^{\infty} f(u) \cos tu\, du, \quad B(t) = \frac{1}{\sqrt{\pi}} \int_{-\infty}^{\infty} f(u) \sin tu\, du \tag{3.7}$$

とおくと，式 (3.6) は

$$f(x) \sim \frac{1}{\sqrt{\pi}} \int_{u=0}^{\infty} A(t) \cos tx\, dt + \frac{1}{\sqrt{\pi}} \int_{u=0}^{\infty} B(t) \sin tx\, dt \tag{3.8}$$

と表される．

次に，本質的には上の変形と同じことを行うことになるのだが，式 (3.6) の $\cos(t(u-x))$ にオイラーの公式から得られる式 (2.14) を用いて複素形に直すと

$$f(x) \sim \frac{1}{\pi} \int_{0}^{\infty} \int_{-\infty}^{\infty} f(u) \cos(t(u-x))\, du\, dt$$

$$= \frac{1}{2\pi} \int_{0}^{\infty} \int_{-\infty}^{\infty} f(u) \left\{ e^{it(u-x)} + e^{-it(u-x)} \right\} du\, dt$$

$$= \frac{1}{2\pi} \int_{0}^{\infty} \int_{-\infty}^{\infty} f(u)\, e^{it(u-x)}\, du\, dt$$

$$+ \frac{1}{2\pi} \int_{0}^{\infty} \int_{-\infty}^{\infty} f(u)\, e^{-it(u-x)}\, du\, dt$$

となる．第 1 項で $t = -s$ とおいて置換積分を用い，あらためて s を t に置き換えると

$$f(x) \sim -\frac{1}{2\pi} \int_{0}^{-\infty} \int_{-\infty}^{\infty} f(u)\, e^{-it(u-x)}\, du\, dt$$

$$+ \frac{1}{2\pi} \int_{0}^{\infty} \int_{-\infty}^{\infty} f(u)\, e^{-it(u-x)}\, du\, dt$$

第 1 項の積分の両端を入れ替えて，あとの定義に合うように形を整えると

$$f(x) \sim \frac{1}{2\pi} \int_{-\infty}^{0} \int_{-\infty}^{\infty} f(u)\, e^{-it(u-x)} \, du\, dt$$

$$+ \frac{1}{2\pi} \int_{0}^{\infty} \int_{-\infty}^{\infty} f(u)\, e^{-it(u-x)} \, du\, dt$$

$$= \frac{1}{2\pi} \int_{-\infty}^{\infty} \int_{-\infty}^{\infty} f(u)\, e^{-it(u-x)} \, du\, dt$$

$$= \frac{1}{2\pi} \int_{-\infty}^{\infty} \int_{-\infty}^{\infty} f(u)\, e^{-itu} e^{itx} \, du\, dt$$

$$= \frac{1}{2\pi} \int_{-\infty}^{\infty} \left(\int_{-\infty}^{\infty} f(u)\, e^{-itu} \, du \right) e^{itx} \, dt$$

$$= \frac{1}{\sqrt{2\pi}} \int_{-\infty}^{\infty} \left(\frac{1}{\sqrt{2\pi}} \int_{-\infty}^{\infty} f(u)\, e^{-itu} \, du \right) e^{itx} \, dt$$

が得られる．したがって

$$F(t) = \frac{1}{\sqrt{2\pi}} \int_{-\infty}^{\infty} f(u)\, e^{-itu} \, du \tag{3.9}$$

とおくと

$$f(x) \sim \frac{1}{\sqrt{2\pi}} \int_{-\infty}^{\infty} F(t)\, e^{itx} \, dt \tag{3.10}$$

と表される．

最後に，$f(x)$ が偶関数ならば，式 (3.7)，(3.8) の積分区間を半分にし，$B(t) = 0$ に注意すれば

$$f(x) \sim \sqrt{\frac{2}{\pi}} \int_{0}^{\infty} C(t) \cos t x \, dt \tag{3.11}$$

$$C(t) = \sqrt{\frac{2}{\pi}} \int_{0}^{\infty} f(u) \cos t u \, du \tag{3.12}$$

同様に，$f(x)$ が奇関数ならば

$$f(x) \sim \sqrt{\frac{2}{\pi}} \int_{0}^{\infty} S(t) \sin t x \, dt \tag{3.13}$$

$$S(t) = \sqrt{\frac{2}{\pi}} \int_{0}^{\infty} f(u) \sin t u \, du \tag{3.14}$$

と表される．

以上がフーリエ変換・フーリエ余弦変換・フーリエ正弦変換の定義式の形の必然性を示すための予備的考察である．

3.2　フーリエ変換

〔1〕フーリエ変換

この節の結論は，上で述べた式 (3.10)，(3.11)，(3.13) の式の中の記号 ∼ は，$f(x)$ が適当な条件を満たしていれば等号 = で置き換えられるということである．まず，次のように定義する．

❖ 定義 3.1 ❖　　フーリエ変換・フーリエ逆変換

(1) 無限区間 $-\infty < x < \infty$ で定義された x の関数 $f(x)$ に対し，$\int_{-\infty}^{\infty} |f(x)|\,dx$ が有限確定であるとする．このとき，t を変数とする関数 $F(t)$ を

$$F(t) = \frac{1}{\sqrt{2\pi}} \int_{-\infty}^{\infty} f(x)\,e^{-itx}\,dx$$

で定義し，**$f(x)$ のフーリエ変換**（または **$f(x)$ のフーリエ積分**）という．また，$f(x)$ を $F(t)$ に対応させる関数の変換を**フーリエ変換**といい，$\mathcal{F}$（スクリプト体の F）を用いて $\mathcal{F}[f(x)] = F(t)$ のように表す．つまり

$$\mathcal{F}[f(x)] = \frac{1}{\sqrt{2\pi}} \int_{-\infty}^{\infty} f(x)\,e^{-itx}\,dx \tag{3.15}$$

(2) 無限区間 $-\infty < t < \infty$ で定義された t の関数 $F(t)$ に対し，$\int_{-\infty}^{\infty} |F(t)|\,dt$ が有限確定であるとする．このとき，x を変数とする関数 $f(x)$ を

$$f(x) = \frac{1}{\sqrt{2\pi}} \int_{-\infty}^{\infty} F(t)\,e^{itx}\,dt$$

で定義し，**$F(x)$ のフーリエ逆変換**という．また，$F(t)$ を $f(x)$ に対応させる変換を**フーリエ逆変換**といい，$\mathcal{F}^{-1}[F(t)] = f(x)$ のように表す．つ

まり

$$\mathcal{F}^{-1}[F(t)] = \frac{1}{\sqrt{2\pi}} \int_{-\infty}^{\infty} F(t)\, e^{itx}\, dt \tag{3.16}$$

式 (3.15) と式 (3.16) は，指数の符号を除けば同じ形の式であることに注意されたい．この定義を用いると，前節の式 (3.10) は次のように書き換えられる．

$$f(x) \sim \mathcal{F}^{-1}[\mathcal{F}[f(x)]]$$

式 (3.10) のもとになっていたフーリエ級数の定義式 (2.6) の記号 $\sim$ は，$f(x)$ が適当な条件を満たしていれば = に置き換えることができたが (p.60, 定理 2.1)，それに対応する次の定理が成り立つ．証明は述べないが，3.1 節の予備的考察から納得できるであろう (証明は参考文献 [1], [2], [3] 参照)．

❖ 定理 3.1 ❖　反転公式

実数全域 $-\infty < x < \infty$ で定義された関数 $f(x)$ に対し，$f(x)$ と $f'(x)$ が区分的に連続であるとし，$\int_{-\infty}^{\infty} |f(x)|\, dx$ が有限確定であるとする．また，不連続点における $f(x)$ の値は，右方極限と左方極限の平均値であるとする．このとき，

$$f(x) = \mathcal{F}^{-1}[\mathcal{F}[f(x)]] \tag{3.17}$$

関数 $f(x)$ が定理 3.1 の条件のうちの最後「不連続点における $f(x)$ の値は右方極限と左方極限の平均値である」を満たしていない場合には，不連続点における $f(x)$ の値を左右極限の平均値で置き換えた関数を新たに関数 $\tilde{f}(x)$ と定めれば

$$\tilde{f}(x) = \mathcal{F}^{-1}[\mathcal{F}[f(x)]] \tag{3.18}$$

となることは明らかであろう．式 (3.17) は伝統的に**反転公式**と呼ばれる．

以下において，1.3 節 [1] で挙げた例 5 〜 例 9 を詳細に見てみよう．

例題 3.1　a を正の数とするとき，次の関数のフーリエ変換 $F(t) = \mathcal{F}[f(x)]$ を求めよ．

$$f(x) = \begin{cases} 1 & (-a \leqq x \leqq a) \\ 0 & (x < -a,\ x > a) \end{cases}$$

また，$a=1$ としたときの $y=f(x)$, $s=F(t)$, $\tilde{f}(x)=\mathcal{F}^{-1}[\mathcal{F}[f(x)]]$ のグラフの概形を描け（p.24，1.3 節〔1〕の例 5）．

解答 フーリエ変換の定義 (3.15) より

$$F(t) = \frac{1}{\sqrt{2\pi}} \int_{-\infty}^{\infty} f(u) e^{-itu} du = \frac{1}{\sqrt{2\pi}} \int_{-a}^{a} e^{-itu} du$$

$$= \frac{1}{\sqrt{2\pi}} \int_{-a}^{a} (\cos(-tu) + i\sin(-tu)) du$$

$$= \frac{1}{\sqrt{2\pi}} \left(\int_{-a}^{a} \cos(tu) du - i \int_{-a}^{a} \sin(tu) du \right)$$

$$= \frac{2}{\sqrt{2\pi}} \int_{0}^{a} \cos(tu) du$$

$t \neq 0$ ならば

$$F(t) = \frac{2}{\sqrt{2\pi}} \frac{1}{t} \Big[\sin(tu) \Big]_{0}^{a} = \sqrt{\frac{2}{\pi}} \frac{\sin(ta)}{t}$$

$t=0$ に対しては

$$F(0) = \frac{2}{\sqrt{2\pi}} \int_{0}^{a} \cos 0 \, du = \sqrt{\frac{2}{\pi}} a$$

となる．$F(t)$ は，

$$\lim_{t \to 0} F(t) = \lim_{t \to 0} \sqrt{\frac{2}{\pi}} \frac{\sin(ta)}{t} = \lim_{t \to 0} \sqrt{\frac{2}{\pi}} \frac{\sin(ta)}{ta} a = \sqrt{\frac{2}{\pi}} a = F(0)$$

を満たすから，$t=0$ でも連続である．また，$a=1$ としたときの $y=f(x)$, $s=F(t)$, $\tilde{f}(x)=\mathcal{F}^{-1}[\mathcal{F}[f(x)]]$ のグラフは図 3-5 のようになる．　■

例題 3.1 の $f(x)$ は，不連続点 $x=\pm a$ における値が左右極限の平均 0.5 になってはいないが，$f(x)$ と $\mathcal{F}^{-1}[\mathcal{F}[f(x)]]$ は不連続点を除いて一致することがわかる．例題 3.1 の $F(t)$ を念頭において，次のように t の新たな関数 $\mathrm{sinc}\, t$ を定義する．

❖ 定義 3.2 ❖　シンク関数

シンク関数 $\mathrm{sinc}\, t$ を次の式で定義する．$\mathrm{sinc}\, t$ は連続関数である．

$$\mathrm{sinc}\, t = \begin{cases} \dfrac{\sin t}{t} & (t \neq 0) \\ 1 & (t = 0) \end{cases} \tag{3.19}$$

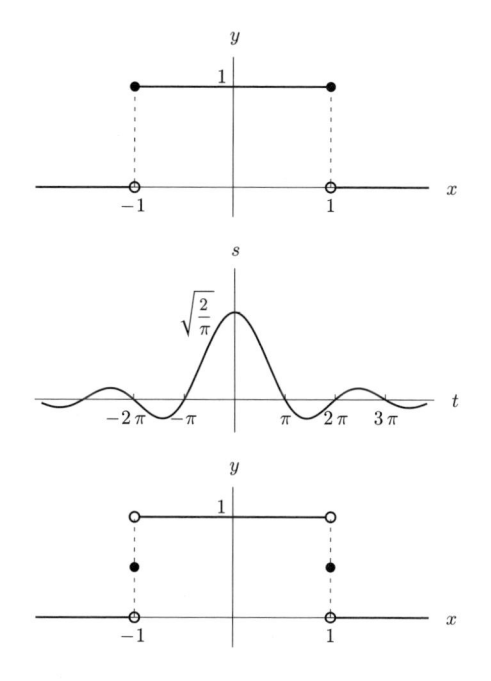

図 3-5 例題 3.1：上から $y = f(x)$, $s = F(t) = \mathcal{F}[f(x)]$, $y = \mathcal{F}^{-1}[\mathcal{F}[f(x)]]$

$s = \mathrm{sinc}\, t$ のグラフは図 3-6 のようになる．

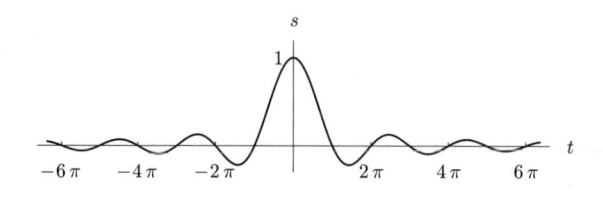

図 3-6 シンク関数 $s = \mathrm{sinc}\, t$

$\mathrm{sinc}\, t$ を用いれば，例題 3.1 の $F(t)$ は

$$F(t) = \sqrt{\frac{2}{\pi}}\, a\, \mathrm{sinc}\,(at)$$

と表され，$a = 1$ の場合が 1.3 節〔1〕で挙げた例 5（p.24）となる．また，例題 3.1 の

$f(x)$ は偶関数だから，$F(t)$ を計算するときの虚数の部分が消えて，$F(t) = \mathcal{F}[f(x)]$ が実数値関数になっていることにも注意されたい．

参考までに，$a=1, \ a=10, \ a=20$ の場合の $s = F(t) = \mathcal{F}[f(x)]$ のグラフは，図 3-7 のようになる．

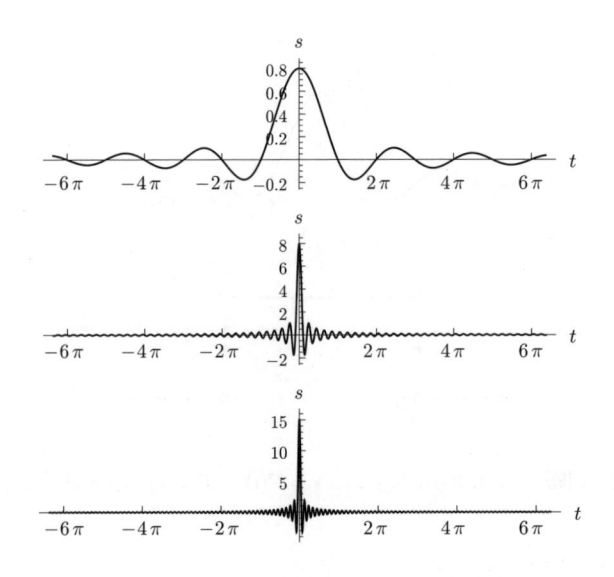

図 3-7 例題 3.1 の $s = F(t) = \mathcal{F}[f(x)]$（上から $a = 1, 10, 20$）

例題 3.2 関数 $f(x)$ を $f(x) = \begin{cases} \cos 4\pi x & (-1 \leqq x \leqq 1) \\ 0 & (x < -1, \ x > 1) \end{cases}$ で定めるとき，フーリエ変換 $F(t) = \mathcal{F}[f(x)]$ を計算し，$y = f(x)$ と $s = F(t)$ のグラフの概形を描け（p.25，1.3 節 [1] の例 6）．

解答 $y = f(x)$ のグラフは図 3-8 のようになる．偶関数・奇関数に注意し，加法定理を用いて計算すると

$$F(t) = \frac{1}{\sqrt{2\pi}} \int_{-1}^{1} \cos(4\pi u) \{\cos(-tu) + i\sin(-tu)\} \, du$$
$$= \frac{2}{\sqrt{2\pi}} \int_{0}^{1} \cos(4\pi u) \cos(tu) \, du \qquad (3.20)$$

図 3-8 例題 3.2 の $y = f(x)$（偶関数）

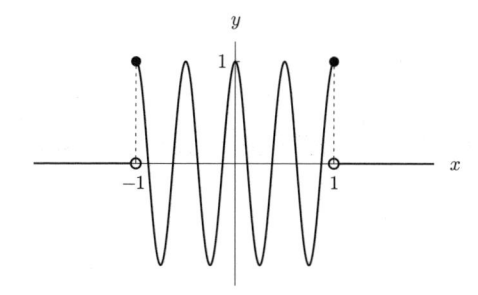

$$= \frac{1}{\sqrt{2\pi}} \int_0^1 \{\cos(t+4\pi)u + \cos(t-4\pi)u\}\, du$$

$t \neq \pm 4\pi$ のとき

$$F(t) = \frac{1}{\sqrt{2\pi}} \left\{ \frac{\sin(t+4\pi)}{t+4\pi} + \frac{\sin(t-4\pi)}{t-4\pi} \right\}$$

$$= \frac{1}{\sqrt{2\pi}} \left(\mathrm{sinc}\,(t+4\pi) + \mathrm{sinc}\,(t-4\pi) \right)$$

$t = \pm 4\pi$ のとき

$$F(\pm 4\pi) = \frac{1}{\sqrt{2\pi}} \int_0^1 \{\cos 0 + \cos 8\pi u\}\, du$$

$$= \frac{1}{\sqrt{2\pi}} \left(1 + \frac{\sin 8\pi}{8\pi} \right)$$

$$= \frac{1}{\sqrt{2\pi}} \left(\mathrm{sinc}\,0 + \mathrm{sinc}\,8\pi \right)$$

したがって，いずれの場合も

$$F(t) = \frac{1}{\sqrt{2\pi}} \left(\mathrm{sinc}\,(t+4\pi) + \mathrm{sinc}\,(t-4\pi) \right)$$

と表される．$s = F(t)$ のグラフは，$s = \mathrm{sinc}\,t$ のグラフを t 軸方向に -4π 平行移動したものと 4π 平行移動したものとを加え，$1/\sqrt{2\pi}$ 倍したものとなる（図 3-9）． ■

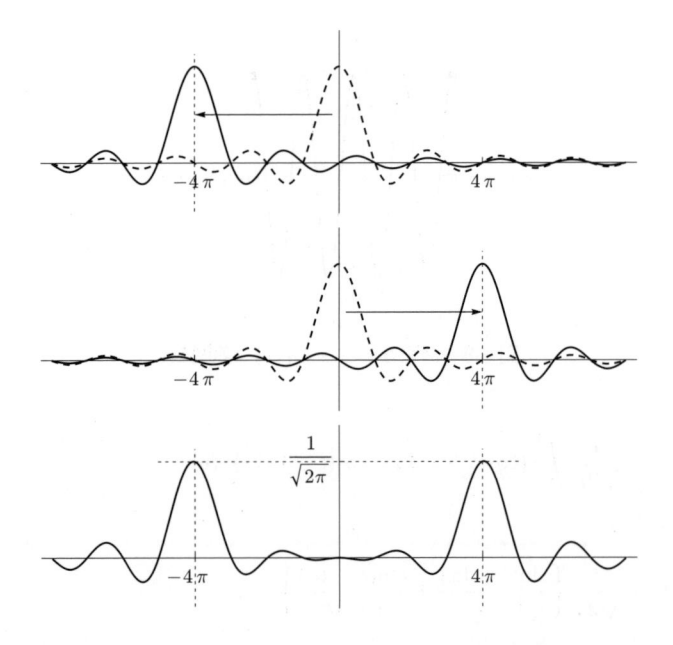

図 3-9 例題 3.2 の $F(t) = \mathcal{F}[f(x)]$：シンク関数を移動に加える

例題 3.1 と同様に例題 3.2 の $f(x)$ も偶関数だから，フーリエ変換 $F(t) = \mathcal{F}[f(x)]$ は実数の関数になっている．

ところで，図 3-9 の $f(x) = \cos(4\pi x)$（$-1 \leqq x \leqq 1$）のフーリエ変換 $F(t)$ のグラフは，振動しながらも $t = \pm 4\pi$（4π は $\cos(4\pi x)$ の x の係数）にピークが現れていることに注意されたい．これをフーリエ級数との関係で考えると，次のようになる．

変数 t が π の自然数倍 $m\pi$ のときには，$F(t)$ の計算の途中の式 (3.20) は

$$F(m\pi) = \frac{1}{\sqrt{2\pi}} \times \frac{1}{1}\int_{-1}^{1} \cos(4\pi u) \cos\frac{m\pi u}{1} \, du$$

と表されるから，$F(m\pi)$ は関数 $f(x) = \cos(4\pi x)$ の区間 $[-1,1]$ におけるフーリエ係数 a_n の $n = m$ のときの値 a_m を定数 $\sqrt{2\pi}$ で割ったものとなる．関数 $f(x)$ の区間 $[-1,1]$ におけるフーリエ級数は $\cos(n\pi x), \sin(n\pi x)$ に係数 a_n, b_n をかけて得られる級数だから，$f(x)$ 自身がこれらの関数の一つ $\cos(4\pi x)$ に一致している場合には，当然 $b_m = 0$ であり，$a_4 = 1$ でそれ以外の番号 m に対しては $a_m = 0$ となって

いる．したがって，自然数 m に対しては，$F(m\pi)$ の値は $m = 4$ のところだけで $1/\sqrt{2\pi}$ となり，それ以外では 0 となる．式 (3.20) の形から $F(t)$ は偶関数だから，負の整数 m に対しても同様の状況となる．

t が π の整数倍以外のときには，（この段階では）$F(t)$ の計算を実行して得られる式の中に現れるシンク関数の性質が反映している（としかいいようがない）．これが，1.3 節〔1〕の例 6（p.25）のあとに述べたコメントのやや詳しい説明であるが，このことが，たとえば音波にフーリエ変換を施すと周波数成分が出てくる理由である．

例題 3.3 関数 $g(x)$ を $g(x) = \begin{cases} \sin 6\pi & (-1 \leqq x \leqq 1) \\ 0 & (x < -1, \; x > 1) \end{cases}$ で定めるとき，フーリエ変換 $G(t) = \mathcal{F}[g(x)]$ を計算し，$y = f(x)$ と $s = G(t)$ のグラフの概形を描け（p.27，1.3 節〔1〕の例 7）．

解答 $y = g(x)$ のグラフは図 3-10 のようになる．

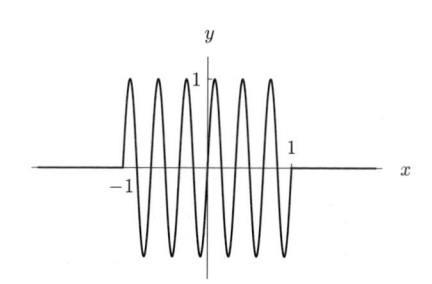

図 3-10 例題 3.3 の $y = g(x)$（奇関数）

例題 3.2 と同様に計算して

$$G(t) = \frac{1}{\sqrt{2\pi}} \int_{-1}^{1} \sin(6\pi u) \{\cos(-tu) + i\sin(-tu)\} \, du$$

$$= \frac{i}{\sqrt{2\pi}} \int_{0}^{1} \{\cos(t + 6\pi)u - \cos(t - 6\pi)u\} \, du$$

$t \neq \pm 6\pi$ のとき

$$G(t) = \frac{i}{\sqrt{2\pi}} \left(\frac{\sin(t+6\pi)}{t+6\pi} - \frac{\sin(t-6\pi)}{t+6\pi} \right)$$

$$= \frac{i}{\sqrt{2\pi}} \left(\mathrm{sinc}\,(t+6\pi) - \mathrm{sinc}\,(t-6\pi) \right)$$

$t = \pm 6\pi$ のとき

$$G(\pm 6\pi) = \frac{\pm i}{\sqrt{2\pi}} \int_0^1 \{\cos(12\pi u) - \cos 0\}\, du$$

$$= \frac{\pm i}{\sqrt{2\pi}} \left(\frac{\sin 12\pi}{12\pi} - 1 \right)$$

$$= \frac{\pm i}{\sqrt{2\pi}} \left(\mathrm{sinc}\,12\pi - \mathrm{sinc}\,0 \right)$$

したがって，いずれの場合も

$$G(t) = \frac{i}{\sqrt{2\pi}} \left(\mathrm{sinc}\,(t+6\pi) - \mathrm{sinc}\,(t-6\pi) \right)$$

と表される．$G(t)$ は純虚数値をとる関数であり，通常の意味でのグラフは描けないが，$G(t)$ の虚部（A.4 節〔1〕参照）

$$\mathrm{Im}(G(t)) = \frac{1}{\sqrt{2\pi}} \left(\mathrm{sinc}\,(t+6\pi) - \mathrm{sinc}\,(t-6\pi) \right)$$

についてはグラフを描くことができる（図 3-11）．$s = \mathrm{Im}(G(t))$ のグラフは，$s = \mathrm{sinc}\,t$ のグラフを t 軸方向に -6π 平行移動したものと，$s = -\mathrm{sinc}\,t$ のグラフを 6π 平行移動したものとを加え，$1/\sqrt{2\pi}$ 倍したものとなる．$s = \mathrm{Im}(G(t))$ は奇関数で，$t = \pm 6\pi$ のところに上下にピークが現れるのは，例題 3.2 の場合と同じ理由による． ∎

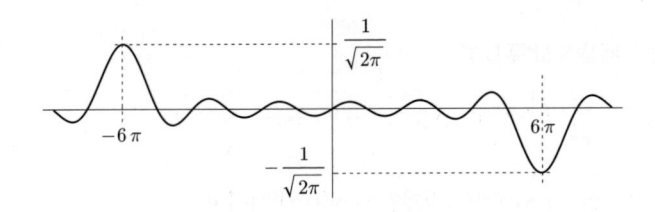

図 3-11 例題 3.3 の $G(t) = \mathcal{F}[g(x)]$ の虚部 $s = \mathrm{Im}(G(t))$ のグラフ

3.2 フーリエ変換

例題 3.2 と例題 3.3 を混合した例を考えよう（p.28，1.3 節 [1] の例 8）．

例題 3.4 関数 $h(x)$ を
$$h(x) = \begin{cases} \cos 4\pi x + \sin 6\pi x & (-1 \leqq x \leqq 1) \\ 0 & (x < -1,\ x > 1) \end{cases}$$
で定めるとき，$y = h(x)$ のグラフを描き，$h(x)$ のフーリエ変換 $H(t) = \mathcal{F}[h(x)]$ を計算せよ．

解答 $y = h(x)$ のグラフは図 3-12 のようになる．

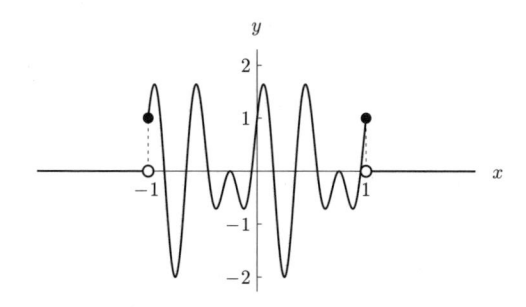

図 3-12 例題 3.4 の $y = h(x)$（偶関数でも奇関数でもない）

後のフーリエ変換の性質のところで見るように，定積分の線形性とフーリエ変換の定義から，一般に $\mathcal{F}[af(x) + bg(x)] = a\mathcal{F}[f(x)] + b\mathcal{F}[g(x)]$ が成り立つ．この例題の $h(x)$ は例題 3.2 の $f(x)$ と例題 3.3 の $g(x)$ の和だから，前の結果を用いて

$$H(t) = \frac{1}{\sqrt{2\pi}} \{\text{sinc}\,(t + 4\pi) + \text{sinc}\,(t - 4\pi)\} \\ + \frac{i}{\sqrt{2\pi}} \{\text{sinc}\,(t + 6\pi) - \text{sinc}\,(t - 6\pi)\}$$

となる． ∎

例題 3.4 の $h(t)$ は偶関数でも奇関数でもないので，そのフーリエ変換 $H(t)$ は実数値関数でもなく純虚数値関数でもない複素数値関数である．1.3 節 [1] の例 8（p.28）のあとのコメントで述べたように，$H(t)$ のグラフを描くにはいろいろな方法が考えられるが，3 次元空間の中の曲線として図示するのが最もよく $s = H(t)$

の性質を反映すると思われる．手で描くことは困難なので，コンピュータに頼らざるを得ないが．3次元実数空間（xyz 空間）の xy 平面を複素平面で置き換え，z 軸を t 軸で置き換えた空間での曲線として図示したのが，図 3-13 である．

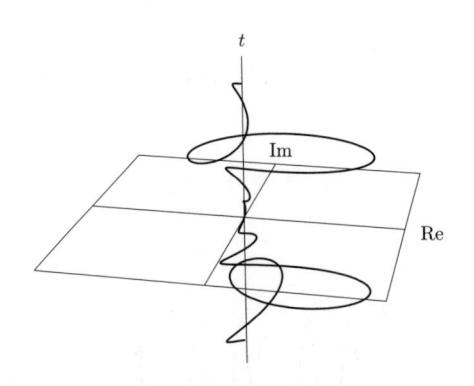

図 3-13　例題 3.4 の $H(t)$ を空間曲線として表示

この曲線を三つの座標平面（xyz 空間でいえば，xy 平面（複素平面），xz 平面，yz 平面）に射影すると図 3-14 になる．平面曲線なのでわかりやすいが，それぞれ文字どおり曲線 $H(t)$ のある側面しか反映していないのがわかるであろう．

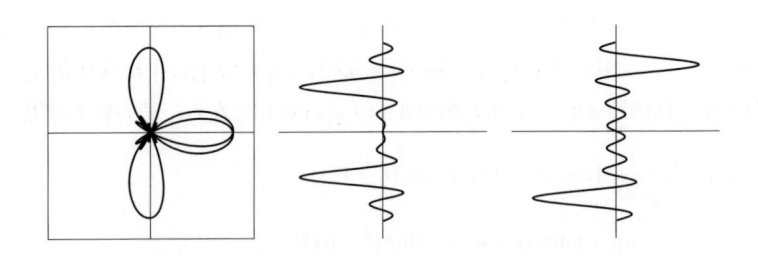

図 3-14　図 3-13 の空間曲線 $H(t)$ の 3 平面への射影

フーリエ変換された関数を空間曲線として表示する有効性をさらによく表す例が，1.3 節 [1] の例 9（p.30）であった．手計算や手による描画を超えているので，コンピュータによるシミュレーションを引用するにとどめよう[2]．

---

[2]　この種の例は紙の上では紹介しにくいので，ウェブ上のファイルを参照されたい．

🞄🞄🞄 例9（第1章）🞄🞄🞄　関数 $f(x)$ を，$-1 \leqq x \leqq 1$ ならば
$$f(x) = 2\cos(440 \times 2\pi x) + \sin(2^{\frac{1}{4}} 440 \times 2\pi x) + 0.5\cos(2^{\frac{7}{12}} 440 \times 2\pi x)$$
とし，それ以外では $f(x) = 0$ であると定める（A マイナーの和音を 2 秒間鳴らした音波[3]）．$0 \leqq x \leqq 0.03$ の範囲での $y = f(x)$ のグラフは，図 3-15 となる．

図 3-15　A マイナーの和音

$f(x)$ のフーリエ変換 $F(t)$ を空間曲線として描いたのが図 3-16 である．周波数成分が sin と cos に分かれたスペクトルとして，明瞭に読み取れるであろう（図 1-22（p.31）を $t \geqq 0$ の範囲で描いたもの）．

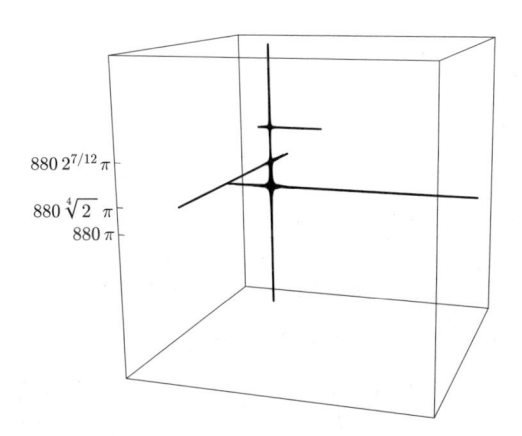

図 3-16　A マイナーの和音のフーリエ変換：角周波数のスペクトル

---

[3]. 標準のラの音は，t の単位を秒として $\sin 440\pi(t-a)$ の形で表され，1 オクターブ上のラは，振動数が $\sin 2 \times 440\pi(t-a)$ と表される．1 オクターブを半音ずつ 12 個に等比数列で分割すると，途中の音は $\sin 2^{k/12} \times 440\pi(t-a)$ の形になる．

[2] フーリエ変換の性質

計算上有用なフーリエ変換の性質をまとめておこう．登場する関数はすべて定理 3.1 の条件を満たすものとする．

❖ 定理 3.2 ❖　**フーリエ変換の性質**

(1) $\mathcal{F}[\,a\,f(x) + b\,g(x)\,] = a\,\mathcal{F}[\,f(x)\,] + b\,\mathcal{F}[\,g(x)\,]$

$\mathcal{F}[\,f(x)\,] = F(t)$ と表すとき，

(2) $\mathcal{F}[\,f(sx)\,] = \dfrac{1}{|s|} F\left(\dfrac{t}{s}\right)$　　（s は 0 でない実数）

(3) $\mathcal{F}[\,f(t)e^{it_0 x}\,] = F(t - t_0)$

【証明】

(1) フーリエ変換の定義と積分の性質から

$$\mathcal{F}[\,a\,f(x) + b\,g(x)\,]$$
$$= \frac{1}{\sqrt{2\pi}} \int_{-\infty}^{\infty} \{a\,f(x) + b\,g(x)\}\, e^{-itx}\,dx$$
$$= a \cdot \frac{1}{\sqrt{2\pi}} \int_{-\infty}^{\infty} f(x)\, e^{-itx}\,dx + b \cdot \frac{1}{\sqrt{2\pi}} \int_{-\infty}^{\infty} g(x)\, e^{-itx}\,dx$$
$$= a\,\mathcal{F}[\,f(x)\,] + b\,\mathcal{F}[\,g(x)\,]$$

(2) 定義より

$$\mathcal{F}[\,f(sx)\,] = \frac{1}{\sqrt{2\pi}} \int_{-\infty}^{\infty} f(s\,x)\, e^{-itx}\,dx$$

積分変数を $u = sx$ に置き換えれば，$s > 0$ の場合は，x が $-\infty$ から ∞ まで動くとき t も $-\infty$ から ∞ まで動くから

$$\mathcal{F}[\,f(sx)\,] = \frac{1}{s}\frac{1}{\sqrt{2\pi}} \int_{-\infty}^{\infty} f(u)\, e^{-i(t/s)u}\,du = \frac{1}{s} F\left(\frac{t}{s}\right)$$

$s < 0$ の場合は，x が $-\infty$ から ∞ まで動くとき t は ∞ から $-\infty$ まで動くから

$$\mathcal{F}[\,f(sx)\,] = \frac{1}{s}\frac{1}{\sqrt{2\pi}} \int_{\infty}^{-\infty} f(u)\, e^{-i(t/s)u}\,du$$

$$= -\frac{1}{s}\frac{1}{\sqrt{2\pi}}\int_{-\infty}^{\infty} f(u)\,e^{-i(t/s)u}\,du$$

$$= \frac{1}{-s}F\left(\frac{t}{s}\right)$$

つまり

$$\mathcal{F}[f(sx)] = \frac{1}{|s|}F\left(\frac{t}{s}\right)$$

(3) $e^{i\theta}$ についての指数法則 (2.13) により

$$\mathcal{F}[f(x)e^{it_0x}] = \frac{1}{\sqrt{2\pi}}\int_{-\infty}^{\infty} f(x)e^{it_0x}\,e^{-itx}\,du$$

$$= \frac{1}{\sqrt{2\pi}}\int_{-\infty}^{\infty} f(x)\,e^{-i(t-t_0)x}\,du = F(t-t_0) \quad\blacksquare$$

問題 3.1 関数 $f(x) = e^{-|x|}$ のフーリエ変換を求めよ．

3.3 フーリエ余弦変換・フーリエ正弦変換

フーリエ級数においても，偶関数・奇関数に着目するとフーリエ余弦級数・フーリエ正弦級数が便利であった．また，3.1 節の予備的考察の最後に偶関数・奇関数に着目して式 (3.11), (3.12), (3.13), (3.14) を導いた．これらを念頭において，次のようにフーリエ余弦変換とフーリエ正弦変換を定義する．

❖ 定義 3.3 ❖ フーリエ余弦変換・フーリエ正弦変換

関数 $f(x)$ が定義 3.1 (1) の条件を満たすとき，t を変数とする関数 $C(t), S(t)$ を

$$C(t) = \sqrt{\frac{2}{\pi}}\int_0^{\infty} f(u)\cos tu\,du \tag{3.21}$$

$$S(t) = \sqrt{\frac{2}{\pi}}\int_0^{\infty} f(u)\sin tu\,du \tag{3.22}$$

で定義し，それぞれ $f(x)$ の**フーリエ余弦変換**，**フーリエ正弦変換**という．

フーリエ変換について成り立つ定理 3.1 に対応して，フーリエ余弦変換とフーリエ正弦変換に関して次の系が成り立つ．

♣ 系 3.1 ♣　　反転公式

関数 $f(x)$ が定理 3.1 の条件を満たし，さらに偶関数であるとき，

$$f(x) = \sqrt{\frac{2}{\pi}} \int_0^\infty C(t) \cos tx \, dt \tag{3.23}$$

$f(x)$ が奇関数であるとき，

$$f(x) = \sqrt{\frac{2}{\pi}} \int_0^\infty S(t) \sin tx \, dt \tag{3.24}$$

$f(x)$ が偶関数や奇関数でなくても，式 (3.21)，(3.22) によって $f(x)$ のフーリエ余弦変換やフーリエ正弦変換が定義される．この場合も定理 3.1 のあとの補足説明と同様に，次の系が成り立つ．

♣ 系 3.2 ♣　　反転公式

関数 $f(x)$ が定理 3.1 の条件を満たすとき，偶関数 $\tilde{f}(x)$ を $x > 0$ では $f(x) = \tilde{f}(x)$ となるようにとれば

$$\tilde{f}(x) = \sqrt{\frac{2}{\pi}} \int_0^\infty C(t) \cos tx \, dt \tag{3.25}$$

また，奇関数 $\hat{f}(x)$ を $x > 0$ では $f(x) = \hat{f}(x)$ となるようにとれば

$$\hat{f}(x) = \sqrt{\frac{2}{\pi}} \int_0^\infty S(t) \sin tx \, dt \tag{3.26}$$

が成り立つ．ただし，もし $\tilde{f}(x)$ が $x = 0$ で不連続ならば，$\tilde{f}(0)$ は右方極限と左方極限の平均値であるものとする．$\hat{f}(x)$ も同様である．

式 (3.23)，(3.24)，(3.25)，(3.26) も**反転公式**と呼ばれる．

例題 3.5　　関数 $f(x) = e^{-x}$ のフーリエ余弦変換とフーリエ正弦変換を求めよ．

解答 フーリエ余弦変換の定義 (3.21) に部分積分を用いて

$$C(t) = \sqrt{\frac{2}{\pi}} \int_0^\infty e^{-u} \cos tu \, du = \sqrt{\frac{2}{\pi}} \int_0^\infty \left(-e^{-u}\right)' \cos tu \, du$$

$$= \sqrt{\frac{2}{\pi}} \left\{ \left[\left(-e^{-u}\right) \cos tu \right]_0^\infty - \int_0^\infty \left(-e^{-u}\right) \left(-t \sin tu\right) du \right\}$$

$\{\ \}$ 内の第 1 項は

$$\lim_{a \to \infty} \left\{ \left(-e^{-a}\right) \cos ta - \left(-e^{-0}\right) \cos 0 \right\} = 1$$

第 2 項は部分積分を再び用いて

$$-\int_0^\infty \left(-e^{-u}\right) \left(-t \sin tu\right) du = t \int_0^\infty \left(e^{-u}\right)' \sin tu \, du$$

$$= t \left\{ \left[e^{-u} \sin tu \right]_0^\infty - \int_0^\infty e^{-u} t \cos tu \, du \right\}$$

$$= -t^2 \int_0^\infty e^{-u} \cos tu \, du$$

したがって

$$C(t) = \sqrt{\frac{2}{\pi}} \left\{ 1 - t^2 \int_0^\infty e^{-u} \cos tu \, du \right\}$$

$$= \sqrt{\frac{2}{\pi}} - t^2 \left\{ \sqrt{\frac{2}{\pi}} \int_0^\infty e^{-u} \cos tu \, du \right\} = \sqrt{\frac{2}{\pi}} - t^2 C(t)$$

となる．右辺の $C(t)$ の項を左辺に移行してまとめ，$C(t)$ の係数で両辺を割れば

$$C(t) = \sqrt{\frac{2}{\pi}} \frac{1}{1+t^2}$$

同様にフーリエ正弦変換の定義 (3.22) に部分積分を用いて

$$S(t) = \sqrt{\frac{2}{\pi}} \int_0^\infty e^{-u} \sin tu \, du$$

$$= \sqrt{\frac{2}{\pi}} \left\{ \left[\left(-e^{-u}\right) \sin tu \right]_0^\infty - \int_0^\infty \left(-e^{-u}\right) \left(t \cos tu\right) du \right\}$$

となる．$\{\ \}$ 内の第 1 項は 0 で，第 2 項は部分積分を再び用いて

$$-\int_0^\infty \left(-e^{-u}\right) \left(t \cos tu\right) du$$

$$= -t\left\{\left[e^{-u}\cos tu\right]_0^\infty + \int_0^\infty e^{-u} t\sin tu\, du\right\}$$

$$= t - t^2 \int_0^\infty e^{-u} \sin tu\, du$$

したがって

$$S(t) = \sqrt{\frac{2}{\pi}} \left\{ t - t^2 \int_0^\infty e^{-u} \sin tu\, du \right\} = \sqrt{\frac{2}{\pi}}\, t - t^2 S(t)$$

$$\therefore\ S(t) = \sqrt{\frac{2}{\pi}} \frac{t}{1+t^2} \qquad \blacksquare$$

例題 3.6　例題 3.5 で得られた関数 $C(t)$, $S(t)$ に，それぞれ反転公式を適用して得られる関数 $\tilde{f}(t)$ のグラフを描け．

解答　例題 3.5 の $C(x)$ に反転公式を用いると，系 2.3（p.66）により次の関数となる（図 3-17 左図）．

$$y = \tilde{f}(x) = \begin{cases} e^{-x} & (x \geqq 0) \\ e^{+x} & (x < 0) \end{cases} \tag{3.27}$$

同様に，$S(x)$ に反転公式を用いると，次の関数となる（図 3-17 右図）．

$$y = \tilde{f}(x) = \begin{cases} e^{-x} & (x > 0) \\ 0 & (x = 0) \\ -e^{x} & (x < 0) \end{cases} \tag{3.28}\ \blacksquare$$

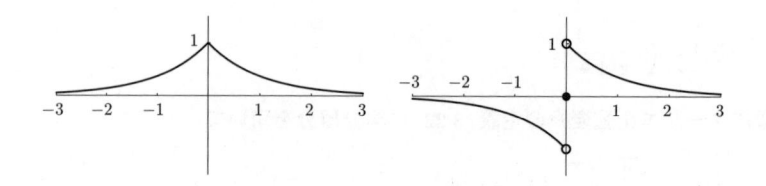

図 3-17　反転公式により得られた関数 (3.27), (3.28)

フーリエ変換はさまざまな形で応用されるが，たとえば次のようにして積分を含む等式（積分方程式）が与えられたとき，それを満たす関数を求めることができる．

例題 3.7
次の関数を満たす関数 $f(x)$ を求めよ．ただし $x \geqq 0$ とする．

$$\int_0^\infty f(x)\cos tx\, dx = \begin{cases} 1-t & (0 \leqq t \leqq 1) \\ 0 & (t > 1) \end{cases}$$

解答 $f(x)$ の余弦変換は，上の条件を用いて

$$C(t) = \sqrt{\frac{2}{\pi}} \int_0^\infty f(x)\cos tu\, du = \begin{cases} \sqrt{\dfrac{2}{\pi}}(1-t) & (0 \leqq t \leqq 1) \\ 0 & (t > 1) \end{cases}$$

反転公式により

$$\begin{aligned}
f(x) &= \sqrt{\frac{2}{\pi}} \int_0^\infty C(t)\cos tx\, dt = \frac{2}{\pi}\int_0^1 (1-t)\cos tx\, dt \\
&= \frac{2}{\pi}\left\{ \left[(1-t)\frac{\sin tx}{x}\right]_0^1 - \int_0^1 (-1)\frac{\sin tx}{x}\, dt \right\} \\
&= \frac{2}{\pi}\left[-\frac{\cos tx}{x^2}\right]_0^1 = \frac{2(1-\cos x)}{\pi x^2}
\end{aligned}$$

ロピタルの定理を用いれば[4]，

$$\lim_{x \to 0} \frac{2(1-\cos x)}{\pi x^2} = \lim_{x \to 0} \frac{2}{\pi}\frac{(1-\cos x)}{x^2} = \lim_{x \to 0} \frac{2}{\pi}\frac{\sin x}{2x} = \frac{1}{\pi}$$

したがって

$$f(x) = \begin{cases} \dfrac{2(1-\cos x)}{\pi x^2} & (x > 0) \\ \dfrac{1}{\pi} & (x = 0) \end{cases}$$

とすればよい． ∎

---

[4]. 極限 $\lim\limits_{x \to a}\dfrac{f(x)}{g(x)}$ が不定形であるとき，分母分子をそれぞれ微分した極限 $\lim\limits_{x \to a}\dfrac{f'(x)}{g'(x)}$ が存在すれば，$\lim\limits_{x \to a}\dfrac{f(x)}{g(x)} = \lim\limits_{x \to a}\dfrac{f'(x)}{g'(x)}$ が成り立つ（ロピタル（L'Hospital）の定理．テイラーの定理より導かれる）．この定理は $a = \pm\infty$ の場合でも成り立つ．

上の例題では余弦変換の表す関数として $f(x)$ を定めたが，連続性にこだわらず題意の積分を満たすだけであれば，$f(0)$ の値は任意でよい．

問題 3.2　例題 3.1 の関数 $f(x)$ の余弦変換と正弦変換を求めよ．

問題 3.3

(1) 問題 3.2 で求めた余弦変換 $C(t)$ に反転公式を用いて

$$\int_{-\infty}^{\infty} \frac{\sin ta}{t} \cos tx \, dt = \begin{cases} \pi & (|x| < a) \\ \dfrac{\pi}{2} & (|x| = a) \\ 0 & (|x| > a) \end{cases}$$

を示せ．

(2) (1) を用いて $\displaystyle\int_0^{\infty} \frac{\sin t}{t} \, dt = \frac{\pi}{2}$ を示せ．

問題 3.4　例題 3.5 を用いて次の式を示せ．

(1) $\displaystyle\int_0^{\infty} \frac{\cos tx}{t^2+1} \, dt = \frac{\pi}{2} e^{-x} \quad (x \geqq 0)$

(2) $\displaystyle\int_0^{\infty} \frac{t \sin tx}{t^2+1} \, dt = \frac{\pi}{2} e^{-x} \quad (x > 0)$

本章の要項

■ フーリエ変換

❖ フーリエ変換：$\mathcal{F}[f(x)] = \dfrac{1}{\sqrt{2\pi}} \displaystyle\int_{-\infty}^{\infty} f(u) \, e^{-itu} \, du$

❖ フーリエ逆変換：$\mathcal{F}^{-1}[g(t)] = \dfrac{1}{\sqrt{2\pi}} \displaystyle\int_{-\infty}^{\infty} g(t) \, e^{itx} \, dt$

❖ 反転公式：無限区間 $-\infty < x < \infty$ で定義された関数 $f(x)$ に対し，$f(x)$ と $f'(x)$ が区分的に連続，$\displaystyle\int_{-\infty}^{\infty} |f(x)| \, dx$ が有限確定，不連続点での値が左右極限の平均値ならば $\mathcal{F}^{-1}[\mathcal{F}[f(x)]] = f(x)$．

■ フーリエ余弦変換・フーリエ正弦変換

❖ 余弦変換： $C(t) = \sqrt{\dfrac{2}{\pi}} \displaystyle\int_0^\infty f(u) \cos tu \, du$

❖ 正弦変換： $S(t) = \sqrt{\dfrac{2}{\pi}} \displaystyle\int_0^\infty f(u) \sin tu \, du$

関数 $f(x)$ が反転公式で述べた条件を満たすとき，

❖ 偶関数 $\tilde{f}(x)$ を $x > 0$ では $f(x) = \tilde{f}(x)$ となるようにとれば

余弦変換の反転公式： $\tilde{f}(x) = \sqrt{\dfrac{2}{\pi}} \displaystyle\int_0^\infty C(t) \cos tx \, dt$

❖ 奇関数 $\bar{f}(x)$ を $x > 0$ では $f(x) = \hat{f}(x)$ となるようにとれば

正弦変換の反転公式： $\hat{f}(x) = \sqrt{\dfrac{2}{\pi}} \displaystyle\int_0^\infty S(t) \sin tx \, dt$

ただし $x = 0$ で不連続ならば，$\tilde{f}(0), \hat{f}(0)$ は左右極限の平均値とする．

章末問題

$\boxed{1}$ $f(x) = \begin{cases} -x+1 & (0 \leqq x \leqq 1) \\ x+1 & (-1 \leqq x \leqq 0) \\ 0 & (x \geqq 1, x \leqq -1) \end{cases}$ とするとき，$f(x)$ のフーリエ変換，フーリエ余弦変換，フーリエ正弦変換を求めよ．

$\boxed{2}$ 次の関数 $f(x)$ について，余弦変換 $C(t)$ とフーリエ変換 $F(t)$ を求めよ（$t \neq 0$ の場合と $t = 0$ の場合に分けて答えよ）．

(1) $f(x) = \begin{cases} 1 & (-2 \leqq x \leqq 2) \\ 0 & (x < -2, x > 2) \end{cases}$

(2) $f(x) = \begin{cases} 1 & (-3 \leqq x \leqq 3) \\ 0 & (x < -3, x > 3) \end{cases}$

$\boxed{3}$ 関数 $f(x) = \begin{cases} e^{-x} & (x \geqq 0) \\ 0 & (x < 0) \end{cases}$ に対して，

$$I_1 = \int_0^\infty f(u)\cos(tu)\,du, \quad I_2 = \int_0^\infty f(u)\sin(tu)\,du$$

とおく．

(1) I_1 に部分積分を用いることにより，I_1 を I_2 で表せ．
(2) I_2 に部分積分を用いることにより，I_2 を I_1 で表せ．
(3) 上の二つの結果を用いて，I_1 を t の式で表せ．
(4) (3)の結果を用いて，$f(x)$ の余弦変換を求めよ．

4 関数 $f(x) = \begin{cases} e^{-x} & (x \geqq 0) \\ 0 & (x < 0) \end{cases}$ に対して，

$$I_1 = \int_0^\infty f(u)\sin(tu)\,du, \quad I_2 = \int_0^\infty f(u)\cos(tu)\,du$$

とおく．

(1) I_1 に部分積分を用いることにより，I_1 を I_2 で表せ．
(2) I_2 に部分積分を用いることにより，I_2 を I_1 で表せ．
(3) 上の二つの結果を用いて，I_1 を t の式で表せ．
(4) (3)の結果を用いて，$f(x)$ の正弦変換を求めよ．

5 関数 $f(x) = \begin{cases} e^{-t} & (x \geqq 0) \\ 0 & (x < 0) \end{cases}$ に対して，

$$I_1 = \int_{-\infty}^\infty f(u)\cos(tu)\,du, \quad I_2 = \int_{-\infty}^\infty f(u)\sin(tu)\,du$$

とおく．

(1) I_1 に部分積分を用いることにより，I_1 を I_2 で表せ．
(2) I_2 に部分積分を用いることにより，I_2 を I_1 で表せ．
(3) 上の二つの結果を用いて，I_1 と I_2 を t の式で表せ．
(4) (3)の結果を用いて，$f(x)$ のフーリエ変換を求めよ．

第4章

離散フーリエ変換

　この章では，コンピュータによる信号処理の際に重要な，離散フーリエ変換を紹介する．離散フーリエ変換は，前章で述べたフーリエ変換に局所化と離散化を施すことによって得られる．

キーワード　局所化，離散化，量子化，デジタル化，デルタ関数，デルタ関数列，周波数，周波数領域，時間領域，離散フーリエ変換，離散フーリエ逆変換，1 の累乗根．

4.1　離散化と局所化

〔1〕デジタル化

　たとえば音波のように，時間 t に関して連続的に変動する関数 $x(t)$ を考える．$x(t)$ をコンピュータで処理する場合には，さまざまな制約がある．$x(t)$ が，たとえば $x(t) = \sin t$ のように，数学的に明確な式で表されている場合は取り扱いが簡単であるが，実際には $x(t)$ を何らかの方法で測定して，コンピュータで処理することになる．そのとき重要なのは，測定やコンピュータの内部での計算は有限な手続きで行われることである．具体的にいえば

(1) $x(t)$ が無限区間で存在したとしても，ある有限の時間帯 $a \leq t \leq b$ で測定せざるを得ない．これを，時間に関する**局所化**という（図 4-1）．

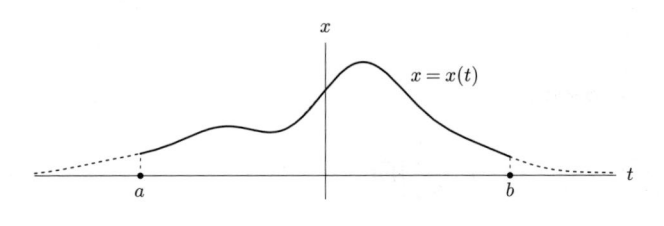

図 4-1　局所化

(2) 区間 $a \leqq t \leqq b$ の中のすべての t に対して $x(t)$ を測定する（つまり，すべての $x(t)$ の値を数値化する）ことは不可能だから，適当な間隔で有限個の時刻 $a = t_0 < t_1 < t_2 < \cdots < t_{n-1} < b$ をとり，その時刻における $x(t)$ の値 $x(t_k)$ $(k = 0, 1, 2, \cdots, n-1)$ を測定する．これを，時間に関する**離散化**という（図 4-2）．

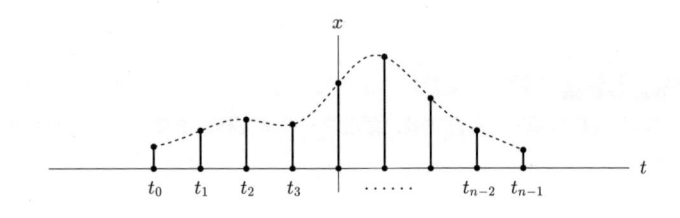

図 4-2　離散化

(3) 測定した値 $x(t_k)$ は（2進数の）有限な一定の桁数の近似値として処理される（丸められる）．これを，信号の**量子化**いう（図 4-3）．

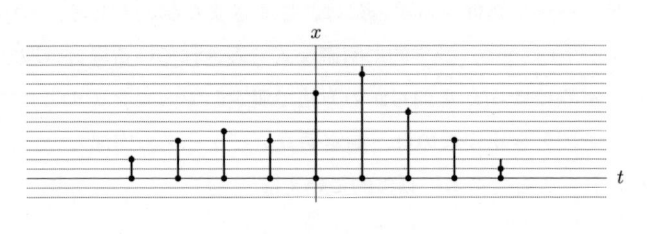

図 4-3　量子化

(1)(2)(3) のようにデータをコンピュータ処理に適した形に変換することを**デジタル化**という.

[2] デルタ関数

信号 $x(t)$ をフーリエ変換したり逆変換したりすることを，$x(t)$ そのものではなくデジタル化されたデータ

$$\{\, c_1 = x(t_1),\ c_2 = x(t_2),\ \cdots,\ c_{n-1} = x(t_{n-1}) \,\} \tag{4.1}$$

を用いて行いたい．フーリエ変換や逆変換は積分で定義されたから，式 (4.1) のデータをそのまま表す関数

$$\varphi(t) = \begin{cases} c_k & (t = t_k,\ k = 0, 1, 2, \cdots, n-1) \\ 0 & (\text{それ以外のとき}) \end{cases}$$

を用いても，この関数を積分記号の中に入れれば積分が 0 になるだけである (図 4-4).

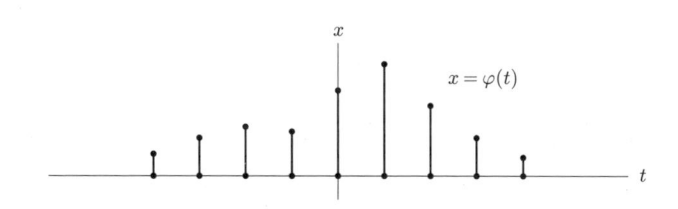

図 4-4　有限個の点を除いて 0 となる関数 $\varphi(t)$

離散的なデータ (4.1) を積分するには 1.4 節で述べたような積分の近似を行えばよいのだが，(本質的には同じことだが) 物理学ではデルタ関数で表現されることが多く，表現も簡潔である．ただし，通常の関数ではないので，初めは理解しにくいかもしれない．その場合には，この 4.1 節 [2] と 4.2 節 [1] の離散フーリエ変換の導入部のデルタ関数による説明を読み飛ばし，1.4 節で述べた形で離散フーリエ変換の定義を納得していただきたい．

まず，正の数 ε に対して，関数 $\delta_\varepsilon(t)$ を次のように定義する（図 4-5）．

$$\delta_\varepsilon(t) = \begin{cases} \dfrac{1}{\varepsilon} & (|t| \leqq \varepsilon/2) \\ 0 & (|t| > \varepsilon/2) \end{cases} \tag{4.2}$$

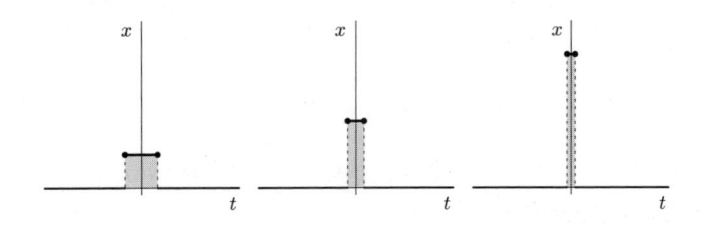

図 4-5　$x = \delta_\varepsilon(t)$　$(\varepsilon = 1, 1/2, 1/4)$

このとき，任意の ε に対し

$$\int_{-\infty}^{\infty} \delta_\varepsilon(t)\,dt = 1 \tag{4.3}$$

が成り立つ．正の数 ε を 0 に近づけるとき，$\delta_\varepsilon(t)$ は通常の関数には収束しないが，この極限を $\delta(t)$ で表し，ディラック（Dirac）の**デルタ関数**という．

$$\delta(t) = \lim_{\varepsilon \to 0} \delta_\varepsilon(t) \tag{4.4}$$

通常の関数 $y = f(x)$ の場合は，x の値を決めれば $f(x)$ の値が有限な実数または複素数として確定するが，式 (4.4) で定義した $\delta(t)$ は $t = 0$ での値が確定しないので（∞ は数ではない），関数の定義には当てはまらない．これ以降の $\delta(t)$ を含んだ「式」は通常の式ではなく，いわば便宜上の表現だと思って読み進まれたい[1]．

デルタ関数の性質を確認しておくと，

$$\delta(t) = \begin{cases} 0 & (t \neq 0) \\ \infty & (t = 0) \end{cases} \tag{4.5}$$

---

[1] ここで述べたデルタ関数の定義は不明確な部分を含んだままであるが，数学的には**超関数**として厳密に定義され，$\delta(t)$ を含んだ式も厳密な意味のある式となる．

また，式 (4.3) の極限として，次の式も容認できるであろう．

$$\int_{-\infty}^{\infty} \delta(t)\,dt = 1 \tag{4.6}$$

この積分も通常の意味での定積分ではない．また，$t = 0$ を含む区間で定義された任意の連続関数 $f(t)$ に対して

$$\int_{-\infty}^{\infty} \delta(t)f(t)\,dt = f(0) \tag{4.7}$$

となることも容認できるであろう．

なぜなら，式 (4.7) の左辺の $\delta(t)$ を $\delta_\varepsilon(t)$ で置き換えた積分を I_ε で表せば

$$I_\varepsilon = \int_{-\infty}^{\infty} \delta_\varepsilon(t)f(t)dt = \int_{-\varepsilon/2}^{\varepsilon/2} \delta_\varepsilon(t)f(t)dt = \frac{1}{\varepsilon}\int_{-\varepsilon/2}^{\varepsilon/2} f(t)dt$$

となり，したがって，$-\varepsilon/2 \leqq t \leqq \varepsilon/2$ の範囲で $f(t)$ が最大値・最小値をとる点をそれぞれ $t = t_1$，$t = t_2$ とすれば（図 4-6），

$$\frac{1}{\varepsilon} \times f(t_1) \times \varepsilon \leqq I_\varepsilon \leqq \frac{1}{\varepsilon} \times f(t_2) \times \varepsilon$$

$\varepsilon \to 0$ とすれば，$f(t_1) \to f(0)$，$f(t_2) \to f(0)$ だから，この極限として式 (4.7) が成り立つと考えられるためである．式 (4.7) の積分も通常の意味の積分ではない．

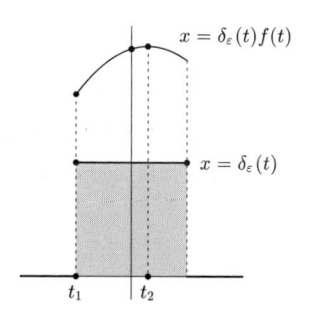

図 4-6 $\displaystyle\int_{-\infty}^{\infty} \delta_\varepsilon(t)f(t)dt \approx f(0)$

デルタ関数の「グラフ」は，通常図 4-7 左図のように矢印を用いて，$t = 0$ では ∞ に発散していることを表す．

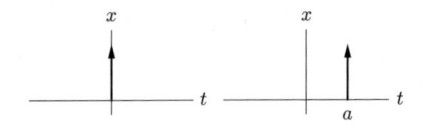

図 4-7 デルタ関数の「グラフ」：$x = \delta(t)$（左），$x = \delta(t-a)$（右）

また，$x = \delta(t-a)$ は $x = \delta(t)$ を t 軸方向に a だけ移動した関数となる（図 4-7 右図）．ここで，関数 $x = f(t)$ とデルタ関数 $x = \delta(t-a)$ を考える（図 4-8）．

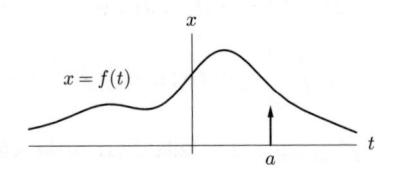

図 4-8 デルタ関数 $x = \delta(t-a)$ と関数 $x = f(t)$

式 (4.7) を用いれば容易に確かめられるように

$$\int_{-\infty}^{\infty} f(t)\delta(t-a)\,dt = f(a) \tag{4.8}$$

である．つまり，$x = \delta(t-a)$ は関数 $x = f(t)$ にかけて積分することにより，$f(t)$ の $t = a$ における値 $f(a)$ を取り出す，という働きをする．その意味で，「関数」$x = f(t)\delta(t-a)$ は $t = a$ における $x = f(t)$ の瞬間の値 $f(a)$ を表していると考えることができ，したがってその「グラフ」は，図 4-9 のようになると考えてよい．

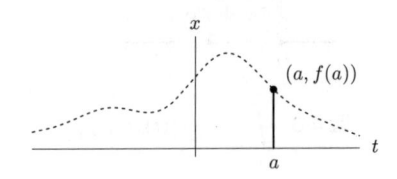

図 4-9 「関数」$x = f(t)\delta(t-a)$ の「グラフ」

ここで，T を正の定数とし，間隔 T で無限に並んだデルタ関数の和

$$\delta_s(t) = \sum_{n=-\infty}^{\infty} \delta(t - nT) \tag{4.9}$$

を**デルタ関数列**と定めると，$x = \delta_s(t)$ の「グラフ」は図 4-10 のようになる．

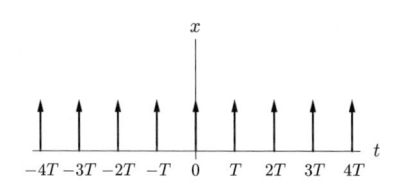

図 4-10 デルタ関数列 $x = \delta_s(t)$

さらに，関数 $x = f(t)$ とデルタ関数列 $x = \delta_s(t)$ を併せて考える（図 4-11）．

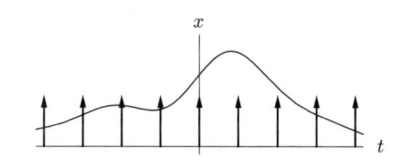

図 4-11 デルタ関数列 $x = \delta_s(t)$ と関数 $x = f(t)$

このとき，関数 $x = f(t)$ とデルタ関数列 $x = \delta_s(t)$ の積 $x = f(t)\delta_s(t)$ の「グラフ」は，図 4-12 のようになるであろう．

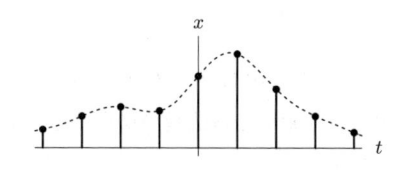

図 4-12 「関数」$x = f(t)\delta_s(t)$ の表す数列

この関数 $x = f(t)\delta_s(t)$ も通常の意味での関数ではないが，$-\infty$ から ∞ までの範囲で積分し項別積分を用いると，つまり積分記号と総和記号 Σ の順序を入れ替えると，

$$\int_{-\infty}^{\infty} f(t)\delta_s(t)\,dt = \int_{-\infty}^{\infty} f(t) \sum_{n=-\infty}^{\infty} \delta(t-nT)\,dt$$

$$= \sum_{n=-\infty}^{\infty} \int_{-\infty}^{\infty} f(t)\delta(t-nT)\,dt = \sum_{n=-\infty}^{\infty} f(nT)$$

となり，$f(nT)$ のすべての値を加えた和が得られる．この式の両辺にデルタ関数列の間隔 T をかけると，右辺は

$$T \times \sum_{n=-\infty}^{\infty} f(nT) = \sum_{n=-\infty}^{\infty} f(nT) \times T$$

となって図 4-13 の長方形の面積 $f(nT) \times T$ の総和を表すから，積分 $\int_{-\infty}^{\infty} f(t)\,dt$ の近似値となる．

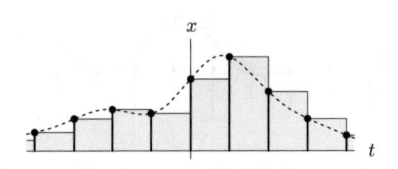

図 4-13 積分の近似値

したがって次の近似式が得られる．

$$\int_{-\infty}^{\infty} f(t)\,dt \approx T \int_{-\infty}^{\infty} f(t)\delta_s(t)\,dt \tag{4.10}$$

容易に確かめられるように，式 (4.10) は $f(t)$ が $f(t) = \alpha(t) + i\beta(t)$ のように，t を実数の独立変数として複素数の値をとる関数の場合にも，実部と虚部をそれぞれ積分することにより，成り立つ．

4.2 離散フーリエ変換

〔1〕離散フーリエ変換

　一般に，数学と物理学では，あるいは物理学の中でも分野によっては，同じことを記述する場合でも異なった記号や定義を用いることがある．前節までは数学で用いられる記号や定義で統一的に記述してきたのだが，離散フーリエ変換が信号処理に応用されることを考慮し，ここでは信号処理で一般的に用いられている表記に改めることにする．

　まず，定義 3.1（p.86）で，対象となる関数 $f(x)$ を時間 t を独立変数とする信号 $x(t)$ に置き換え，$x(t)$ にフーリエ変換を施して得られる関数を $X(\omega)$ で表すことにする．独立変数 ω（ギリシア文字のオメガ）は**周波数**と呼ばれる[2]．

　次に，定義 3.1 と定理 3.1（p.87）のフーリエ変換と反転公式（フーリエ逆変換）

$$F(t) = \frac{1}{\sqrt{2\pi}} \int_{-\infty}^{\infty} f(u) e^{-itu} \, du, \quad f(x) = \frac{1}{\sqrt{2\pi}} \int_{-\infty}^{\infty} F(t) e^{itx} \, dt$$

において，第 1 式の係数 $\frac{1}{\sqrt{2\pi}}$ を第 2 式のほうに組み込む．

　また，数学では虚数単位 $\sqrt{-1}$ は i と表されるが，物理学では j で表される．したがって，フーリエ変換は

$$X(\omega) = \int_{-\infty}^{\infty} x(t) e^{-j\omega t} dt \tag{4.11}$$

となり，フーリエ逆変換は

$$x(t) = \frac{1}{2\pi} \int_{-\infty}^{\infty} X(\omega) e^{j\omega t} d\omega \tag{4.12}$$

となる．

---

[2]. このように呼ばれることの詳細は説明しないが，式 (3.15) の $F(t)$ はそもそも式 (2.2)，(2.3) のフーリエ係数 a_n, b_n から導かれたものであり，フーリエ係数 a_n, b_n は区間 $[-L, L]$ において周波数（振動回数）が n の関数 $\cos \frac{n\pi x}{L}, \sin \frac{n\pi x}{L}$ の係数であったことから，ほぼ納得できるであろう．信号処理の分野では，独立変数 t で表現される事象を**時間領域**の事象と呼び，独立変数 ω で表現される事象を**周波数領域**の事象と呼ぶ．

ここで，信号 $x = x(t)$ をとり，4.1 節〔1〕で述べたように局所化し離散化した測定値を考える．簡単のため，測定する時刻（サンプル点）N 個を等間隔（サンプル周期）1 でとると，局所化する区間は $0 \leqq t \leqq N-1$，サンプル点は $t_n = n$ $(n = 0, 1, 2, \cdots, N-1)$ となる．$t = t_n$ における測定値を

$$x_n = x(n) \quad (n = 0, 1, 2, \cdots, N-1) \tag{4.13}$$

とする（ここでは測定値の量子化は考えない）．測定値 $x_0, x_1, x_2, \cdots, x_{N-1}$ から得られる関数 $\tilde{x}(t)$ は，p.113 で述べたように間隔 1 のデルタ関数列 $\displaystyle\sum_{n=0}^{N} \delta(t-n)$ を用いて

$$\tilde{x}(t) = \sum_{n=0}^{N-1} x(t)\delta(t-n) \tag{4.14}$$

のように表される．$\tilde{x}(t)$ にフーリエ変換 (4.11) を施すと[3]

$$\begin{aligned}
\tilde{X}(\omega) &= \int_{-\infty}^{\infty} \tilde{x}(t) e^{-j\omega t} dt = \int_{-\infty}^{\infty} \left(\sum_{n=0}^{N-1} x(t) \delta(t-n) \right) e^{-j\omega t} dt \\
&= \sum_{n=0}^{N-1} \int_{-\infty}^{\infty} \left(x(t) e^{-j\omega t} \right) \delta(t-n) \, dt \\
&= \sum_{n=0}^{N-1} x(n) e^{-j\omega n} = \sum_{n=0}^{N-1} x_n e^{-j\omega n}
\end{aligned}$$

つまり

$$\tilde{X}(\omega) = \sum_{n=0}^{N-1} x_n e^{-j\omega n}$$

---

[3]. 信号 $x(t)$ が $t < 0$ および $t \geqq N$ の範囲では $x(t) = 0$ であるとすると，

$$\begin{aligned}
\tilde{X}(\omega) &= \int_{-\infty}^{\infty} x(t) e^{-j\omega t} \left(\sum_{n=0}^{N-1} \delta(t-n) \right) dt = \int_{-\infty}^{\infty} x(t) e^{-j\omega t} \left(\sum_{n=-\infty}^{\infty} \delta(t-n) \right) dt \\
&= 1 \times \int_{-\infty}^{\infty} \left(x(t) e^{-j\omega t} \right) \delta_s(t) dt
\end{aligned}$$

と書けるから，$\tilde{X}(\omega)$ は $x(t)$ のフーリエ変換を近似する．

ここで，オイラーの公式 (1.33) $e^{j\theta} = \cos\theta + j\sin\theta$ から θ の関数 $e^{j\theta}$ は周期 2π の周期関数であることに注意すれば，$\tilde{X}(\omega)$ も周期 2π の周期関数であることがわかる．$\tilde{X}(\omega)$ の周期 $0 \leqq \omega \leqq 2\pi$ を N 等分して

$$\omega_k = \frac{2k\pi}{N} \quad (k = 0, 1, 2, \cdots, N-1)$$

とし，$\tilde{X}(\omega)$ を区間 $0 \leqq \omega \leqq \omega_{N-1}$ に局所化し，$\omega_0, \omega_1, \omega_2, \cdots, \omega_{N-1}$ に離散化すれば

$$\tilde{X}(\omega_k) = \sum_{n=0}^{N-1} x_n e^{-j\omega_k n} = \sum_{n=0}^{N-1} x_n e^{-j\frac{2\pi nk}{N}}$$

したがって $X_k = \tilde{X}(\omega_k)$ とおけば

$$X_k = \sum_{n=0}^{N-1} x_n e^{-j\frac{2\pi nk}{N}} \quad (k = 0, 1, 2, \cdots, N-1) \tag{4.15}$$

が得られる．これを $\{x_0, x_1, x_2, \cdots, x_{N-1}\}$ の離散フーリエ変換という．式 (4.15) の定義をより簡潔に表現するため，次のように 1 の累乗根の記号を定める．

[2] 1 の累乗根

離散フーリエ変換の定義 (4.15) に現れる $e^{-j\frac{2\pi nk}{N}}$ で $n = k = 1$ とし，$-j$ を j で置き換えたものを ζ で表そう．

$$\zeta = e^{j\frac{2\pi}{N}} \tag{4.16}$$

複素平面上で考えれば，ζ は絶対値 1，偏角 $\dfrac{2\pi}{N}$ だから，単位円周を N 等分した図 4-14 の位置にある．複素数の積と絶対値・偏角の関係（付録 A.4 節 [1] の式 (A.21) 参照）から，$\zeta^2, \zeta^3, \zeta^4, \cdots$ は順次単位円周の N 等分点の図の位置に対応し，$\zeta^N = 1$ となって単位円周を 1 周する．

定義から

$$\zeta^N = 1 \tag{4.17}$$

$$\zeta^n \neq 1 \quad (0 < n < N) \tag{4.18}$$

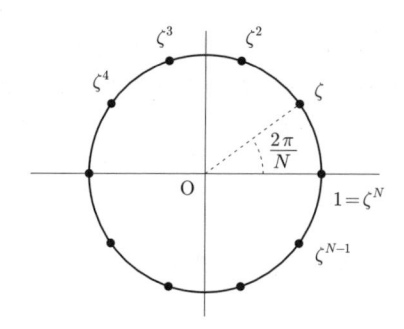

図 4-14　1 の原始 N 乗根 ζ

この意味で，ζ は 1 の **原始 N 乗根** と呼ばれる[4]．ζ と整数 a に対して，一般に次の等式が成立する．

$$1 + \zeta^a + \zeta^{2a} + \cdots + \zeta^{(N-1)a} = \begin{cases} 0 & (a \text{ は } N \text{ の倍数でない}) \\ N & (a \text{ は } N \text{ の倍数}) \end{cases} \quad (4.19)$$

なぜなら，a が N の倍数でなければ，$\zeta^a \neq 1$ だから等比数列の和の公式により

$$1 + \zeta^a + \zeta^{2a} + \cdots + \zeta^{(N-1)a} = \frac{1 - \zeta^{aN}}{1 - \zeta^a} = \frac{1 - 1}{1 - \zeta^a} = 0$$

また，a が N の倍数ならば，$\zeta^a = 1$ だから

$$1 + \zeta^a + \zeta^{2a} + \cdots + \zeta^{(N-1)a} = 1 + 1 + 1 + \cdots + 1 = N$$

となるためである．ζ を用いて式 (4.15) を書き直せば，次の定義となる．

✤ 定義 4.1 ✤　離散フーリエ変換

N 項の数列 $\{x_0, x_1, x_2, \cdots, x_{N-1}\}$ に対し，

$$X_k = \sum_{n=0}^{N-1} x_n \zeta^{-nk} \quad (k = 0, 1, 2, \cdots, N-1) \quad (4.20)$$

で定まる N 項の数列 $\{X_0, X_1, X_2, \cdots, X_{N-1}\}$ を対応させる変換を，**離散フーリエ変換** という．ただし，ζ は 1 の原始 N 乗根（$\zeta = e^{j\frac{2\pi}{N}}$，$j$ は虚数単位）．

---

[4]　N と k が互いに素ならば，ζ^k もこの条件を満たし，1 の原始 N 乗根となる．

式 (4.20) は X_k が x_n の 1 次同次式であることを表すから，行列で表現される．正の整数 N に対し，次のように N 次の**フーリエ行列** F_N を定める．

$$F_N = \begin{pmatrix} 1 & 1 & 1 & \cdots & 1 \\ 1 & \zeta^{-1} & \zeta^{-2} & \cdots & \zeta^{-(N-1)} \\ 1 & \zeta^{-2} & \zeta^{-4} & \cdots & \zeta^{-2(N-1)} \\ \vdots & \vdots & \vdots & \cdots & \vdots \\ 1 & \zeta^{-(N-1)} & \zeta^{-2(N-1)} & \cdots & \zeta^{-(N-1)(N-1)} \end{pmatrix} \qquad (4.21)$$

F_N を用いると，定義 4.1 は次のように書き表される．

> ❖ 定義 4.1′ ❖　**離散フーリエ変換の行列表現**
>
> N 項の数列 $\{x_0, x_1, x_2, \cdots, x_{N-1}\}$ に対し，
>
> $$\begin{pmatrix} X_0 \\ X_1 \\ X_2 \\ \vdots \\ X_{N-1} \end{pmatrix} = \begin{pmatrix} 1 & 1 & 1 & \cdots & 1 \\ 1 & \zeta^{-1} & \zeta^{-2} & \cdots & \zeta^{-(N-1)} \\ 1 & \zeta^{-2} & \zeta^{-4} & \cdots & \zeta^{-2(N-1)} \\ \vdots & \vdots & \vdots & \cdots & \vdots \\ 1 & \zeta^{-(N-1)} & \zeta^{-2(N-1)} & \cdots & \zeta^{-(N-1)(N-1)} \end{pmatrix} \begin{pmatrix} x_0 \\ x_1 \\ x_2 \\ \vdots \\ x_{N-1} \end{pmatrix}$$
> $$(4.22)$$
>
> で定まる N 項の数列 $\{X_0, X_1, X_2, \cdots, X_{N-1}\}$ を対応させる変換を，**離散フーリエ変換**という．ただし，ζ は 1 の原始 N 乗根（$\zeta = e^{j\frac{2\pi}{N}}$，$j$ は虚数単位）．

〔3〕 離散フーリエ逆変換

数列 $\{x_0, x_1, x_2, \cdots, x_{n-1}\}$ が与えられたとき，式 (4.15) すなわち式 (4.20) から数列 $\{X_0, X_1, X_2, \cdots, X_{n-1}\}$ を作るのが離散フーリエ変換であった．逆に，数列 $\{X_0, X_1, X_2, \cdots, X_{n-1}\}$ が与えられたとき，式 (4.20) を満たすような数列 $\{x_0, x_1, x_2, \cdots, x_{n-1}\}$ を見つけることが離散フーリエ逆変換である．これは，$\{x_0, x_1, x_2, \cdots, x_{n-1}\}$ を未知数とする連立 1 次方程式 (4.20) を解くことにほかならない．連立 1 次方程式を解くには，クラーメル（Cramer）の公式や行列の基本変形を用いればよいのだが，ここでは 1 の N 乗根 ζ を用いて，解が次の形になることを示そう．

$$x_n = \frac{1}{N}\sum_{k=0}^{N-1} X_k \zeta^{nk} \quad (n=0,1,2,\cdots,N-1) \tag{4.23}$$

ダミーインデックス[5] k を m に入れ替えて

$$x_n = \frac{1}{N}\sum_{m=0}^{N-1} X_m \zeta^{nm} \tag{4.24}$$

とし，$0,1,\cdots,N-1$ の中から任意にとって固定した k に対して，式 (4.23) の x_n を式 (4.21) の右辺の x_n に代入すれば

$$\begin{aligned}
\sum_{n=0}^{N-1} x_n \zeta^{-nk} &= \sum_{n=0}^{N-1} \left(\frac{1}{N}\sum_{m=0}^{N-1} X_m \zeta^{nm} \right) \zeta^{-nk} \\
&= \frac{1}{N}\sum_{n=0}^{N-1}\sum_{m=0}^{N-1} X_m \zeta^{n(m-k)} = \frac{1}{N}\sum_{m=0}^{N-1} X_m \left(\sum_{n=0}^{N-1} \zeta^{n(m-k)} \right)
\end{aligned} \tag{4.25}$$

ここで $-N+1 \leqq m-k \leqq N-1$ に注意すれば，式 (4.20) より

$$\sum_{n=0}^{N-1} \zeta^{n(m-k)} = \begin{cases} 0 & (m \neq k) \\ N & (m = k) \end{cases}$$

したがって，式 (4.24) で m について和をとるとき，$m=k$ の項だけが残るから

$$\sum_{n=0}^{N-1} x_n \zeta^{-nk} = \frac{1}{N} X_k \times N = X_k$$

これは $x_0, x_1, x_2, \cdots x_{n-1}$ を未知数とする連立 1 次方程式 (4.20) の解が式 (4.23) であることを示す．まとめると，次の定義となる．

> ❖ 定義 4.2 ❖　**離散フーリエ逆変換**
>
> n 項の数列 $\{X_0, X_1, X_2, \cdots, X_{N-1}\}$ に対し，
>
> $$x_n = \frac{1}{N}\sum_{k=0}^{N-1} X_k \zeta^{nk} \quad (n=0,1,2,\cdots,N-1) \tag{4.26}$$
>
> で定まる n 項の数列 $\{x_0, x_1, x_2, \cdots, x_{N-1}\}$ を対応させる変換を，**離散フーリエ逆変換**という．ただし，ζ は 1 の原始 N 乗根（$\zeta = e^{j\frac{2\pi}{N}}$，$j$ は虚数単位）．

---

[5] 総和の記号 Σ の下で和をとるインデックスをダミーインデックスという．ダミーインデックスを別な文字で置き換えても，総和は変わらない．

【注意】 式 (4.26) は次のように導くこともできる．関数 $X(\omega)$ を $0 \leqq \omega < 2\pi$ に局所化し（つまり，$\omega < 0$, $\omega \geqq 2\pi$ では $X(\omega) = 0$ と見なして），$\omega = \omega_k = \dfrac{2k\pi}{N}$ ($k = 0, 1, 2, \cdots, N-1$) に離散化した値を $X_k = X(\omega_k)$ とする．$X(\omega)$ にフーリエ逆変換 (4.12) を施すと

$$x(t) = \frac{1}{2\pi}\int_{-\infty}^{\infty} X(\omega)e^{j\omega t}d\omega$$

であるが，右辺の積分を間隔 $\dfrac{2\pi}{N}$ のデルタ関数列 $\delta_s(t) = \sum_{n=-\infty}^{\infty}\delta(\omega - \omega_k)$ に関して式 (4.10) で近似したものを $\hat{x}(t)$ とすれば

$$\begin{aligned}
x(t) \approx \hat{x}(t) &= \frac{1}{2\pi} \times \frac{2\pi}{N}\int_{-\infty}^{\infty}\left(X(\omega)e^{j\omega t}\right)\delta_s(\omega)d\omega \\
&= \frac{1}{N}\int_{0}^{N}\left(X(\omega)e^{j\omega t}\right)\sum_{k=0}^{N-1}\delta(\omega-\omega_k)d\omega \\
&= \frac{1}{N}\sum_{k=0}^{N-1}\int_{0}^{N}\left(X(\omega)e^{j\omega t}\right)\delta(\omega-\omega_k)d\omega \\
&= \frac{1}{N}\sum_{k=0}^{N-1}X(\omega_k)e^{j\omega_k t} = \frac{1}{N}\sum_{k=0}^{N-1}X_k e^{j\omega_k t}
\end{aligned}$$

となる．$\hat{x}(t)$ を $t = 0, 1, 2, \cdots, N-1$ に局所化・離散化し，$\hat{x}_n = \hat{x}(n)$ とすれば

$$\hat{x}_n = \frac{1}{N}\sum_{k=0}^{N-1}X_k e^{j\omega_k n} = \frac{1}{N}\sum_{k=0}^{N-1}X_k e^{j\frac{2\pi kn}{N}}$$

となり，式 (4.26) が得られた．

1.4 節で述べたように，フーリエ行列 F_N の逆行列を用いても導くことができる（5.1 節参照）．

例題 4.1 $\{1, 0, 1, 1\}$ の離散フーリエ変換を求めよ．それに離散フーリエ逆変換を施せばどうなるか．

解答 $N = 4$, $\zeta = e^{j\frac{2\pi}{4}} = e^{j\frac{\pi}{2}} = j$ だから $\{x_0, x_1, x_2, x_3\} = \{1, 0, 1, 1\}$ として

$$X_k = \sum_{n=0}^{3}x_n\zeta^{-nk} = x_0 j^{-0k} + x_1 j^{-1k} + x_2 j^{-2k} + x_3 j^{-3k}$$

$$= x_0 + x_1(-j)^k + x_2(-1)^k + x_3(j)^k = 1 + (-1)^k + j^k$$

したがって

$$X_0 = 1 + (-1)^0 + j^0 = 1 + 1 + 1 = 3$$
$$X_1 = 1 + (-1)^1 + j^1 = j$$
$$X_2 = 1 + (-1)^2 + j^2 = 1$$
$$X_3 = 1 + (-1)^3 + j^3 = -j$$

$\{X_0, X_1, X_2, X_3\} = \{3, j, 1, -j\}$ に離散フーリエ逆変換を施すと

$$\hat{x}_n = \frac{1}{4} \sum_{k=0}^{3} X_k \zeta^{nk} = \frac{1}{4} \left(X_0 j^{n0} + X_1 j^{n1} + X_2 j^{n2} + X_3 j^{n3} \right)$$
$$= \frac{1}{4} \left(3 + j^{n+1} + j^{2n} - j^{3n+1} \right)$$

となる（図 4-15）．したがって

$$\hat{x}_0 = \frac{1}{4} \left(3 + j^{0+1} + j^{2\times 0} - j^{3\times 0+1} \right) = \frac{1}{4} (3 + j + 1 - j) = 1$$
$$\hat{x}_1 = \frac{1}{4} \left(3 + j^{1+1} + j^{2\times 1} - j^{3\times 1+1} \right) = \frac{1}{4} (3 - 1 - 1 - 1) = 0$$
$$\hat{x}_2 = \frac{1}{4} \left(3 + j^{2+1} + j^{2\times 2} - j^{3\times 2+1} \right) = \frac{1}{4} (3 - j + 1 + j) = 1$$
$$\hat{x}_3 = \frac{1}{4} \left(3 + j^{3+1} + j^{2\times 3} - j^{3\times 3+1} \right) = \frac{1}{4} (3 + 1 - 1 + 1) = 1$$

となり，初めの $\{1, 0, 1, 1\}$ に戻る． ∎

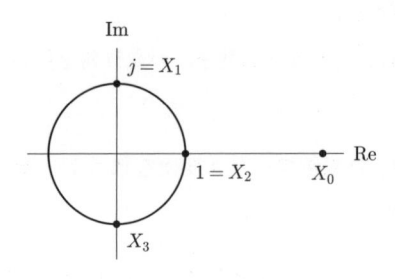

図 4-15　$\{1, 0, 1, 1\}$ の離散フーリエ変換

1.3 節〔1〕の例 6（p.25）において，区間 $-1 \leqq x \leqq 1$ で $\cos 4\pi x$，それ以外で 0 となる関数のフーリエ変換は，$x = \pm 4\pi$ でピークが現れることを示した．これと類似の例を，より実際的な設定の下で示そう．

例題 4.2 時刻のパラメータを t（秒）とし，1000 ヘルツ，つまり 1 秒間に 1000 回振動する音波

$$x(t) = \cos(1000 \times 2\pi t)$$

を考える．$x(t)$ を $0 \leqq t < 1/1000$ に局所化し，間隔 $1/8000$ で 8 個の点（サンプル点）$t_0 = 0 < t_1 < \cdots < t_7$ をとり，これらの点における $x(t)$ の値（サンプル値）$x_0 = x(t_0), x_1 = x(t_1), \cdots, x_7 = x(t_7)$ の離散フーリエ変換を計算せよ．また，$x(t)$ のグラフとサンプル値 $\{x_n\}$ の分布，および離散フーリエ変換 $\{X_k\}$ の分布を図示せよ（p.38，1.4 節〔3〕の例 10）．

解答 サンプル値は

$$\left\{1, \frac{1}{\sqrt{2}}, 0, -\frac{1}{\sqrt{2}}, -1, -\frac{1}{\sqrt{2}}, 0, \frac{1}{\sqrt{2}}\right\} \tag{4.27}$$

であるが，この 8 項の数列に離散フーリエ変換を施すと

$$\{0, 4, 0, 0, 0, 0, 0, 4\} \tag{4.28}$$

となる．サンプル値 $\{x_n\}$ の分布と離散フーリエ変換 $\{X_k\}$ の分布は，図 4-16，図 4-17 のようになる． ∎

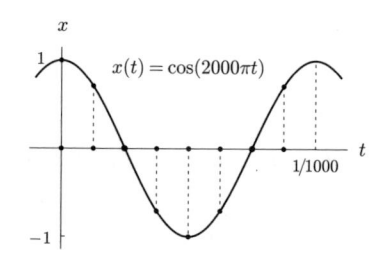

図 4-16　例題 4.2：サンプル点とサンプル値

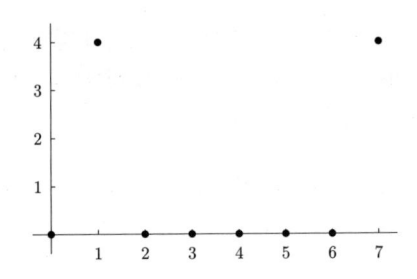

図 4-17　例題 4.2：サンプル値の離散フーリエ変換

図 4-17 の意味を，(連続的) フーリエ変換の観点から見てみよう．1.4 節でフーリエ変換から離散フーリエ変換への移行を説明した際に，フーリエ変換 (1.22) を式 (1.24) で近似するとき，$x(t)$ を $0 \leqq t < N-1$ に局所化し，分点の幅を 1 として $t = 0, 1, \cdots, N-1$ に離散化したことを想起していただきたい．これに合わせるため，例題 4.2 の信号 $x(t) = \cos(2000\pi t)$ $(0 \leqq t < 0.001)$ を t 軸方向に拡大した信号

$$y(t) = \cos\frac{\pi t}{4} \quad (0 \leqq t < 8)$$

を考える（図 4-18）．

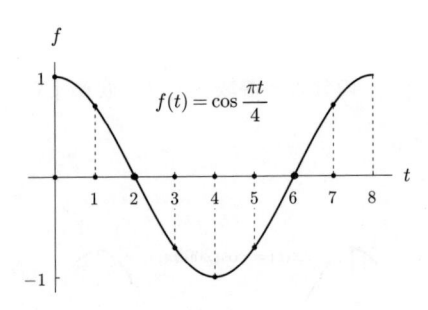

図 4-18　$f(t) = \cos\dfrac{\pi t}{4}$ の局所化と離散化

$y(t)$ にフーリエ変換 (1.21) を施したものは，計算の結果

$$Y(\omega) = \frac{-16\omega \sin(8\omega) + 32i\omega \sin^2(4\omega)}{\pi^2 - 16\omega^2}$$

となる．この $Y(\omega)$ に $\omega = \omega_k = k\pi/4$ $(k = 0, 1, \cdots, 7)$ を代入した値の近似値が式 (1.32) となるはずである．実際，$k \neq 1$ では 0 となり，$k = 1$ ではシンク関数の場合と同様の極限をとることにより，4 となる．つまり，

$$\{0, 4, 0, 0, 0, 0, 0, 0\} \tag{4.29}$$

$k = 1$ のところにピークが現れる，つまり $\cos(\pi t/4)$ のフーリエ変換のピークが $\omega = k\pi/4$ で現れるのは，1.3 節 [1] の例 6（p.25）の関数 $\cos 4\pi x$ $(-1 \leqq x \leqq 1)$ のフーリエ変換のピークが $t = 4\pi$ で現れたのと同じ理由である．

一方，式 (4.29) の近似であるはずの式 (4.28) の第 8 項，つまり $k = 7$ の項が大きく異なっているのはなぜであろうか．定義から式 (4.28) の第 2 項 X_1 は式 (4.27) の数列の各項に

$$\{1, \zeta^{-1}, \zeta^{-2}, \zeta^{-3}, \zeta^{-4}, \zeta^{-5}, \zeta^{-6}, \zeta^{-7}\} \tag{4.30}$$

の各項をこの順序でかけて加えたものであり，第 7 項 X_7 は式 (4.27) の数列の各項に

$$\{1, \zeta^{-7}, \zeta^{-14}, \zeta^{-21}, \zeta^{-28}, \zeta^{-35}, \zeta^{-42}, \zeta^{-49}\} \tag{4.31}$$

の各項をこの順序でかけて加えたものである．ここで ζ は 1 の原始 8 乗根で $\zeta^8 = 1$ だから，式 (4.31) は

$$\{1, \zeta^{-7}, \zeta^{-6}, \zeta^{-5}, \zeta^{-4}, \zeta^{-3}, \zeta^{-2}, \zeta^{-1}\} \tag{4.32}$$

に等しく，また式 (4.27) の数列は，第 1 項を除いて第 5 項を中心に左右対称である（コサインのグラフの対称性による）．また式 (4.32) は，式 (4.30) の第 1 項を除いて第 5 項を中心に左右対称に折り返したものである．以上のことから X_7 は X_1 に等しい．

X_1 と X_7 が等しいことは，図 4-19 からも推察される．$x = \cos(2000\pi t)$ と $x = \cos(14000\pi t)$ のグラフは $t = t_k$ $(k = 0, 1, \cdots, 7)$ でちょうど交わり，式 (4.27) は $x = \cos(2000\pi t)$ のサンプル値であると同時に，$x = \cos(14000\pi t)$ のサンプル値でもある．図 1-20（p.30）で，$x = \cos(14000\pi t)$ のに対応する関数は $y(t) = \cos(7\pi t/4)$ だから，$\omega = 7\pi/4$ のところ，つまり X_7 にもピークが現れる．

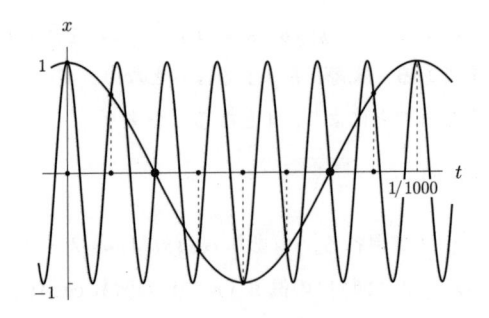

図 4-19 $x = \cos(2000\pi t)$ と $x = \cos(14000\pi t)$ のグラフ：同じサンプル値

　離散フーリエ変換は，フーリエ変換をバックグラウンドとして導かれたものだが，当然異なるものだから，フーリエ変換の性質を反映しているとともに大きく異なる点もあることを，簡単な例ながら例題 4.2 は示している[6]．したがって，同じ信号を考えるにしても，どのようにサンプル点を選ぶかというサンプリング方法から，本質的な影響を受けることになる．

　離散フーリエ変換の感覚をつかむために，さらにいくつかの例について，計算の詳細は省いて結果と図を挙げておこう．説明の都合上，用語を一つ用意する．信号 $x(t)$ を局所化・離散化するとき，t の分点の間隔 d （サンプル周期と呼ぶ）と分点の個数 N （サンプル数と呼ぶ）の積 nd を基本周期とする正弦波の周波数，つまり $1/(Nd)$ を（このサンプリングの）**基本周波数**という．1.4 節〔3〕の例 11（p.40）では，分点の間隔 $d = 1/8000$ と分点の個数 $N = 8$ の積 $Nd = 1/1000$ を基本周期とする正弦波は $x(t) = \sin(1000 \times 2\pi t)$ だから，基本周波数は 1000（$0 \leqq t \leqq 1$ で 1000 回振動）である．

　まず，基本周波数の整数倍の周波数をもつ cos 関数のいくつかのパターンを挙げよう．

例題 4.3　次の信号 $x(t)$ とサンプル周期 d とサンプル数 N について離散フーリエ変換を計算し，サンプル値・離散フーリエ変換を図示せよ．

---

[6]. 区分的に連続な信号は加算無限のデータをもっている（有理点の値で関数全体が定まる）のに対し，離散フーリエ変換では有限個のデータしか使わないから，圧倒的に多いデータが失われるのである．

(1) $x(t) = \cos(2000\pi t)$, $d = 1/16000$, $N = 16$
(2) $x(t) = \cos(2000\pi t)$, $d = 1/24000$, $N = 24$
(3) $x(t) = \cos(1000\pi t)$, $d = 1/12000$, $N = 24$
(4) $x(t) = \cos(4000\pi t)$, $d = 1/8000$, $N = 8$
(5) $x(t) = \cos(6000\pi t)$, $d = 1/8000$, $N = 8$
(6) $x(t) = \cos(6000\pi t)$, $d = 1/8000$, $N = 32$
(7) $x(t) = \cos(16000\pi t)$, $d = 1/16000$, $N = 8$

解答

(1) $x(t)$ の周波数 $= 1000$ は基本周波数 $= 1000$ と一致し,離散フーリエ変換は

$$\{0, 8, 0, 0, 0, 0, 0, 0, 0, 0, 0, 0, 0, 0, 0, 8\}$$

となり,X_1 と $X_{15} = X_{16-1}$ にピークが現れる(図 4-20).

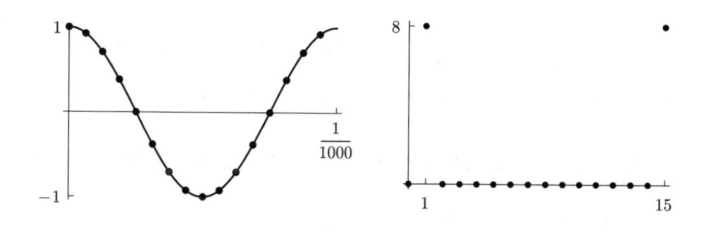

図 4-20 (1) のサンプル値と離散フーリエ変換

(2) $x(t)$ の周波数 $= 1000$ は基本周波数 $= 1000$ と一致し,離散フーリエ変換は

$$\{0, 12, 0, 0, 0, 0, 0, 0, 0, 0, 0, 0, 0, 0, 0, 0, 0, 0, 0, 0, 0, 0, 0, 12\}$$

となり,X_1 と $X_{23} = X_{24-1}$ にピークが現れる(図 4-21).

(3) $x(t)$ の周波数 $= 500$ は基本周波数 $= 500$ と一致し,離散フーリエ変換は

$$\{0, 12, 0, 0, 0, 0, 0, 0, 0, 0, 0, 0, 0, 0, 0, 0, 0, 0, 0, 0, 0, 0, 0, 12\}$$

となり,X_1 と $X_{23} = X_{24-1}$ にピークが現れる(図 4-22).

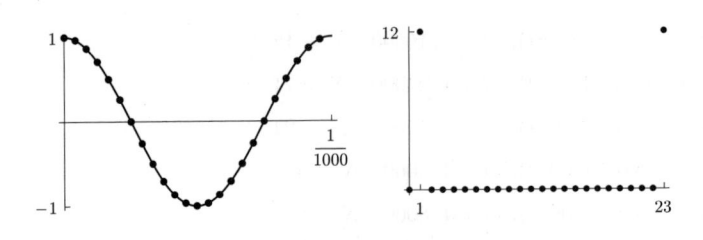

図 4-21 (2) のサンプル値と離散フーリエ変換

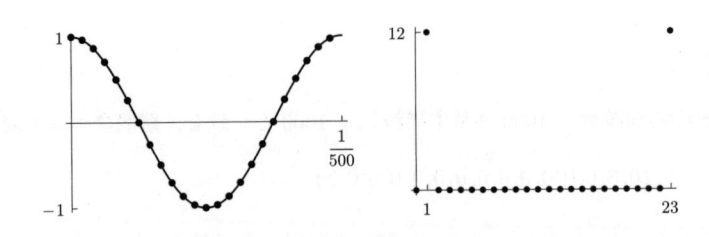

図 4-22 (3) のサンプル値と離散フーリエ変換

以上は基本周波数と同じ周波数の cos 関数の離散フーリエ変換の例であったが，いずれも X_1 と X_{N-1} にピークが現れていることに注意されたい．

(4) $x(t)$ の周波数 = 2000 は基本周波数 = 100 の 2 倍で，離散フーリエ変換は

$$\{0, 0, 4, 0, 0, 0, 0, 4, 0\}$$

となり，X_2 と $X_6 = X_{8-2}$ にピークが現れる（図 4-23）．

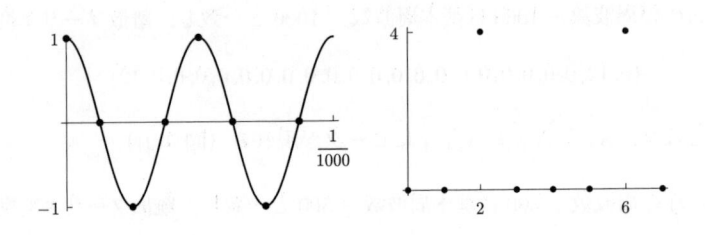

図 4-23 (4) のサンプル値と離散フーリエ変換

(5) $x(t)$ の周波数 $= 3000$ は基本周波数 $= 1000$ の 3 倍で，離散フーリエ変換は

$$\{0, 0, 0, 4, 0, 4, 0, 0\}$$

となり，X_3 と $X_5 = X_{8-3}$ にピークが現れる（図 4-24）．

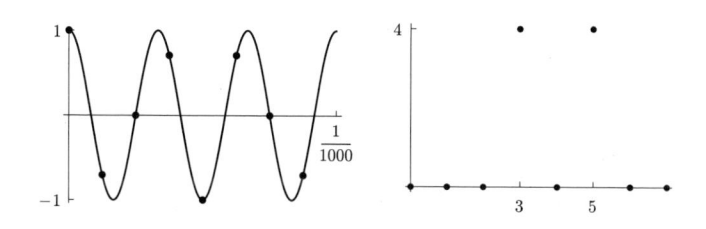

図 4-24　(5) のサンプル値と離散フーリエ変換

(6) $x(t)$ の周波数 $= 750$ は基本周波数 $= 250$ の 3 倍で，離散フーリエ変換は

$$\{0, 0, 0, 16, 0, 0, 0, 0, 0, 0, 0, 0, 0, 0, 0, 0, 0, 0, 0, 0, 0, 0, 0, 0, 0, 0, 0, 0, 0, 16, 0, 0\}$$

となり，$x_3 = x_{29} = 16$，その他は 0 で，X_3 と $X_{29} = X_{32-3}$ にピークが現れる（図 4-25）．

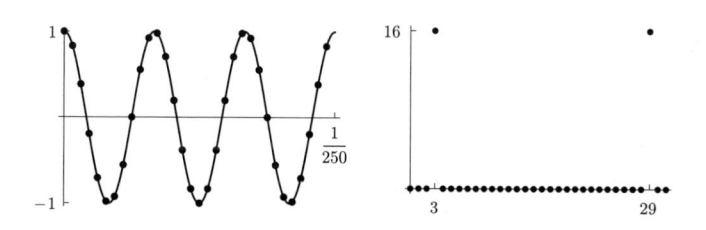

図 4-25　(6) のサンプル値と離散フーリエ変換

(7) $x(t)$ の周波数 $= 8000$ は基本周波数 $= 2000$ の 4 倍で，離散フーリエ変換は

$$\{0, 0, 0, 0.4, 0, 0, 0\}$$

となり，$x_4 = x_{8-4} = 8$ にピークが現れる（図 4-26）．　■

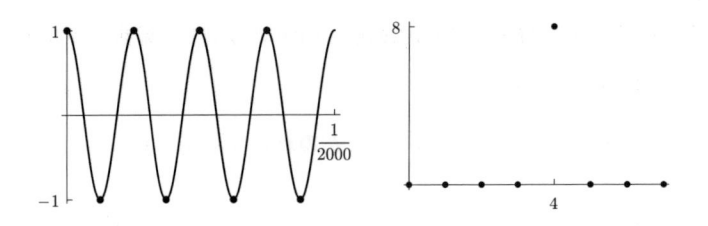

図 4-26　(7) のサンプル値と離散フーリエ変換

以上の (4)〜(7) では，基本周期の n 倍の周波数をもつ cos 関数の離散フーリエ変換は，X_n と X_{N-n} にピークが現れ，その他は 0 となっていることに注意されたい．

なお，(2) と (3) は関数もサンプリングも異なるのだが，サンプル値の列 $\{x_0, x_1, \cdots, x_7\}$ は等しいので，それらの離散フーリエ変換 $\{X_0, X_1, \cdots, X_7\}$ も当然ながら一致する．このことからも，離散フーリエ変換の応用に際しては，例題 4.2 でもコメントしたように，どのような信号からどのようにサンプル値を抽出したのか，いわゆるサンプリングが本質的な意味をもつことが推察できるであろう．

p.93 の例題 3.3（p.27，1.3 節〔1〕例 7）で sin 関数のフーリエ変換が純虚数値関数となることを見た．ここでは例題 4.2 のコサインをサインに変えることにより，同じような現象が起こることを見よう．

例題 4.4　$x(t) = \sin(2000\pi t)$ を $0 \leqq t < 0.001$ に局所化し，8 個のサンプル値をとった離散フーリエ変換を計算せよ（p.40，1.4 節〔3〕例 11）．

解答　サンプル値は

$$\left\{0, \frac{1}{\sqrt{2}}, 1, \frac{1}{\sqrt{2}}, 0, -\frac{1}{\sqrt{2}}, -1, -\frac{1}{\sqrt{2}}\right\}$$

離散フーリエ変換を施すと

$$\{0, -4i, 0, 0, 0, 0, 0, 4i\}$$

となり，純虚数が出てくるが，その虚数部分（実数値）をプロットすると，図 4-27 右図のようになる．基本周波数と等しい周波数の正弦波であり，X_1 と X_7 に（X_1 では下向きに）ピークが現れていることに注意されたい．　■

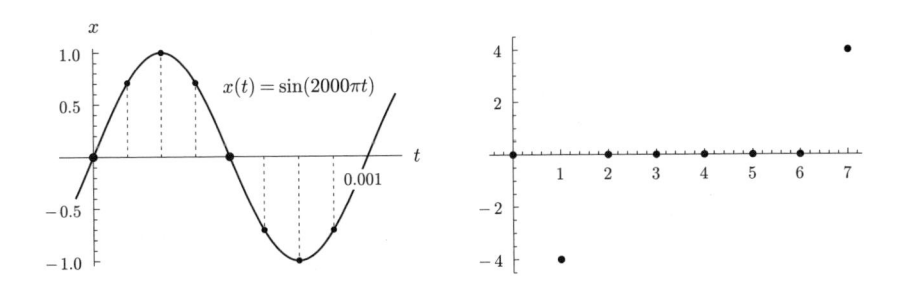

図 4-27 例題 4.4：$x(t) = \sin(2000\pi t)$ の離散フーリエ変換の虚数部分

二つの信号の合成の例を挙げよう．

例題 4.5 信号

$$x(t) = \cos(2000\pi t) + 0.5\cos(6000\pi t)$$

を $0 \leq t < 0.001$ に局所化し，16 個のサンプル値をとって離散フーリエ変換せよ．

解答 離散フーリエ変換は次のようになる（図 4-28 右図）．

$$\{0, 8, 0, 4, 0, 0, 0, 0, 0, 0, 0, 0, 0, 4, 0, 8\} \qquad \blacksquare$$

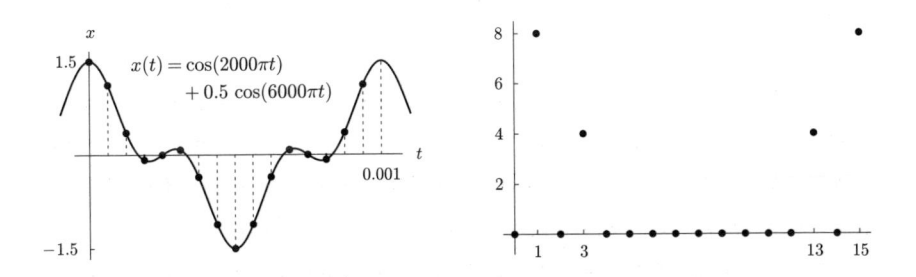

図 4-28 例題 4.5：合成された信号の離散フーリエ変換

例題 4.5 の $x(t)$ は二つの信号 $\cos(2000\pi t)$ と $\cos(6000\pi t)$ の 0.5 倍の和であるが，同じサンプリングによる $\cos(2000\pi t)$ の離散フーリエ変換は，図 4-29 のようになる．

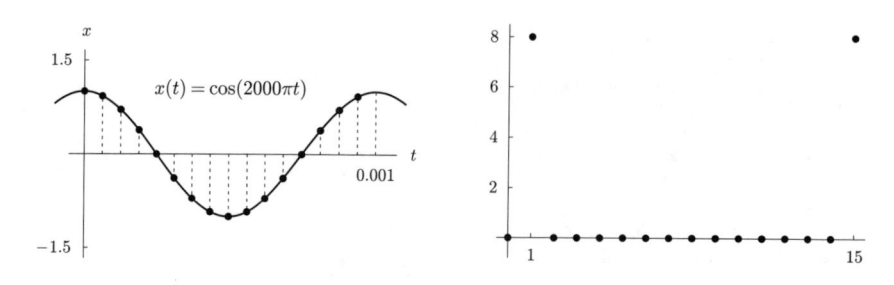

図 4-29　$x(t) = \cos(2000\pi t)$ の離散フーリエ変換

また，同じサンプリングによる $\cos(6000\pi t)$ の離散フーリエ変換は，図 4-30 のようになる．

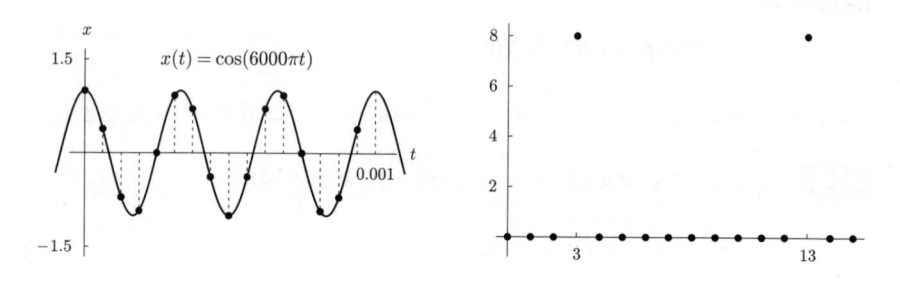

図 4-30　$x(t) = \cos(6000\pi t)$ の離散フーリエ変換

$x(t)$ のサンプル値 (16 項のベクトル) は，$\cos(2000\pi t)$ のサンプル値と $\cos(6000\pi t)$ のサンプル値の 0.5 倍の和である．定義 4.1′ の式 (4.22) の形から離散フーリエ変換は線形であることがわかるから (行列の積は線形性をもつ)，図 4-28 右図が図 4-29 右図と図 4-30 右図の 0.5 倍の和になっていることは当然である．

次に，基本周波数の整数倍でない周波数の信号の例を挙げる (p.41, 1.4 節〔3〕例 12)．手計算での処理は困難なので，コンピュータによる処理の結果を引用するにとどめる．

●●● 例 12 (第1章) ●●●　信号 $x(t) = \cos(2600\pi t)$ を $0 \leqq t < 0.001$ に局所化し，8 個のサンプル値をとる．$x(t)$ の周波数 1300 は，このサンプリングの基本周波数 1000

の整数倍ではない．サンプル値に離散フーリエ変換を施すと

$$\{1.50363, 2.85081 + 2.50697i, -0.121483 - 1.25265i,$$
$$0.324765 - 0.376387i, 0.3882, 0.324765 + 0.376387i,$$
$$-0.121483 + 1.25265i, 2.85081 - 2.50697i\}$$

となり，複素数が現れる．それらを複素平面上に，あるいは図 1-20（p.30）や図 1-22（p.31）のように 3 次元的に表すこともできるが，ここでは絶対値をとって離散フーリエ変換を図示してみる（図 4-31 右図）．不規則な分布をすることがわかる．

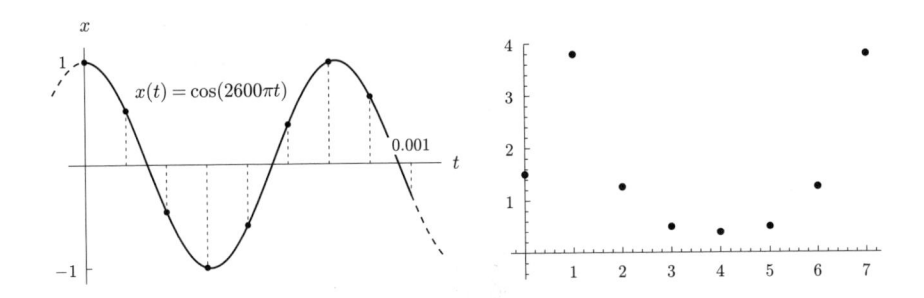

図 4-31　基本周波数の整数倍でない周波数

最後に，音声信号に離散フーリエ変換を施して雑音を除去する例（p.41，1.4 節〔3〕例 13）を挙げる．手計算を遥かに超えているので，コンピュータによるシミュレーションを紹介するにとどめる．

●●● 例 13（第1章）●●●　実際にコンピュータを用いれば，離散フーリエ変換についてのさまざまな実験ができるのだが，ここでは音声の雑音を消去する例の概念を示しておこう（ウェブ上のファイルを用いれば，実際のプログラムとともに雑音除去の様子を耳で確かめることもできる）．

図 4-32 左図の信号 $x_0(t)$ にノイズを加えた信号 $x(t)$（図 4-32 右図）を考える（この例では，1000 ヘルツ未満の和声に，1000 ヘルツから 4000 ヘルツの高い雑音をランダムに 60 個加えた）．

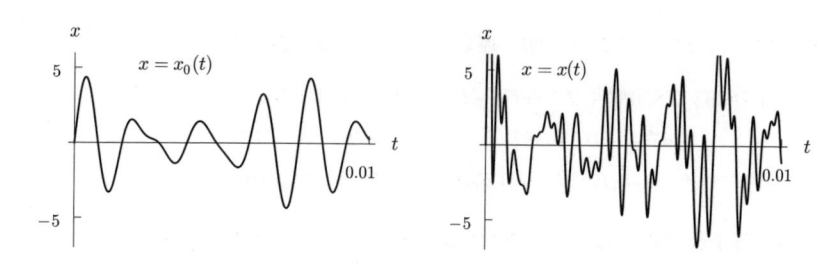

図 4-32 $x_0(t)$（左）にノイズを加えた $x(t)$（右）

$x(t)$ を $0 \leq t, 1$ に局所化し，$8192 = 2^{13}$ 個のサンプル値をとり，離散フーリエ変換を施して $\{X_n\}$ とし，図 1-22（p.31）と同じ座標軸をとった空間にプロットしたのが図 4-33 である．

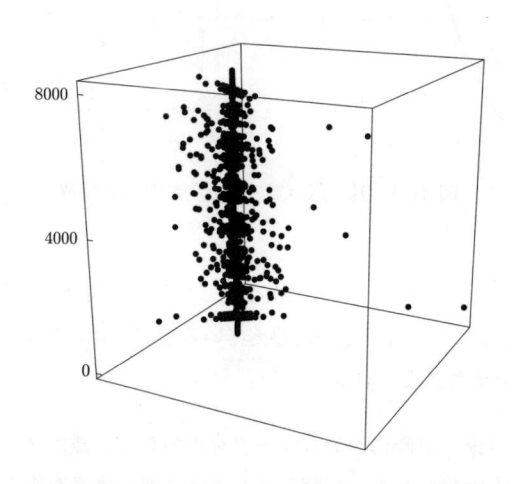

図 4-33 $x(t)$ の 8192 項の離散フーリエ変換

図 4-33 の点 $\{X_n\}$ の中間部を 0 に置き換えたものを $\{\bar{X}_n\}$ とし，それを空間にプロットしたのが図 4-34 である（上から 1000 個，下から 1000 個を除いて中間部を 0 とした．このような操作は信号処理でいうフィルタで行われる）．

図 4-34 の数列 $\{\bar{X}_n\}$ に離散フーリエ逆変換を施したものを $\{\bar{x}_n\}$ とすると，$\{X_n\}$ を変形しているので $\{\bar{x}_n\}$ は元の $\{x_n\}$ には戻らないばかりでなく，一般に

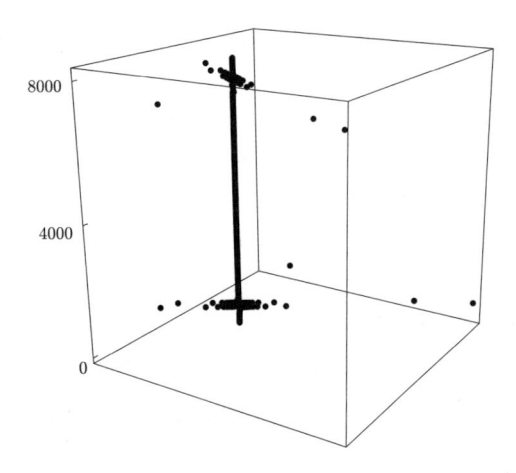

図 4-34 図 4-33 の中間部を 0 に置き換えたもの

複素数が現れる．$\{\bar{x}_n\}$ の各項の虚数部分を無視して（実際，$\{\bar{x}_n\}$ の各項の絶対値の最大値は $4.74942\cdots$，虚数部分の絶対値の最大値は $0.00548382\cdots$ で，虚数部分は無視しうる）得られる数列を $\{\hat{x}_n\}$ とし，その初めの 80 項をプロットして線分で結んだのが，図 4-35 の実線の曲線である．

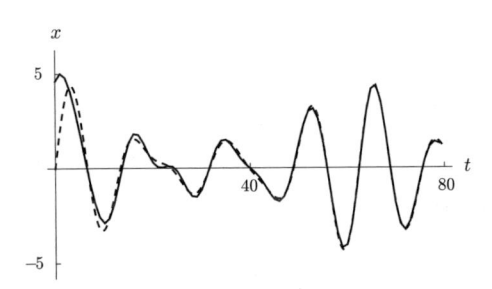

図 4-35 図 4-34 の数列の離散フーリエ逆変換

図 4-35 での点線はノイズを加える前の $x_0(t)$ グラフ（図 4-32 左図）を横に 8192 倍した $x_0(t/8192)$ のグラフであり，雑音がよく除去されているといえるであろう（ウェブ上のファイルでは聴き比べることができる）．

問題 4.1 次のリストに離散フーリエ変換を施し，その結果に離散フーリエ逆変換を施せ．

(1) $\{1,0,1\}$ (2) $\{1,0,0,1\}$ (3) $\{0,1,1,0\}$ (4) $\{1,1,0,0\}$
(5) $\{1,0,1,0,1,0\}$ (6) $\{1,0,0,1,1,1\}$ (7) $\{1,1,0,1,0,1\}$
(8) $\{1,0,1,0,1,0,1,0\}$ (9) $\{1,0,0,1,1,0,0,1\}$

問題 4.2 次の信号 $x(t)$ とサンプル周期 d とサンプル数 N について離散フーリエ変換を計算し，サンプル値・離散フーリエ変換を図示せよ．離散フーリエ変換は実数値ならそのままを，純虚数値なら虚数部分を，複素数値なら絶対値を図示せよ．

(1) $x(t) = \cos(2000\pi t)$, $d = 1/6000$, $N = 6$
(2) $x(t) = \sin(2000\pi t)$, $d = 1/6000$, $N = 6$
(3) $x(t) = \cos(2000\pi t) + 0.5\cos(4000\pi t)$, $d = 1/8000$, $N = 8$
(4) $x(t) = \cos(2000\pi t) + 0.5\sin(4000\pi t)$, $d = 1/8000$, $N = 8$

本章の要項

■ 離散フーリエ変換

$\zeta = e^{j\frac{2\pi}{N}}$（1 の原始 N 乗根，$j = \sqrt{-1}$ は虚数単位）とするとき

- 離散フーリエ変換： $X_k = \displaystyle\sum_{n=0}^{N-1} x_n \zeta^{-nk}$ $(k = 0, 1, 2, \cdots, N-1)$

- 離散フーリエ逆変換： $x_n = \dfrac{1}{N}\displaystyle\sum_{k=0}^{N-1} X_k \zeta^{nk}$ $(n = 0, 1, 2, \cdots, N-1)$

章末問題

1 $\zeta = e^{j\frac{1}{6}\pi}$ とするとき，複素平面上で $\zeta, \zeta^2, \zeta^3, \cdots, \zeta^{12}$ を示せ．また，ζ^{-2}, ζ^{15} を示せ．

2 $\{1, 0, 0, 0, 1, 0, 1, 0, 0, 0, 1, 0\}$ に離散フーリエ変換を施し，逆変換で元に戻ることを確かめよ．

3 次の $\{x_0, x_1, x_3\}$ について，離散フーリエ変換を施したもの $\{X_0, X_1, X_2\}$ を求め，複素平面上に図示せよ．また，$\{X_0, X_1, X_2\}$ に離散フーリエ逆変換を施したもの $\{\hat{x}_0, \hat{x}_1, \hat{x}_2\}$ を求めよ．

(1) $\{x_0, x_1, x_3\} = \{1, 1, 0\}$ (2) $\{x_0, x_1, x_3\} = \{1, 0, 1\}$
(3) $\{x_0, x_1, x_3\} = \{0, 1, 1\}$

4 次の信号 $x(t)$ とサンプル周期 d とサンプル数 N について離散フーリエ変換を計算し，サンプル値・離散フーリエ変換を図示せよ．離散フーリエ変換は実数値ならそのままを，純虚数値なら虚数部分を，複素数値なら絶対値を図示せよ．

(1) $x(t) = \cos(1000\pi t), \ d = 1/3000, \ N = 6$
(2) $x(t) = \sin(1000\pi t), \ d = 1/3000, \ N = 12$
(3) $x(t) = \cos(1000\pi t) + 0.5\sin(2000\pi t), \ d = 1/4000, \ N = 8$

第 5 章

高速フーリエ変換

この章では高速フーリエ変換のアイデア，つまり 4.2 節で定義したフーリエ行列 F_N をコンピュータ処理に適した形に書き換えることを，F_4 と F_8 について具体的に計算で示すにとどめ，実際のプログラミングについては触れない．また，章末の要項と問題も省略する．

キーワード フーリエ行列，高速フーリエ変換，高速フーリエ逆変換．

5.1 フーリエ行列

N を正の整数とする．虚数単位を $j = \sqrt{-1}$ で表すとき，1 の原始 N 乗根 ζ は

$$\zeta = e^{j\frac{2\pi}{N}} \tag{5.1}$$

で定められ，

$$\zeta^N = 1, \ \zeta^n \neq 0 \ (0 < n < N) \tag{5.2}$$

を満たし，また整数 a に対して

$$1 + \zeta^a + \zeta^{2a} + \cdots + \zeta^{(N-1)a} = \begin{cases} 0 & (a \text{ は } N \text{ の倍数でない}) \\ N & (a \text{ は } N \text{ の倍数}) \end{cases} \tag{5.3}$$

を満たしていた（p.118 の式 (4.19)）．

N 次の**フーリエ行列** F_N は

$$F_N = \begin{pmatrix} 1 & 1 & 1 & \cdots & 1 \\ 1 & \zeta^{-1} & \zeta^{-2} & \cdots & \zeta^{-(N-1)} \\ 1 & \zeta^{-2} & \zeta^{-4} & \cdots & \zeta^{-2(N-1)} \\ \vdots & \vdots & \vdots & \cdots & \vdots \\ 1 & \zeta^{-(N-1)} & \zeta^{-2(N-1)} & \cdots & \zeta^{-(N-1)(N-1)} \end{pmatrix} \tag{5.4}$$

で定められた（p.36 の式 (1.28)，p.119 の式 (4.21)）．行列の基本事項は付録 A.9 節を参照されたい．

p.37 の式 (1.31) で述べたように，F_N の逆行列は F_N^{-1} は

$$F_N{}^{-1} = \frac{1}{N} \begin{pmatrix} 1 & 1 & 1 & \cdots & 1 \\ 1 & \zeta & \zeta^2 & \cdots & \zeta^{N-1} \\ 1 & \zeta^2 & \zeta^4 & \cdots & \zeta^{2(N-1)} \\ \vdots & \vdots & \vdots & \cdots & \vdots \\ 1 & \zeta^{N-1} & \zeta^{2(N-1)} & \cdots & \zeta^{(N-1)(N-1)} \end{pmatrix} \tag{5.5}$$

となるのだが，まずこれを確認しておこう．

式 (5.5) の右辺の行列を G_N で表そう．F_N の i 行は

$$\begin{pmatrix} 1 & \zeta^{-i} & \zeta^{-2i} & \cdots & \zeta^{-(N-1)i} \end{pmatrix}$$

であり，G_N の j 列は

$$\frac{1}{N} \begin{pmatrix} 1 \\ \zeta^j \\ \zeta^{2j} \\ \vdots \\ \zeta^{(N-1)j} \end{pmatrix}$$

である[1]．行列の積 $F_N G_N$ の (i,j) 成分を a_{ij} とすると

$$a_{ij} = \frac{1}{N} \left(1 + \zeta^{j-i} + \zeta^{2(j-i)} + \cdots + \zeta^{N(j-i)} \right)$$

となり，したがって $j = i$ なら $\zeta^0 = 1$ より $a_{ij} = 1$，$j \neq i$ なら $j - i$ は N の倍数でないから式 (5.3) より $a_{ij} = 1$ となり，積 $F_N G_N$ は単位行列となる．つまり，F_N

---

[1]. ここでは行列の通常の表記に従っているので，番号 i も j も虚数単位ではない．念のため．

は正則行列（逆行列をもつ行列）であり，式 (5.5) の右辺の行列が F_N の逆行列であることが示された．

F_N は複素数を成分とする $N\times N$ 行列だから，N 次元複素数空間 $\mathbb{C}^N$ の線形変換 f

$$f:\mathbb{C}^N \longrightarrow \mathbb{C}^N$$

を定め，その逆変換 f^{-1}

$$f^{-1}:\mathbb{C}^N \longrightarrow \mathbb{C}^N$$

は F_N の逆行列 F_N^{-1} の定める線形変換となる（付録 A.9 節 [2] 参照）．

N 次元実数空間 $\mathbb{R}^N$ は N 次元複素数空間 $\mathbb{C}^N$ の部分集合であり，p.118 の式 (4.20)，(4.22) で定義した，実数の有限列 $\{x_n\}$ を複素数の有限列 $\{X_n\}$ に対応させる離散フーリエ変換は，フーリエ行列 F_N の定める線形変換 f を $\mathbb{R}^N$ に制限したもの

$$f_{|\mathbb{R}^N}:\mathbb{R}^N \longrightarrow \mathbb{C}^N$$

にほかならない．離散フーリエ逆変換は F_N^{-1} の定める線形変換 f^{-1} であって，定義域は $\mathbb{C}^N$ 全域であるが，f による $\mathbb{R}^N$ の像 $f(\mathbb{R}^N)$ に f^{-1} を施したものは $\mathbb{R}^N$ に戻るのである（付録 A.9 節 [2] 参照）．

第 4 章に引用した 1.4 節 [3] の例 13（p.41, p.132）のように，実数列に離散フーリエ変換を施したものは $f(\mathbb{R}^N)$ に含まれるが，それを加工したものは一般に $f(\mathbb{R}^N)$ からはみ出す．したがって加工した $\{\tilde{X}_k\}$ を離散フーリエ逆変換で戻したものは，例 13 で見たように，一般に複素数の成分を含むのである．

5.2　F_2 を用いて F_4 を表す

1.5 節で述べたように，高速フーリエ変換のアイデアは，コンピュータによる計算速度を上げるため，1 の原始 N 乗根 ζ の性質を生かしてフーリエ行列 F_N を書き直すことであった．以下では，高速フーリエ変換に関する大方の文献に合わせて，正の整数 N に対して 1 の原始 N 乗根 $\zeta=e^{j2\pi/N}$ の逆数 $\zeta^{-1}=e^{-j2\pi/N}$ を W

で表すことにする．つまり

$$W_N = e^{-j\frac{2\pi}{N}} \quad (j = \sqrt{-1} \text{ は虚数単位})$$

ととる．

まず，F_2 を用いて F_4 を表す手順を示す．フーリエ行列の定義式 (5.4) から

$$F_N = \begin{pmatrix} W_N{}^0 & W_N{}^0 & W_N{}^0 & \cdots & W_N{}^0 \\ W_N{}^0 & W_N{}^1 & W_N{}^2 & \cdots & W_N{}^{N-1} \\ W_N{}^0 & W_N{}^2 & W_N{}^4 & \cdots & W_N{}^{2(N-1)} \\ \vdots & \vdots & \vdots & \cdots & \vdots \\ W_N{}^0 & W_N{}^{N-1} & W_N{}^{2(N-1)} & \cdots & W_N{}^{(N-1)(N-1)} \end{pmatrix}$$

以下，W_4 と W_2 の間に $W_4{}^2 = W_2$ の関係があることを活用し，

$$F_2 = \begin{pmatrix} W_2{}^0 & W_2{}^0 \\ W_2{}^0 & W_2{}^1 \end{pmatrix}$$

を用いて

$$F_4 = \begin{pmatrix} W_4{}^0 & W_4{}^0 & W_4{}^0 & W_4{}^0 \\ W_4{}^0 & W_4{}^1 & W_4{}^2 & W_4{}^3 \\ W_4{}^0 & W_4{}^2 & W_4{}^4 & W_4{}^6 \\ W_4{}^0 & W_4{}^3 & W_4{}^6 & W_4{}^9 \end{pmatrix}$$

を表すことを考える（一種の漸化式）．4×4 行列に右からかけて2列目と3列目を入れ替える行列 P_4 をとる（いわゆる基本行列の一つ）．

$$P_4 = \begin{pmatrix} 1 & 0 & 0 & 0 \\ 0 & 0 & 1 & 0 \\ 0 & 1 & 0 & 0 \\ 0 & 0 & 0 & 1 \end{pmatrix}$$

$P_4{}^{-1} = P_4$ だから，$F_4 = (F_4 P_4) P_4$ と表される．まず，$F_4 P_4$ を計算する．

$$F_4 P_4 = \begin{pmatrix} W_4{}^0 & W_4{}^0 & W_4{}^0 & W_4{}^0 \\ W_4{}^0 & W_4{}^2 & W_4{}^1 & W_4{}^3 \\ W_4{}^0 & W_4{}^4 & W_4{}^2 & W_4{}^6 \\ W_4{}^0 & W_4{}^6 & W_4{}^3 & W_4{}^9 \end{pmatrix}$$

$W_4{}^4 = W_4{}^0 = 1$ だから $W_4{}^6 = W_4{}^2$，$W_4{}^9 = W_4{}^1$ で置き換える（つまり W_4 の指数を3以下に揃える）と，

$$F_4 P_4 = \begin{pmatrix} W_4^0 & W_4^0 & W_4^0 & W_4^0 \\ W_4^0 & W_4^2 & W_4^1 & W_4^3 \\ W_4^0 & W_4^0 & W_4^2 & W_4^2 \\ W_4^0 & W_4^2 & W_4^3 & W_4^1 \end{pmatrix}$$

成分のうち W_2 で表現できるものを書き換える.つまり $W_4^0 = 1 = W_2^0$, $W_4^2 = 1 = W_2^1$ で置き換え,さらに $W_4^3 = W_4^2 W_4^1 = W_2^1 W_4^1$ で置き換えると

$$F_4 P_4 = \begin{pmatrix} W_2^0 & W_2^0 & W_2^0 & W_2^0 \\ W_2^0 & W_2^1 & W_4^1 & W_2^1 W_4^1 \\ W_2^0 & W_2^0 & W_2^1 & W_2^1 \\ W_2^0 & W_2^1 & W_2^1 W_4^1 & W_4^1 \end{pmatrix}$$

つまり $F_4 P_4$ の成分は,W_4^1 を除いて W_2 の累乗で表現される.この行列を次のように分割して考える(付録 A.8 節〔1〕の行列の分割表示を参照).

$$F_4 P_4 = \left(\begin{array}{cc|cc} W_2^0 & W_2^0 & W_2^0 & W_2^0 \\ W_2^0 & W_2^1 & W_4^1 & W_2^1 W_4^1 \\ \hline W_2^0 & W_2^0 & W_2^1 & W_2^1 \\ W_2^0 & W_2^1 & W_2^1 W_4^1 & W_4^1 \end{array} \right)$$

左上,左下の部分は F_2 にほかならない.右上の部分は,$W_2^0 = 1$ に注意すれば $W_4^1 = W_2^0 W_4^1$ と書けるから,F_2 の第 2 行を W_4^1 倍したものである.つまり

$$\begin{pmatrix} W_2^0 & W_2^0 \\ W_4^1 & W_2^1 W_4^1 \end{pmatrix} = \begin{pmatrix} W_2^0 & W_2^0 \\ W_2^0 W_4^1 & W_2^1 W_4^1 \end{pmatrix}$$

$$= \begin{pmatrix} 1 & 0 \\ 0 & W_4^1 \end{pmatrix} \begin{pmatrix} W_2^0 & W_2^0 \\ W_2^0 & W_2^1 \end{pmatrix} = \begin{pmatrix} 1 & 0 \\ 0 & W_4^1 \end{pmatrix} F_2$$

ここで $\Lambda_2 = \begin{pmatrix} 1 & 0 \\ 0 & W_4^1 \end{pmatrix}$ とおくと

$$\begin{pmatrix} W_2^0 & W_2^0 \\ W_4^1 & W_2^1 W_4^1 \end{pmatrix} = \Lambda_2 F_2$$

と表される.一方,右下の部分は $W_2^1 = -1$ で置き換えると

$$\begin{pmatrix} W_2^1 & W_2^1 \\ W_2^1 W_4^1 & W_4^1 \end{pmatrix} = \begin{pmatrix} -1 & -1 \\ -W_4^1 & W_4 \end{pmatrix}$$

$$= \begin{pmatrix} 1 & 0 \\ 0 & W_4{}^1 \end{pmatrix} \begin{pmatrix} -1 & -1 \\ -1 & 1 \end{pmatrix} = -\Lambda_2 \begin{pmatrix} 1 & 1 \\ 1 & -1 \end{pmatrix}$$

$W_2{}^0 = 1$, $W_2{}^1 = -1$ だから $\begin{pmatrix} 1 & 1 \\ 1 & -1 \end{pmatrix} = \begin{pmatrix} W_2{}^0 & W_2{}^0 \\ W_2{}^0 & W_2{}^1 \end{pmatrix} = F_2$ となり,

$$\begin{pmatrix} W_2{}^1 & W_2{}^1 \\ W_2{}^1 W_4{}^1 & W_4{}^1 \end{pmatrix} = -\Lambda_2 F_2$$

したがって

$$F_4 P_4 = \begin{pmatrix} F_2 & \Lambda_2 F_2 \\ F_2 & -\Lambda_2 F_2 \end{pmatrix} = \begin{pmatrix} I_2 & \Lambda_2 \\ I_2 & -\Lambda_2 \end{pmatrix} \begin{pmatrix} F_2 & O_2 \\ O_2 & F_2 \end{pmatrix}$$

となる．ここで，O_2, I_2 はそれぞれ 2 次の零行列と単位行列であり，最後の部分の計算は分割された行列の積の法則に従っている（分割されたそれぞれがあたかもスカラーであるかのようにして計算してもよい）．$P_4{}^{-1} = P_4$ を両辺に右からかけると，F_2 を用いて F_4 を表した式が得られる．つまり

$$F_4 = \begin{pmatrix} I_2 & \Lambda_2 \\ I_2 & -\Lambda_2 \end{pmatrix} \begin{pmatrix} F_2 & O_2 \\ O_2 & F_2 \end{pmatrix} P_4 \tag{5.6}$$

5.3　F_4 を用いて F_8 を表す

次に，ほぼ同様なのだが，F_4 を用いて F_8 を表す手順を簡単に示す．

定義から

$$F_8 = \begin{pmatrix} W_8{}^0 & W_8{}^0 & W_8{}^0 & W_8{}^0 & W_8{}^0 & W_8{}^0 & W_8{}^0 & W_8{}^0 \\ W_8{}^0 & W_8{}^1 & W_8{}^2 & W_8{}^3 & W_8{}^4 & W_8{}^5 & W_8{}^6 & W_8{}^7 \\ W_8{}^0 & W_8{}^2 & W_8{}^4 & W_8{}^6 & W_8{}^8 & W_8{}^{10} & W_8{}^{12} & W_8{}^{14} \\ W_8{}^0 & W_8{}^3 & W_8{}^6 & W_8{}^9 & W_8{}^{12} & W_8{}^{15} & W_8{}^{18} & W_8{}^{21} \\ W_8{}^0 & W_8{}^4 & W_8{}^8 & W_8{}^{12} & W_8{}^{16} & W_8{}^{20} & W_8{}^{24} & W_8{}^{28} \\ W_8{}^0 & W_8{}^5 & W_8{}^{10} & W_8{}^{15} & W_8{}^{20} & W_8{}^{25} & W_8{}^{30} & W_8{}^{35} \\ W_8{}^0 & W_8{}^6 & W_8{}^{12} & W_8{}^{18} & W_8{}^{24} & W_8{}^{30} & W_8{}^{36} & W_8{}^{42} \\ W_8{}^0 & W_8{}^7 & W_8{}^{14} & W_8{}^{21} & W_8{}^{28} & W_8{}^{35} & W_8{}^{42} & W_8{}^{49} \end{pmatrix}$$

である．

F_8 の成分 $W_8{}^k$ の指数 k を 0 から 7 までで表現し直す.

$$F_8 = \begin{pmatrix} W_8{}^0 & W_8{}^0 & W_8{}^0 & W_8{}^0 & W_8{}^0 & W_8{}^0 & W_8{}^0 & W_8{}^0 \\ W_8{}^0 & W_8{}^1 & W_8{}^2 & W_8{}^3 & W_8{}^4 & W_8{}^5 & W_8{}^6 & W_8{}^7 \\ W_8{}^0 & W_8{}^2 & W_8{}^4 & W_8{}^6 & W_8{}^0 & W_8{}^2 & W_8{}^4 & W_8{}^6 \\ W_8{}^0 & W_8{}^3 & W_8{}^6 & W_8 & W_8{}^4 & W_8{}^7 & W_8{}^2 & W_8{}^5 \\ W_8{}^0 & W_8{}^4 & W_8{}^0 & W_8{}^4 & W_8{}^0 & W_8{}^4 & W_8{}^0 & W_8{}^4 \\ W_8{}^0 & W_8{}^5 & W_8{}^2 & W_8{}^7 & W_8{}^4 & W_8{}^1 & W_8{}^6 & W_8{}^3 \\ W_8{}^0 & W_8{}^6 & W_8{}^4 & W_8{}^2 & W_8{}^0 & W_8{}^6 & W_8{}^4 & W_8{}^2 \\ W_8{}^0 & W_8{}^7 & W_8{}^6 & W_8{}^5 & W_8{}^4 & W_8{}^3 & W_8{}^2 & W_8{}^1 \end{pmatrix}$$

F_8 に右からかけると, F_8 の奇数番目の列を左側に, 偶数番目の列を右側に揃えるような行列を P_8 とする.

$$P_8 = \begin{pmatrix} 1 & 0 & 0 & 0 & 0 & 0 & 0 & 0 \\ 0 & 0 & 0 & 0 & 1 & 0 & 0 & 0 \\ 0 & 1 & 0 & 0 & 0 & 0 & 0 & 0 \\ 0 & 0 & 0 & 0 & 0 & 1 & 0 & 0 \\ 0 & 0 & 1 & 0 & 0 & 0 & 0 & 0 \\ 0 & 0 & 0 & 0 & 0 & 0 & 1 & 0 \\ 0 & 0 & 0 & 1 & 0 & 0 & 0 & 0 \\ 0 & 0 & 0 & 0 & 0 & 0 & 0 & 1 \end{pmatrix}$$

$$F_8 P_8 = \begin{pmatrix} W_8{}^0 & W_8{}^0 & W_8{}^0 & W_8{}^0 & W_8{}^0 & W_8{}^0 & W_8{}^0 & W_8{}^0 \\ W_8{}^0 & W_8{}^2 & W_8{}^4 & W_8{}^6 & W_8{}^1 & W_8{}^3 & W_8{}^5 & W_8{}^7 \\ W_8{}^0 & W_8{}^4 & W_8{}^0 & W_8{}^4 & W_8{}^2 & W_8{}^6 & W_8{}^2 & W_8{}^6 \\ W_8{}^0 & W_8{}^6 & W_8{}^4 & W_8{}^2 & W_8{}^3 & W_8{}^1 & W_8{}^7 & W_8{}^5 \\ W_8{}^0 & W_8{}^0 & W_8{}^0 & W_8{}^0 & W_8{}^4 & W_8{}^4 & W_8{}^4 & W_8{}^4 \\ W_8{}^0 & W_8{}^2 & W_8{}^4 & W_8{}^6 & W_8{}^5 & W_8{}^7 & W_8{}^1 & W_8{}^3 \\ W_8{}^0 & W_8{}^4 & W_8{}^0 & W_8{}^4 & W_8{}^6 & W_8{}^2 & W_8{}^6 & W_8{}^2 \\ W_8{}^0 & W_8{}^6 & W_8{}^4 & W_8{}^2 & W_8{}^7 & W_8{}^5 & W_8{}^3 & W_8{}^1 \end{pmatrix}$$

次のように分割する.

$$F_8 P_8 = \left(\begin{array}{cccc|cccc} W_8^0 & W_8^0 & W_8^0 & W_8^0 & W_8^0 & W_8^0 & W_8^0 & W_8^0 \\ W_8^0 & W_8^2 & W_8^4 & W_8^6 & W_8^1 & W_8^3 & W_8^5 & W_8^7 \\ W_8^0 & W_8^4 & W_8^0 & W_8^4 & W_8^2 & W_8^6 & W_8^2 & W_8^6 \\ W_8^0 & W_8^6 & W_8^4 & W_8^2 & W_8^3 & W_8^1 & W_8^7 & W_8^5 \\ \hline W_8^0 & W_8^0 & W_8^0 & W_8^0 & W_8^4 & W_8^4 & W_8^4 & W_8^4 \\ W_8^0 & W_8^2 & W_8^4 & W_8^6 & W_8^5 & W_8^7 & W_8^1 & W_8^3 \\ W_8^0 & W_8^4 & W_8^0 & W_8^4 & W_8^6 & W_8^2 & W_8^6 & W_8^2 \\ W_8^0 & W_8^6 & W_8^4 & W_8^2 & W_8^7 & W_8^5 & W_8^3 & W_8^1 \end{array}\right)$$

左上と左下の部分は同じで，これを A で表し $W_8^{2k} = W_4^k$ $(k = 0, 1, 2, 3)$ を代入すると

$$A = \left(\begin{array}{cccc} W_8^0 & W_8^0 & W_8^0 & W_8^0 \\ W_8^0 & W_8^2 & W_8^4 & W_8^6 \\ W_8^0 & W_8^4 & W_8^0 & W_8^4 \\ W_8^0 & W_8^6 & W_8^4 & W_8^2 \end{array}\right) = \left(\begin{array}{cccc} W_4^0 & W_4^0 & W_4^0 & W_4^0 \\ W_4^0 & W_4^1 & W_4^2 & W_4^3 \\ W_4^0 & W_4^2 & W_4^0 & W_4^2 \\ W_4^0 & W_4^3 & W_4^2 & W_4^1 \end{array}\right)$$

さらに $W_4^4 = W_4^0$, $W_4^6 = W_4^2$, $W_4^9 = W_4^1$ に注意すると

$$A = \left(\begin{array}{cccc} W_4^0 & W_4^0 & W_4^0 & W_4^0 \\ W_4^0 & W_4^1 & W_4^2 & W_4^3 \\ W_4^0 & W_4^2 & W_4^4 & W_4^6 \\ W_4^0 & W_4^3 & W_4^6 & W_4^9 \end{array}\right) = F_4$$

右上の部分を

$$B = \left(\begin{array}{cccc} W_8^0 & W_8^0 & W_8^0 & W_8^0 \\ W_8^1 & W_8^3 & W_8^5 & W_8^7 \\ W_8^2 & W_8^6 & W_8^2 & W_8^6 \\ W_8^3 & W_8^1 & W_8^7 & W_8^5 \end{array}\right)$$

とおくと，第 1 行に W_8^0 が共通因数としてあるが，$W_8^3 = W_8^1 W_8^2$, $W_8^5 = W_8^1 W_8^4$, $W_8^7 = W_8^1 W_8^6$ を代入して，第 2 行に W_8^1 が共通因数としてある形にし，第 3 行第 4 行も同じように変形して

$$B = \left(\begin{array}{cccc} W_8^0 & W_8^0 & W_8^0 & W_8^0 \\ W_8^1 & W_8^1 W_8^2 & W_8^1 W_8^4 & W_8^1 W_8^6 \\ W_8^2 & W_8^2 W_8^4 & W_8^2 W_8^8 & W_8^2 W_8^{12} \\ W_8^3 & W_8^3 W_8^6 & W_8^3 W_8^{12} & W_8^3 W_8^{18} \end{array}\right)$$

$$= \begin{pmatrix} W_8^0 & 0 & 0 & 0 \\ 0 & W_8^1 & 0 & 0 \\ 0 & 0 & W_8^2 & 0 \\ 0 & 0 & 0 & W_8^3 \end{pmatrix} \begin{pmatrix} 1 & 1 & 1 & 1 \\ 1 & W_8^2 & W_8^4 & W_8^6 \\ 1 & W_8^4 & W_8^8 & W_8^{12} \\ 1 & W_8^6 & W_8^{12} & W_8^{18} \end{pmatrix}$$

さらに $W_8^{2k} = W_4^k$ $(k = 0, 1, 2, 3)$ と $W_4^0 = 1$ を代入して

$$B = \begin{pmatrix} W_8^0 & 0 & 0 & 0 \\ 0 & W_8^1 & 0 & 0 \\ 0 & 0 & W_8^2 & 0 \\ 0 & 0 & 0 & W_8^3 \end{pmatrix} \begin{pmatrix} W_4^0 & W_4^0 & W_4^0 & W_4^0 \\ W_4^0 & W_4^1 & W_4^2 & W_4^3 \\ W_4^0 & W_4^2 & W_4^4 & W_4^6 \\ W_4^0 & W_4^3 & W_4^6 & W_4^9 \end{pmatrix}$$

2番目の因数は F_4 であるが，1番目の因数を

$$\Lambda_4 = \begin{pmatrix} W_8^0 & 0 & 0 & 0 \\ 0 & W_8^1 & 0 & 0 \\ 0 & 0 & W_8^2 & 0 \\ 0 & 0 & 0 & W_8^3 \end{pmatrix}$$

とおくと

$$B = \Lambda_4 F_4$$

右下の部分も

$$C = \begin{pmatrix} W_8^4 & W_8^4 & W_8^4 & W_8^4 \\ W_8^5 & W_8^7 & W_8^1 & W_8^3 \\ W_8^6 & W_8^2 & W_8^6 & W_8^2 \\ W_8^7 & W_8^5 & W_8^3 & W_8^1 \end{pmatrix}$$

とおいて同様に変形する．すべての成分から $W_8^4 = -1$ を共通因数として前に出した形にすると

$$C = - \begin{pmatrix} W_8^0 & W_8^0 & W_8^0 & W_8^0 \\ W_8^1 & W_8^3 & W_8^5 & W_8^7 \\ W_8^2 & W_8^6 & W_8^2 & W_8^6 \\ W_8^3 & W_8^1 & W_8^7 & W_8^5 \end{pmatrix}$$

1行目から共通因数 W_8^0 を，2行目から共通因数 W_8^1 を，3行目から共通因数 W_8^2

を，4 行目から共通因数 $W_8{}^3$ を取り出した形に直すと

$$C = - \begin{pmatrix} W_8{}^0 & 0 & 0 & 0 \\ 0 & W_8{}^1 & 0 & 0 \\ 0 & 0 & W_8{}^2 & 0 \\ 0 & 0 & 0 & W_8{}^3 \end{pmatrix} \begin{pmatrix} 1 & 1 & 1 & 1 \\ 1 & W_8{}^2 & W_8{}^4 & W_8{}^6 \\ 1 & W_8{}^4 & W_8{}^0 & W_8{}^4 \\ 1 & W_8{}^6 & W_8{}^4 & W_8{}^2 \end{pmatrix}$$

第 1 因数は Λ_4 であるが，第 2 因数に $W_8{}^{2k} = W_4{}^k$ と $W_4{}^0 = 1$ などを代入して

$$C = -\Lambda_4 \begin{pmatrix} W_4{}^0 & W_4{}^0 & W_4{}^0 & W_4{}^0 \\ W_4{}^0 & W_4{}^1 & W_4{}^2 & W_4{}^3 \\ W_4{}^0 & W_4{}^2 & W_4{}^4 & W_4{}^6 \\ W_4{}^0 & W_4{}^3 & W_4{}^6 & W_4{}^9 \end{pmatrix} = -\Lambda_4 F_4$$

したがって，$F_8 P_8$ は 4 次の零行列 O_4 と 4 次の単位行列 I_4 を用いて

$$F_8 P_8 = \begin{pmatrix} F_4 & \Lambda_4 F_4 \\ F_4 & \Lambda_4 F_4 \end{pmatrix} = \begin{pmatrix} I_4 & \Lambda_4 \\ I_4 & -\Lambda_4 \end{pmatrix} \begin{pmatrix} F_4 & O_4 \\ O_4 & F_4 \end{pmatrix}$$

と表され，次の式が得られた．

$$F_8 = \begin{pmatrix} I_4 & \Lambda_4 \\ I_4 & -\Lambda_4 \end{pmatrix} \begin{pmatrix} F_4 & O_4 \\ O_4 & F_4 \end{pmatrix} P_8 \tag{5.7}$$

上の例から，一般に N が 2 の累乗の形 $N = 2^m$（m は正の整数）の場合には，単位行列 I_{2^n}，零行列 O_{2^n}，対角行列 Λ_{2^n}，置換の行列 $P_{2^{n+1}}$ を用いて，F_{2^n} に関する漸化式

$$F_{2^{n+1}} = \begin{pmatrix} I_{2^n} & \Lambda_{2^n} \\ I_{2^n} & -\Lambda_4 \end{pmatrix} \begin{pmatrix} F_{2^n} & O_{2^n} \\ O_{2^n} & F_{2^n} \end{pmatrix} P_{2^{n+1}} \tag{5.8}$$

が得られることが理解されよう．

このことによって，1.5 節のグラフで示したように，計算量の大幅な削減ができるのである．

第 6 章

ラプラス変換

フーリエ積分と似た形の特異積分でラプラス積分が定義され，ラプラス積分による関数の対応としてラプラス変換とラプラス逆変換が定義される．ラプラス変換とラプラス逆変換を用いれば，ある種の微分方程式は有理式の変形のみで解くことができる．関連する z 変換も簡単に紹介する．

情報系の分野でフーリエ変換，離散フーリエ変換，ラプラス変換，z 変換などを用いる主な理由は，信号処理への応用であるが，その基本的な考え方を末尾に述べる．

> キーワード　ラプラス積分，ラプラス変換，ラプラス逆変換，合成積，部分分数分解，ラプラス変換の微分方程式の解法への応用，z 変換，時間領域，周波数領域．

6.1　ラプラス変換

〔1〕定義

❖ 定義 6.1 ❖　ラプラス変換

$t > 0$ で定義された関数 $f(t)$ と複素数 s に対して，特異積分

$$\int_0^\infty f(t)e^{-st}dt$$

が存在するとき，それを $f(t)$ の **ラプラス積分** といい，$F(s)$ で表す（フーリエ変

換との関連性については 1.6 節〔1〕参照)．$f(t)$ に $F(s)$ を対応させる変換をラプラス変換といい

$$\mathcal{L}[f(t)] = F(s) = \int_0^\infty f(t)e^{-st}dt \tag{6.1}$$

のように表す（$\mathcal{L}$ はスクリプト体の L)．

〔2〕基本的な関数のラプラス変換

基本的な関数に関して，次の公式が成り立つ．

♣ 公式 6.1 ♣　基本的な関数のラプラス変換

(1) $\mathcal{L}[t^n] = \dfrac{n!}{s^{n+1}}$　($\operatorname{Re} s > 0, \ n = 0, 1, 2, \cdots$)

(2) $\mathcal{L}\left[e^{kt}\right] = \dfrac{1}{s-k}$　($\operatorname{Re} s > k$)

(3) $\mathcal{L}[\sin kt] = \dfrac{k}{s^2 + k^2}$　($\operatorname{Re} s > 0$)

(4) $\mathcal{L}[\cos kt] = \dfrac{s}{s^2 + k^2}$　($\operatorname{Re} s > 0$)

(5) $\mathcal{L}[\sinh kt] = \dfrac{k}{s^2 - k^2}$　($\operatorname{Re} s > |k|$)

(6) $\mathcal{L}[\cosh kt] = \dfrac{s}{s^2 - k^2}$　($\operatorname{Re} s > |k|$)

【証明】

(1) $\mathcal{L}[t^n] = \displaystyle\int_0^\infty e^{-st}t^n dt = \left[-\dfrac{1}{s}e^{-st}t^n\right]_0^\infty + \dfrac{n}{s}\int_0^\infty e^{-st}t^{n-1}dt$

$\displaystyle\text{第 1 項} = \lim_{t\to\infty}\left(-\dfrac{1}{s}e^{-st}t^n\right) = -\dfrac{1}{s}\lim_{t\to\infty}\dfrac{t^n}{e^{st}}$

$\displaystyle\qquad\quad\ = -\dfrac{1}{s}\lim_{t\to\infty}\dfrac{nt^{n-1}}{se^{st}}$　（L'Hospital の定理より）

$\displaystyle\qquad\quad\ = -\dfrac{n}{s^2}\lim_{t\to\infty}\dfrac{(n-1)t^{n-2}}{se^{st}}$　（再び L'Hospital の定理より）

$\qquad\quad\ \vdots$

$$= -\frac{n!}{s^n}\lim_{t\to\infty}\frac{1}{e^{st}} = 0 \quad (\mathrm{Re}\,s > 0 \text{ のとき})$$

$$\therefore\ \mathcal{L}[t^n] = \frac{n}{p}\mathcal{L}[t^{n-1}]$$

これを繰り返して

$$\mathcal{L}[t^n] = \frac{n!}{s^{n+1}} \quad (n \geqq 1)$$

また，$\mathcal{L}[t^0] = \mathcal{L}[1] = \dfrac{1}{s}$ である．

(2) $\mathcal{L}[e^{kt}] = \displaystyle\int_0^\infty e^{-st}e^{kt}dt = \left[\frac{1}{k-s}e^{(k-s)t}\right]_0^\infty = \frac{1}{s-k}$ $(\mathrm{Re}\,s > k$ のとき$)$

(3) $\mathcal{L}[\sin kt] = \displaystyle\int_0^\infty e^{-st}\sin kt\,dt$

$$= \left[-\frac{1}{s}e^{-st}\sin kt\right]_0^\infty + \frac{k}{s}\int_0^\infty e^{-st}\cos kt\,dt$$

$$= 0 + \frac{k}{s}\left\{\left[-\frac{1}{s}e^{-st}\cos kt\right]_0^\infty - \frac{k}{s}\int_0^\infty e^{-st}\sin kt\,dt\right\}$$

$$= \frac{k}{s}\left\{\frac{1}{s} - \frac{k}{s}\mathcal{L}[\sin kt]\right\}$$

$\mathcal{L}[\sin kt]$ を移項してまとめれば，求める式が得られる．

(4) (3) と同様．

(5) $\mathcal{L}[\sinh kt] = \mathcal{L}\left[\dfrac{e^{kt} - e^{-kt}}{2}\right] = \displaystyle\int_0^\infty e^{-st}\frac{e^{kt} - e^{-kt}}{2}dt$

$$= \frac{1}{2}\left\{\int_0^\infty e^{-st}e^{kt}dt - \int_0^\infty e^{-st}e^{-kt}dt\right\}$$

$$= \frac{1}{2}\left\{\mathcal{L}[e^{kt}] - \mathcal{L}[e^{-kt}]\right\}$$

$$= \frac{1}{2}\left\{\frac{1}{s-k} - \frac{1}{s-(-k)}\right\} \quad (\mathrm{Re}\,s > k,\ \mathrm{Re}\,s > -k)$$

$$= \frac{k}{s^2 - k^2} \quad (\mathrm{Re}\,s > |k|)$$

(6) (5) と同様． ∎

〔3〕ラプラス変換の性質

ラプラス変換の性質を述べるに先立ち，用語を一つ定義する．

> ♣ 定義 6.2 ♣　指数的に増大
>
> $t > 0$ で定義された関数 $f(t)$ が，任意の $L > 0$ に対して
>
> $$t \geqq L \text{ ならば } |f(t)| < Me^{\alpha t} \tag{6.2}$$
>
> となるような定数 α, M がとれる，という条件を満たすならば，$f(t)$ は $t \to \infty$ のとき**指数的に増大する**という．

> ♣ 定理 6.1 ♣　ラプラス積分の存在
>
> $t > 0$ で定義された区分的に連続な関数 $f(t)$ が，$t \to \infty$ のとき指数的に増大するならば，式 (6.2) の α に対してラプラス積分 $F(s) = \mathcal{L}[f(t)]$ は，$\operatorname{Re} s > \alpha$ で存在する．

【証明】　積分区間を

$$\int_0^\infty e^{-st} f(t) dt = \int_0^L e^{-st} f(t) dt + \int_L^\infty e^{-st} f(t) dt$$

のように分ければ，第 1 項は有限確定である．第 2 項については

$$\left| \int_L^\infty e^{-st} f(t) dt \right| \leqq \int_L^\infty e^{-st} |f(t)| dt < \int_L^\infty e^{-st} Me^{\alpha t} dt$$

である．したがって，$\operatorname{Re} s > \alpha$ ならば

$$|\text{第 2 項}| < M \left[\frac{-e^{-(s-\alpha)t}}{s-\alpha} \right]_L^\infty = \frac{Me^{-(s-\alpha)L}}{s-\alpha}$$

となり，第 2 項も有限確定となる．　■

以下，この章では関数はすべて定理 6.1 の条件を満たすものとする．

❖公式 6.2 ❖　ラプラス変換の性質

$\mathcal{L}[f(t)] = F(s)$ とすると

(1) $\mathcal{L}[c_1 f(t) + c_2 g(t)] = c_1 \mathcal{L}[f(t)] + c_2 \mathcal{L}[g(t)]$（線形性）

(2) $\mathcal{L}[f(at)] = \dfrac{1}{a} F\left(\dfrac{s}{a}\right)$ $(a > 0)$

(3) $\mathcal{L}\left[e^{at} f(t)\right] = F(s - a)$

(4) $f(t)$ が C^n 級のとき
$$\mathcal{L}\left[f^{(n)}(t)\right] = s^n F(s) - s^{n-1} f(+0)$$
$$- s^{n-2} f'(+0) - \cdots + s f^{(n-2)}(+0) - f^{(n-1)}(+0)$$

(5) $\mathcal{L}[tf(t)] = -\dfrac{d}{ds} F(s)$

(6) $\mathcal{L}\left[\dfrac{f(t)}{t}\right] = \displaystyle\int_s^\infty F(u) du$

【証明】

(1) 積分の線形性より．

(2) $at = u$ とおけば
$$\text{左辺} = \int_0^\infty e^{-st} f(at) dt = \int_0^\infty e^{-(s/a)u} f(u) \frac{1}{a} du = \frac{1}{a} F\left(\frac{s}{a}\right)$$

(3) $\text{左辺} = \displaystyle\int_0^\infty e^{-st} e^{at} f(t) dt = \int_0^\infty e^{-(s-a)t} f(t) dt F(s-a)$

(4) $f(t), f'(t), \cdots, f^{(n)}(t)$ はすべて定理 6.1 の条件を満たすとし，$\mathrm{Re}\, s > \alpha$ とする．

$$\mathcal{L}[f^{(n)}(t)] = \int_0^\infty e^{-st} f^{(n)}(t) dt$$
$$= \left[e^{-st} f^{(n-1)}(t)\right]_0^\infty + s \int_0^\infty e^{-st} f^{(n-1)}(t) dt$$
$$= \lim_{t \to \infty} e^{-st} f^{(n-1)}(t) - f^{(n-1)}(+0) + s\mathcal{L}[f^{(n-1)}(t)]$$

第 1 項は条件により 0 となるから
$$\mathcal{L}[f^{(n)}(t)] = s\mathcal{L}[f^{(n-1)}(t)] - f^{(n-1)}(+0)$$

これを繰り返せばよい．

(5) 右辺 $= -\dfrac{d}{ds}\displaystyle\int_0^\infty e^{-st}f(t)dt = \int_0^\infty -\dfrac{\partial}{\partial s}\left(e^{-st}f(t)\right)dt$

$= \displaystyle\int_0^\infty e^{-st}tf(t)dt = \mathcal{L}[tf(t)]$

(6) 右辺 $= \displaystyle\int_s^\infty \left(\int_0^\infty e^{-ut}f(t)dt\right)du = \int_0^\infty\left(\int_s^\infty e^{-ut}f(t)du\right)dt$

$= \displaystyle\int_0^\infty\left[\dfrac{-e^{-ut}}{t}f(t)\right]_{u=s}^{u=\infty}dt = \int_0^\infty e^{-st}\dfrac{f(t)}{t}dt = \mathcal{L}\left[\dfrac{f(t)}{t}\right] = $ 左辺 ∎

例題 6.1　次の関数にラプラス変換を施せ.

(1) $3\sin 2t + e^{5t}$　　(2) $e^{-t}\sin 3t$　　(3) $t^2\cos t$　　(4) $\dfrac{\sin t}{t}$

解答

(1) 公式 6.2 (1), 公式 6.1 (2) (3) より

$$\mathcal{L}[3\sin 2t + e^{5t}] = 3\mathcal{L}[\sin 2t] + \mathcal{L}[e^{5t}] = \dfrac{6}{s^2+4} + \dfrac{1}{s-5}$$

(2) 公式 6.2 (3), 公式 6.1 (3) より

$$\mathcal{L}[e^{-t}\sin 3t] = \dfrac{3}{(s+1)^2+9} = \dfrac{3}{s^2+2s+10}$$

(3) 公式 6.2 (5), 公式 6.1 (4) より

$$\mathcal{L}[t^2\cos t] = -\dfrac{d}{ds}\mathcal{L}[t\cos t] = \dfrac{d^2}{ds^2}\mathcal{L}[\cos t] = \dfrac{d^2}{ds^2}\dfrac{s}{s^2+1}$$

$$= \dfrac{d}{ds}\dfrac{-s^2+1}{(s^2+1)^2} = \dfrac{2s(s^2-3)}{(s^2+1)^3}$$

(4) 公式 6.2 (6), 公式 6.1 (4) より

$$\mathcal{L}\left[\dfrac{\sin t}{t}\right] = \int_s^\infty \dfrac{1}{u^2+1}du = [\arctan u]_s^\infty = \dfrac{\pi}{2} - \arctan s$$

∎

問題 6.1　次の関数にラプラス変換を施せ.

(1) $t^2 e^{2t}$　　(2) $e^t\cos 3t$　　(3) $\dfrac{t^n}{n!}$　　(4) $t\sinh 2t$

6.2 ラプラス逆変換

〔1〕ラプラス逆変換

証明は述べないが，次の定理が知られている．

> **❖ 定理 6.2 ❖**
> $\mathcal{L}[f(t)] = \mathcal{L}[g(t)]$ ならば，$f(t)$ と $g(t)$ は不連続点を除いて一致する．

以下，この章では区分的に連続な関数 $f(t)$ に対して，各不連続点 $t = p$ における値を左右極限の平均

$$f(p) = \frac{1}{2}\{f(p+0) + f(p-0)\} \tag{6.3}$$

であると修正して扱うものとする．この仮定の下で，定理 6.2 により

$$\mathcal{L}[f(t)] = \mathcal{L}[f(t)] \implies f(t) = g(t) \tag{6.4}$$

したがって，$\mathcal{L}$ の逆変換を次のように定義することができる．

> **❖ 定義 6.3 ❖ ラプラス逆変換**
> $\mathcal{L}[f(t)] = F(s)$ のとき，$F(s)$ に $f(t)$ を対応させる変換を $\mathcal{L}^{-1}$ で表し，**ラプラス逆変換**という．つまり
>
> $$\mathcal{L}^{-1}[F(s)] = f(t) \iff \mathcal{L}[f(t)] = F(s) \tag{6.5}$$

〔2〕ラプラス逆変換の性質

公式 6.1 の (1)(2)(3)(4) を $\mathcal{L}^{-1}$ で表せば，次のようになる．

> **❖ 公式 6.3 ❖ 基本的な関数のラプラス逆変換**
> (1) $\mathcal{L}^{-1}\left[\dfrac{1}{s^n}\right] = \dfrac{t^{n-1}}{(n-1)!} \quad (n = 1, 2, \cdots)$

(2) $\mathcal{L}^{-1}\left[\dfrac{1}{s-k}\right] = e^{kt}$

(3) $\mathcal{L}^{-1}\left[\dfrac{k}{s^2+k^2}\right] = \sin kt$

(4) $\mathcal{L}^{-1}\left[\dfrac{s}{s^2+k^2}\right] = \cos kt$

公式 6.2 の (1)(2)(3)(5)(6) を $\mathcal{L}^{-1}$ で表せば,次のようになる.

❖ 公式 6.4 ❖　ラプラス逆変換の性質

$\mathcal{L}^{-1}[F(s)] = f(t)$ とすると

(1) $\mathcal{L}^{-1}[c_1 F(s) + c_2 G(s)] = c_1 \mathcal{L}^{-1}[F(s)] + c_2 \mathcal{L}^{-1}[G(s)]$ （線形性）

(2) $\mathcal{L}^{-1}[F(as)] = \dfrac{1}{a} f\left(\dfrac{t}{a}\right)$ $(a>0)$

(3) $\mathcal{L}^{-1}[F(s-a)] = e^{at} f(t)$

(5) $\mathcal{L}^{-1}[F'(s)] = -t\, f(t)$

(6) $\mathcal{L}^{-1}\left[\displaystyle\int_s^\infty F(u)\,du\right] = \dfrac{f(t)}{t}$

〔3〕（参考）合成積

二つの関数 $f(t)$ と $g(t)$ との**合成積**（convolution）$f*g$ を

$$(f*g)(t) = \int_0^t f(t-u) g(u)\, du \tag{6.6}$$

で定める.このとき,次の公式に示すように,関数の積と合成積がラプラス変換で結び付けられる.

❖ 公式 6.5 ❖

(1) $\mathcal{L}[(f*g)(t)] = \mathcal{L}[f(t)] \cdot \mathcal{L}[g(t)]$

(2) $\mathcal{L}^{-1}[F(s) G(s)] = \mathcal{L}^{-1}[F(s)] * \mathcal{L}^{-1}[G(s)]$

【証明】

$$\mathcal{L}[f(t)] \cdot \mathcal{L}[g(t)] = \int_0^\infty e^{-su} f(u)\, du \int_0^\infty e^{-sv} g(v)\, dv$$
$$= \int_0^\infty \int_0^\infty e^{-s(u+v)} f(u) g(v)\, du\, dv \qquad (6.7)$$

積分変数を u, v から $x = u+v$, $y = u$ に変換すると，関数行列式は

$$\begin{vmatrix} \dfrac{\partial u}{\partial x} & \dfrac{\partial v}{\partial x} \\ \dfrac{\partial u}{\partial x} & \dfrac{\partial v}{\partial y} \end{vmatrix} = \begin{vmatrix} 1 & -1 \\ 0 & 1 \end{vmatrix} = 1$$

であり，積分領域は $u \geqq 0$, $v \geqq 0$ から $0 \leqq v \leqq u$, $u \geqq 0$ に変わるから，重積分に関する変数変換の定理を用いれば

$$\mathcal{L}[f(t)] \cdot \mathcal{L}[g(t)] = \int_0^\infty \int_0^x e^{-sx} f(y) g(x-y)\, dy\, dx$$
$$= \int_0^\infty e^{-sx} \left(\int_0^x f(y) g(x-y)\, dy \right) dx$$
$$= \int_0^\infty e^{-sx} (f*g)(x)\, dx = \mathcal{L}[f*g] \qquad \blacksquare$$

合成積を用いれば，フーリエ変換に関しても公式 6.5 と同様の，以下の式が成り立つ．

❖ 公式 6.6 ❖

(1) $\mathcal{F}[(f*g)(t)] = \mathcal{F}[f(t)] \cdot \mathcal{F}[g(t)]$

(2) $\mathcal{F}^{-1}[F(s)G(s)] = \mathcal{F}^{-1}[F(s)] * \mathcal{F}^{-1}[G(s)]$

証明は比較的容易である（問題 6.3）．

例題 6.2 次の関数にラプラス逆変換を施せ．

(1) $\dfrac{2s-3}{s^2+16}$ (2) $\dfrac{1}{s^2-4}$ (3) $\dfrac{1}{(2s-1)^2}$ (4) $\dfrac{s-3}{s^2+4s+13}$

解答 公式 6.3，公式 6.4 に当てはまるように変形すればよい．(1)(2) は部分分数分解も用いる．

(1) $\mathcal{L}^{-1}\left[\dfrac{2s-3}{s^2+16}\right] = \mathcal{L}^{-1}\left[2\dfrac{s}{s^2+4^2} - \dfrac{3}{4}\dfrac{4}{s^2+4^2}\right] = 2\cos 4t - \dfrac{3}{4}\sin 4t$

(2) $\mathcal{L}^{-1}\left[\dfrac{1}{s^2-4}\right] = \mathcal{L}^{-1}\left[\dfrac{1}{4}\left(\dfrac{1}{s-2} - \dfrac{1}{s+2}\right)\right] = \dfrac{1}{4}\left(e^{2t} - e^{-2t}\right) = \dfrac{1}{2}\sinh 2t$

(3) $\mathcal{L}^{-1}\left[\dfrac{1}{(2s-1)^2}\right] = \mathcal{L}^{-1}\left[\dfrac{1}{4}\dfrac{1}{(s-\frac{1}{2})^2}\right] = \dfrac{t}{4}e^{\frac{1}{2}t}$

(4) $\mathcal{L}^{-1}\left[\dfrac{s-3}{s^2+4s+13}\right] = \mathcal{L}^{-1}\left[\dfrac{(s+2)-5}{(s+2)^2+3^2}\right] = e^{-2t}\left(\cos 3t - \dfrac{5}{3}\sin 3t\right)$ ∎

問題 6.2 次の関数にラプラス逆変換を施せ．

(1) $\dfrac{1}{s(s^2+4)}$ (2) $\dfrac{1}{s^2(s^2+4)}$ (3) $\dfrac{1}{(s-2)^2}$ (4) $\dfrac{6s-5}{s^2+s-6}$

問題 6.3 公式 6.6 を証明せよ．

〔4〕微分方程式への応用

ラプラス変換の簡単な応用として，定数係数線形微分方程式の解法の例を挙げる．解法の手順は以下のとおりである（微分方程式の基本事項については付録 A.8 節参照）．

(1) 未知関数 $y = y(t)$ についての定数係数線形微分方程式の両辺に，ラプラス変換 $\mathcal{L}$ を施す．公式 6.2 (4) により $\mathcal{L}[y]$ についての 1 次式が得られる．
(2) この 1 次式を $\mathcal{L}[y]$ について解く．
(3) 両辺にラプラス逆変換 $\mathcal{L}^{-1}$ を施して y を求める．

例題 6.3 次の初期条件付き微分方程式を解け．

(1) $y'' + y = 1$, $y(0) = 2$, $y'(0) = 0$
(2) $y'' + 2y' + y = 3te^{-t}$, $y(0) = 4$, $y'(0) = 2$

解答

(1) $\mathcal{L}[y''] + \mathcal{L}[y] = \mathcal{L}[1]$

$s^2\mathcal{L}[y] - 2s - 0 + \mathcal{L}[y] = \dfrac{1}{s}$

$$\mathcal{L}[y] = \frac{2s^2+1}{s(s^2+1)} = \frac{1}{s} + \frac{s}{s^2+1}$$

$$\therefore y = \mathcal{L}^{-1}\left[\frac{1}{s} + \frac{s}{s^2+1}\right] = 1 + \cos t$$

(2) $\mathcal{L}[y''] + 2\mathcal{L}[y'] + \mathcal{L}[y] = \mathcal{L}[3te^{-t}]$

$$s^2\mathcal{L}[y] - 4s - 2 + 2(s\mathcal{L}[y] - 4) + \mathcal{L}[y] = 3\left(-\frac{d}{ds}\frac{1}{s+1}\right)$$

$$(s^2 + 2s + 1)\mathcal{L}[y] = 4s + 10 + \frac{3}{(s+1)^2}$$

$$\mathcal{L}[y] = \frac{4s+10}{(s+1)^2} + \frac{3}{(s+1)^4} = \frac{4}{s+1} + 6\frac{1!}{(s+1)^2} + \frac{1}{2}\frac{3!}{(s+1)^4}$$

$$\therefore y = 4e^{-t} + 6e^{-t}t + \frac{1}{2}e^{-t}t^3 = \left(4 + 6t + \frac{1}{2}t^3\right)e^{-t} \blacksquare$$

問題 6.4 次の初期条件付き微分方程式を解け.

(1) $y'' + 4y = 0,\ y(0) = 1,\ y'(0) = 2$

(2) $y''' - 6y'' + 11y' - 6y = 1,\ y(0) = y'(0) = y''(0) = 0$

6.3　z 変換

〔1〕z 変換の定義

　信号処理で用いられる z 変換を簡単に紹介しておく．離散フーリエ変換の場合と同様に，離散化した信号を対象とする．

　$t = 0$ から間隔 T で測定された信号 $\{x(nT)\} = \{x(0), x(T), x(2T), \cdots\}$ に対して，z 変換 $\mathcal{Z}\{x(nT)\}$ を

$$\mathcal{Z}\{x(nT)\} = X(z) = \sum_{n=0}^{\infty} x(nT)z^{-n} \tag{6.8}$$

で定義する（$\mathcal{Z}$ はスクリプト体の Z）．右辺の級数が収束する範囲で，$X(z)$ は複素変数 z の関数となる．また，右辺の級数の表す関数 $X(z)$ に対して数列（離散信号）$\{x(nT)\}$ を対応させるのが**逆 z 変換**で，$\mathcal{Z}^{-1}$ で表される．

例題 6.4 定数関数 $u(t) = 1$ の定める信号 $\{u(nT)\}$（ユニットステップ関数）の z 変換 $U(z)$ を求めよ．

解答 $\{u(nT)\}$ に対しては

$$\mathcal{Z}\{u(nT)\} = \sum_{n=0}^{\infty} u(nT) z^{-n} = \sum_{n=0}^{\infty} z^{-n} = 1 + z^{-1} + z^{-2} + \cdots$$

だから，$|z^{-1}| < 1$ で，つまり複素平面の単位円の外側で

$$U(z) = \mathcal{Z}\{u(nT)\} = \frac{1}{1 - z^{-1}} \tag{6.9}$$

となる．したがって，逆に

$$\mathcal{Z}^{-1}\left\{\frac{1}{1 - z^{-1}}\right\} = \{u(nT)\} = \{1, 1, 1, \cdots\} \tag{6.10}$$

が得られる． ■

〔2〕z 変換の性質

定義から簡単に確かめられるように，z 変換は次の性質をもっている．

- **線形性**：二つの信号 $x_1(nT)$, $x_2(nT)$ と定数 a, b に対し，

$$\begin{aligned}\mathcal{Z}\{a\,x_1(nT) + b\,x_2(nT)\} &= a\,\mathcal{Z}\{x_1(nT)\} + b\,\mathcal{Z}\{x_2(nT)\} \\ &= a\,X_1(z) + b\,X_2(z)\end{aligned} \tag{6.11}$$

- **推移性**：$x(nT)$ を mT だけ遅れさせた信号 $x((n-m)T)$ に対し，

$$\mathcal{Z}\{x((n-m)T)\} = z^{-m}\mathcal{Z}\{x(nT)\} = z^{-m}X(z) \tag{6.12}$$

基本的な関数の z 変換をまとめれば，次のようになる．

❖ 公式 6.7 ❖ 基本的な関数の z 変換

(1) $\mathcal{Z}\{u(n)\} = \dfrac{1}{1 - z^{-1}}$

(2) $\mathcal{Z}\{e^{-a\,nT}\} = \dfrac{1}{1 - e^{-aT}z^{-1}}$

(3) $\mathcal{Z}\{nT\} = \dfrac{Tz^{-1}}{(1-z^{-1})^2}$

(4) $\mathcal{Z}\{\sin n\omega T\} = \dfrac{z^{-1}\sin\omega T}{1-(2\cos\omega T)z^{-1}+z^{-2}}$

(5) $\mathcal{Z}\{\cos n\omega T\} = \dfrac{1-z^{-1}\cos\omega T}{1-(2\cos\omega T)z^{-1}+z^{-2}}$

(6) $\mathcal{Z}\{a^{nT}\} = \dfrac{1}{1-a^T z^{-1}}$

例題 6.5 $X(z) = \dfrac{2+z^{-1}}{1-2z^{-1}+x^{-2}}$ の逆 z 変換を計算せよ．

解答 $X(z)$ を部分分数分解し，z 変換の公式 6.7 の（1）(6) が適用できる形に変形すると

$$X(z) = \dfrac{1}{z^{-1}-1} + \dfrac{-3}{z^{-1}-2} + \dfrac{2}{z^{-1}-3}$$
$$= -\dfrac{1}{1-z^{-1}} + \dfrac{3}{2}\dfrac{1}{1-(1/2)z^{-1}} - \dfrac{2}{3}\dfrac{1}{1-(1/3)z^{-1}}$$

z 変換の，したがって逆 z 変換の線形性より

$$\mathcal{Z}^{-1}\{X(z)\} = -\{u(nT)\} + \dfrac{3}{2}\left\{\left(\dfrac{1}{2}\right)^{nT}\right\} - \dfrac{2}{3}\left\{\left(\dfrac{1}{3}\right)^{nT}\right\}$$ ■

〔3〕時間領域と周波数領域

本書で学んだフーリエ変換 $\mathcal{F}$，ラプラス変換 $\mathcal{L}$，z 変換 $\mathcal{Z}$ はさまざまな分野に応用される．最後にこれらをまとめて概観してみよう．これらの変換を用いる理由を概念図で示せば，図 6-1 のようになる．

ある物理現象を表現する実数の関数，たとえば時間 t の関数としての音波を $x(t)$ とする．これに何かの加工あるいは処理を加えたい．たとえば，携帯電話で音波を圧縮しデータ量を少なくして送信したい，あるいは音波を表現している微分方程式を解いて関数の形を知りたいとする．このとき，$x(t)$ をそのまま加工したり処理したりするのではなく，何らかの変換（図では，T のスクリプト体 $\mathcal{T}$ で表している）で複素数の関数 $X(\omega)$ に直し，それを加工あるいは処理したもの $Y(\omega)$

図 6-1 変換 $\mathcal{T}$ と逆変換 $\mathcal{T}^{-1}$

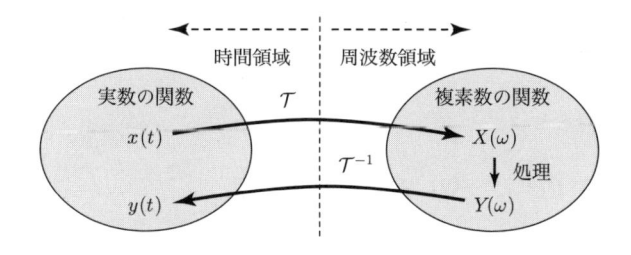

を，逆変換（図の $\mathcal{T}^{-1}$）で戻して $y(t)$ とするのである．信号処理の分野では，実数の関数 $x(t)$ の領域を**時間領域**，複素数の関数 $X(\omega)$ の領域を**周波数領域**と呼ぶ．

どのようなデータを何の目的で処理するかによって，変換や処理の仕方は異なる．この本では，変換と逆変換の数学的構造を紹介するにとどめてある．

本章の要項

■ ラプラス変換
- ❖ ラプラス変換： $\mathcal{L}[f(t)] = F(s) = \int_0^\infty f(t)e^{-st}dt$
- ❖ ラプラス逆変換： $\mathcal{L}^{-1}[F(s)] = f(t) \iff \mathcal{L}[f(t)] = F(s)$

■ 定数係数線形微分方程式の解法
(1) 未知関数 $y = y(t)$ についての定数係数線形微分方程式の両辺にラプラス変換 $\mathcal{L}$ を施すと，$\mathcal{L}[y]$ の 1 次式が得られる．
(2) この 1 次式を $\mathcal{L}[y]$ について解く．
(3) 両辺にラプラス逆変換 $\mathcal{L}^{-1}$ を施して y を求める．

■ z 変換
- ❖ z 変換： $\mathcal{Z}\{x(nT)\} = X(z) = \sum_{n=0}^{\infty} x(nT)z^{-n}$

章末問題

1 次の計算をせよ.

(1) $F(s) = \mathcal{L}\left[t^2 e^{4t}\right]$ (2) $F(s) = \mathcal{L}\left[t^2 e^{3t}\right]$

2 以下を求めよ.

(1) $\dfrac{1}{s(s^2+9)} = \dfrac{a}{s} + \dfrac{bs+c}{s^2+9}$ を満たす定数 a, b, c（部分分数分解）

(2) $\mathcal{L}^{-1}\left[\dfrac{1}{s}\right]$, $\mathcal{L}^{-1}\left[\dfrac{1}{s^2+9}\right]$, $\mathcal{L}^{-1}\left[\dfrac{s}{s^2+9}\right]$

(3) $f(t) = \mathcal{L}^{-1}\left[\dfrac{1}{s(s^2+9)}\right]$

3 以下を求めよ.

(1) $\dfrac{1}{s(s^2+16)} = \dfrac{a}{s} + \dfrac{bs+c}{s^2+16}$ を満たす定数 a, b, c（部分分数分解）

(2) $\mathcal{L}^{-1}\left[\dfrac{1}{s}\right]$, $\mathcal{L}^{-1}\left[\dfrac{1}{s^2+16}\right]$, $\mathcal{L}^{-1}\left[\dfrac{s}{s^2+16}\right]$

(3) $f(t) = \mathcal{L}^{-1}\left[\dfrac{1}{s(s^2+16)}\right]$

4 ラプラス変換 $\mathcal{L}$ を応用し，$y(x)$ を未知関数とする初期条件付き微分方程式 $y'' + y = 4$, $y(0) = 1$, $y'(0) = 0$ を次の順序に従って解け.

(1) 初期条件を用いて，$\mathcal{L}[y'']$ と $\mathcal{L}[y']$ を $\mathcal{L}[y]$ で表せ.
(2) 微分方程式 $y'' + y = 4$ の両辺にラプラス変換 $\mathcal{L}$ を施し，$\mathcal{L}[y]$ を s の有理式（分数式）で表せ.
(3) (2)で求めた s の有理式を部分分数分解せよ.
(4) (3)の結果にラプラス逆変換 $\mathcal{L}^{-1}$ を施し，微分方程式 $y'' + y = 4$, $y(0) = 1$, $y'(0) = 0$ の解 y を求めよ.

5 ラプラス変換 $\mathcal{L}$ を応用し，$y(x)$ を未知関数とする初期条件付き微分方程式

$y'' + 4y = 4$, $y(0) = 2$, $y'(0) = 0$ を次の順序に従って解け．

(1) 初期条件を用いて，$\mathcal{L}[y'']$ と $\mathcal{L}[y']$ を $\mathcal{L}[y]$ で表せ．

(2) 微分方程式 $y'' + 4y = 4$ の両辺にラプラス変換 $\mathcal{L}$ を施し，$\mathcal{L}[y]$ を s の有理式（分数式）で表せ．

(3) (2)で求めた s の有理式を部分分数分解せよ．

(4) (3)の結果にラプラス逆変換 $\mathcal{L}^{-1}$ を施し，微分方程式 $y'' + 4y = 4$, $y(0) = 2$, $y'(0) = 0$ の解 y を求めよ．

$\boxed{6}$ ラプラス変換 $\mathcal{L}$ を応用し，$y(x)$ を未知関数とする初期条件付き微分方程式 $y'' + y = -1$, $y(0) = 1$, $y'(0) = 0$ を次の順序に従って解け．

(1) 初期条件を用いて，$\mathcal{L}[y'']$ と $\mathcal{L}[y']$ を $\mathcal{L}[y]$ で表せ．

(2) 微分方程式 $y'' + y = -1$ の両辺にラプラス変換 $\mathcal{L}$ を施し，$\mathcal{L}[y]$ を s の有理式（分数式）で表せ．

(3) (2)で求めた s の有理式を部分分数分解せよ．

(4) (3)の結果にラプラス逆変換 $\mathcal{L}^{-1}$ を施し，微分方程式 $y'' + y = -1$, $y(0) = 1$, $y'(0) = 0$ の解 y を求めよ．

付録 A

基本事項

この付録にこの本で必要とされる基本事項をまとめてある．したがって，高校までの数学を知っていれば，この付録を必要に応じて参照することによって，この本を読むことができる．理解を確認するための簡単な問題も添えてある．

キーワード 周期関数，三角関数の有限和，三角関数の積の積分，奇関数，偶関数，関数項級数，オイラーの公式，区分求積法，無限区間での積分，微分方程式，一般解，特殊解，分離形微分方程式，線形微分方程式，解の存在と一意性の定理，行列の一般的表示，対角行列，転置行列，行列の分割表示，実数空間，複素数空間，線形写像，像．

A.1 三角関数の有限和

[1] 周期関数

フーリエ級数では，周期関数を三角関数の無限和で表す．関数 $f(x)$ と 0 でない数 a があって，x の任意の値に対して

$$f(x+a) = f(x) \tag{A.1}$$

となるとき，$f(x)$ は a を**周期**とする**周期関数**であるという．このとき，任意の 0 でない整数 n に対して，$f(x)$ は na を周期とする周期関数でもある．$f(x)$ の正の周

期の最小値を**基本周期**といい，$f(x)$ の最大値と最小値の差を**振幅**という（図 A-1）．

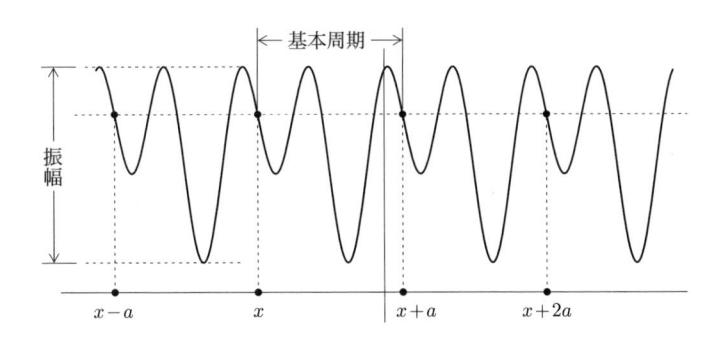

図 **A-1** 周期関数

〔2〕三角関数

周期関数のうち，最も基本的なものは三角関数である．周知のことではあるが，定義を確認しておこう．

図 A-2 に示すように，半径 1 の円周上に長さ 1 の弧をとり，この弧に対する中心角を 1 ラジアン（radian）と定める．

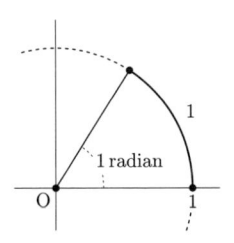

図 **A-2** 1 ラジアンの角

角の単位としてのラジアンは，通常は省略される．比例関係から

$$360° = 2\pi,\ 180° = \pi,\ 90° = \frac{\pi}{2},\ 60° = \frac{\pi}{3},\ 45° = \frac{\pi}{4},\ 30° = \frac{\pi}{6}$$

などが成り立つ．図 A-3 に示すように，原点を中心とする半径 1 の円周上に，横軸の正の方向から反時計回りに測って x（ラジアン）の位置に点 P をとる．この

とき，P の座標の第 1 成分を $\cos x$，第 2 成分を $\sin x$ と定義する．

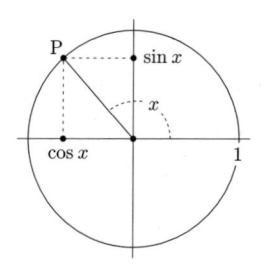

図 A-3 $\sin x, \cos x$ の定義

定義から

$$\sin n\pi = 0, \ \cos n\pi = (-1)^n \quad (n = 0, \pm 1, \pm 2, \cdots)$$

$$\sin \frac{\pi}{6} = \frac{1}{2}, \ \cos \frac{\pi}{6} = \frac{1}{\sqrt{3}}, \ \sin \frac{9\pi}{4} = \sin \frac{\pi}{4} = \frac{1}{\sqrt{2}}, \ \cos \frac{7\pi}{2} = -1$$

などが成り立つ．

$y = \sin x$, $y = \cos x$ は基本周期 2π，振幅 2 の周期関数である．図 A-4 は $y = \sin x$, $y = \cos x$ のグラフを示す．

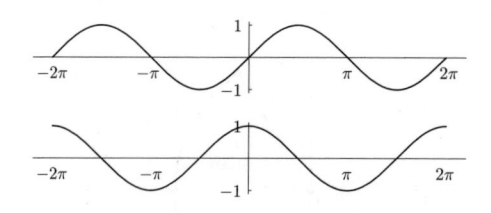

図 A-4 $y = \sin x$（上），$y = \cos x$（下）

三角関数の計算で最も重要なのは，次の加法定理である．

加法定理

$$\sin(\alpha + \beta) = \sin\alpha \cos\beta + \cos\alpha \sin\beta \tag{A.2}$$

$$\cos(\alpha + \beta) = \cos\alpha \cos\beta - \sin\alpha \sin\beta \tag{A.3}$$

加法定理を変形することにより，次の公式が得られる．

三角関数の積を和に直す公式

$$\sin\alpha\cos\beta = \frac{1}{2}\left(\sin(\alpha+\beta)+\sin(\alpha-\beta)\right) \quad (A.4)$$

$$\cos\alpha\cos\beta = \frac{1}{2}\left(\cos(\alpha+\beta)+\cos(\alpha-\beta)\right) \quad (A.5)$$

$$\sin\alpha\sin\beta = -\frac{1}{2}\left(\cos(\alpha+\beta)-\cos(\alpha-\beta)\right) \quad (A.6)$$

【証明】　式 (A.2) より

$$\sin(\alpha+\beta) = \sin\alpha\cos\beta + \cos\alpha\sin\beta$$
$$\sin(\alpha-\beta) = \sin\alpha\cos\beta - \cos\alpha\sin\beta$$

両辺を加えて 2 で割り，移項すると

$$\sin\alpha\cos\beta = \frac{1}{2}\{\sin(\alpha+\beta)+\sin(\alpha-\beta)\}$$

となり，式 (A.4) が得られた．式 (A.5)，(A.6) も同様である（問題 A.2）．　∎

〔3〕三角関数の振幅と周期

$y = \sin x$，$y = \cos x$ を変形して，任意の周期と振幅をもつ周期関数を作りたい．まず振幅であるが，図 A-5 は $y = \sin x$ と $y = 2\sin x$ のグラフの比較を示す．$y = 2\sin x$ のグラフは $y = \sin x$ のグラフを上下に 2 倍したものである．

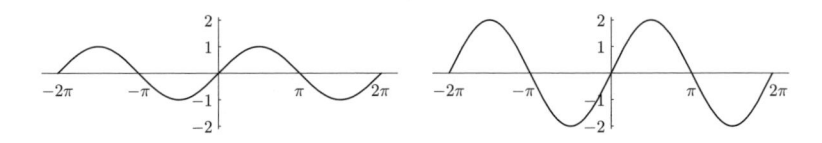

図 A-5　$y = \sin x$ と $y = 2\sin x$

よく知られているように，一般に，$a \neq 0$ のとき次のことが成り立つ．

> $y = af(x)$ のグラフは，$y = f(x)$ のグラフを上下に a 倍したものになる．

図 A-6 は $y = a\sin x$ $(a = 1/4, 1/2, 1, 2, 3)$ のグラフと，$y = a\cos x$ $(a = 1/4, 1/2, 1, 2, 3)$ のグラフを示す．

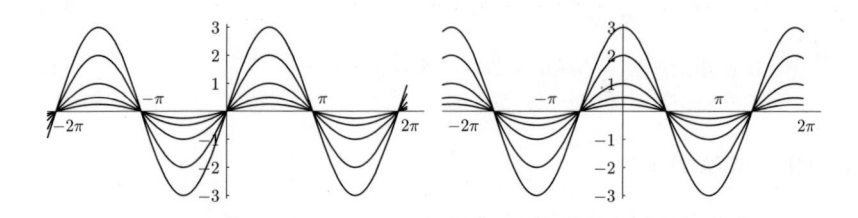

図 A-6 $y = a\sin x$ と $y = a\cos x$ $(a = 1/4, 1/2, 1, 2, 3)$

次に周期であるが，図 A-7 は $y = \sin x$ と $y = \sin 2x$ のグラフの比較を示す．$0 \leqq x \leqq \pi/2$ の範囲で二つの関数のとる値を，x の値について比較すると，次の表のようになる．

x	0	$\pi/12$	$\pi/8$	$\pi/6$	$\pi/4$	$\pi/3$	$\pi/2$
$\sin x$	0	$\cdots$	$\cdots$	$1/2$	$1/\sqrt{2}$	$\sqrt{3}/2$	1
$\sin 2x$	0	$1/2$	$1/\sqrt{2}$	$\sqrt{3}/2$	1	$\cdots$	$\cdots$

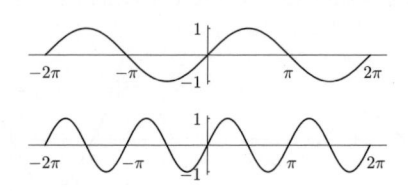

図 A-7 $y = \sin x$ と $y = \sin 2x$

$y = \sin 2x$ の場合には，x が $0 \leqq x \leqq \pi/4$ の範囲を動くときに $y = \sin 2x$ の場合の $0 \leqq x \leqq \pi/2$ の範囲に対応する値の変化が起こっているのである．図形的にい

えば，$y = \sin 2x$ のグラフは $y = \sin x$ のグラフを，y 軸に近づくように左右から 1/2 倍に縮めたものになっている．

これもよく知られているように，$a \neq 0$ に対して一般に次のことが成り立つ．

$y = f(ax)$ のグラフは，$y = f(x)$ のグラフを左右に $\dfrac{1}{a}$ 倍したものになる．

図 A-8 は $y = \sin nx$ $(n = 1, 2, 3)$ のグラフと，$y = \cos nx$ $(n = 1, 2, 3)$ のグラフを示す．自然数 n が増加するにつれ $y = \sin nx$, $y = \cos nx$ の基本周期は小さくなるが，いずれも 2π を周期とする周期関数である．

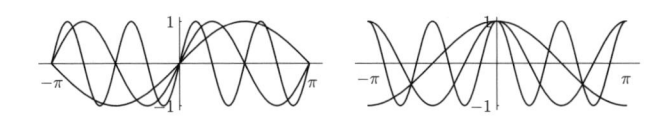

図 A-8 $y = \sin nx$ と $y = \cos nx$ $(n = 1, 2, 3)$

さらに，図 A-9 は，$y = \sin \pi x$, $y = \cos \pi x$ のグラフを示す．これらは，周期 2 の周期関数である．

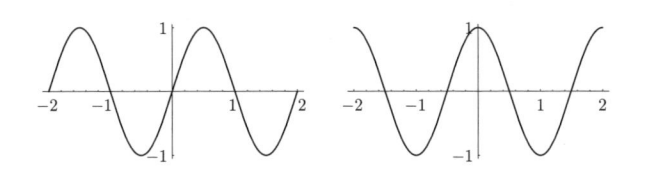

図 A-9 $y = \sin \pi x$ と $y = \cos \pi x$. 基本周期 2

また，図 A-10 は，$y = \sin 2\pi x$, $y = \cos 2\pi x$ のグラフを示す．これらは，基本周期 1 の周期関数である．

図 A-11 は，$y = \sin \dfrac{\pi x}{3}$, $y = \cos \dfrac{\pi x}{3}$ のグラフを示す．これらは，周期 6 の周期関数である．

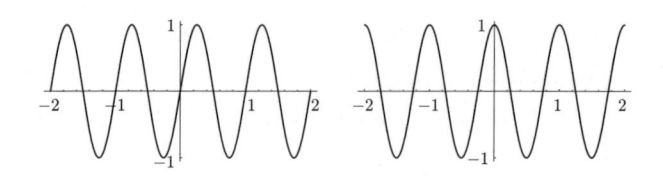

図 A-10 $y=\sin 2\pi x$ と $y=\cos 3\pi x$. 基本周期 1

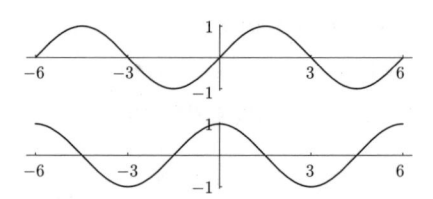

図 A-11 $y=\sin\dfrac{\pi x}{3}$ と $y=\cos\dfrac{\pi x}{3}$. 基本周期 6

また，図 A-12 は，$y=\sin\dfrac{2\pi x}{3}$, $y=\cos\dfrac{2\pi x}{3}$ のグラフを示す．これらは，基本周期 $\dfrac{3}{2}$ の周期関数である．

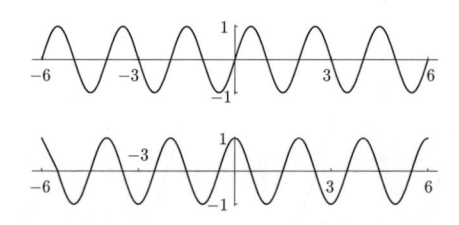

図 A-12 $y=\sin\dfrac{2\pi x}{3}$ と $y=\cos\dfrac{2\pi x}{3}$. 基本周期は $\dfrac{3}{2}$

以上の振幅と周期に関する事項をまとめておこう．

> 正の数 L，自然数 n に対し，$y=a\sin\dfrac{n\pi x}{L}$, $y=a\cos\dfrac{n\pi x}{L}$ は，振幅 $2|a|$，基本周期 $\dfrac{2L}{n}$ の周期関数であり，$2L$ が共通の周期となる．

〔4〕三角関数の有限和

L を正の定数, m, n を自然数, a, b を定数とするとき, $y = a\sin\dfrac{m\pi x}{L}$, $y = b\cos\dfrac{n\pi x}{L}$ の形の三角関数の和を考える.

初めに, $L = \pi$, $m = 1$, $n = 3$, $a = 1$, $b = \dfrac{1}{4}$ として関数 $y = \sin x + \dfrac{1}{4}\cos 3x$ を考えてみよう. 二つの関数 $y = \sin x$, $y = \dfrac{1}{4}\cos 3x$ のグラフを図 A-13 に示す.

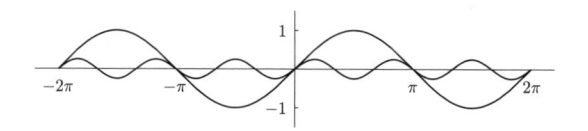

図 **A-13** $y = \sin x$ と $y = \dfrac{1}{4}\cos 3x$

図 A-13 の二つの関数の和を図 A-14 最下段に示す.

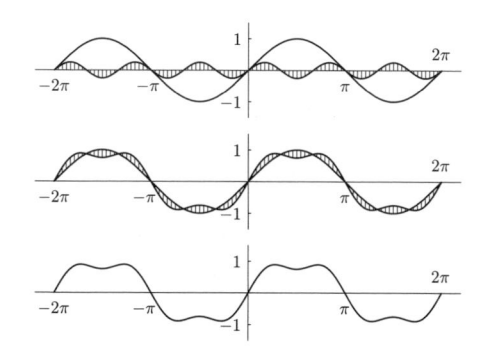

図 **A-14** $y = \sin x + \dfrac{1}{4}\cos 3x$

周期の大きい関数 $y = \sin x$ のグラフに周期の小さい関数 $y = \dfrac{1}{4}\cos 3x$ がまとわりついたような形で新しい関数ができ, その関数も 2π を周期とする周期関数となる. 一般に, 共通の周期 $2L$ をもつ周期関数の和は, 周期 $2L$ の周期関数である (問題 A.1).

図 A-15 上図は, $L = \pi$, $m_1 = 1$, $m_2 = 12$, $a_1 = 1$, $a_2 = -\dfrac{1}{3}$ とおいて得られる二

つの $\sin$ 関数 $a_i \sin \dfrac{m_i \pi x}{L}$ の和 $y = \sin x - \dfrac{1}{3}\sin 12x$ のグラフである．この関数は周期が 2π である．また下図は，$L = \pi$, $m_1 = 1$, $m_2 = 4$, $m_3 = 12$, $a_1 = 1$, $a_2 = \dfrac{1}{3}$, $a_3 = \dfrac{1}{5}$ とおいて得られる三つの $\sin$ 関数の和 $y = \sin x + \dfrac{1}{3}\sin 4x + \dfrac{1}{5}\sin 12x$ のグラフで，この関数の周期も 2π である．

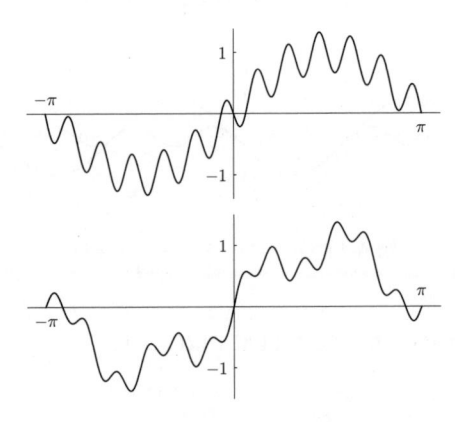

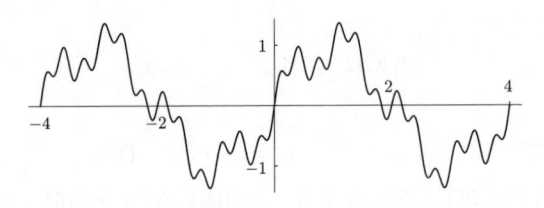

図 A-15　$y = \sin x - \dfrac{1}{3}\sin 12x$ と $y = \sin x + \dfrac{1}{3}\sin 4x + \dfrac{1}{5}\sin 12x$

図 A-16 は，$L = 2$, $m_1 = 1$, $m_2 = 4$, $m_3 = 12$, $a_1 = 1$, $a_2 = \dfrac{1}{3}$, $a_3 = \dfrac{1}{5}$ とおいて得られる三つの $\sin$ 関数の和 $y = \sin \dfrac{\pi x}{2} + \dfrac{1}{3}\sin \dfrac{4\pi x}{2} + \dfrac{1}{5}\sin \dfrac{12\pi x}{2}$ のグラフで，この関数の周期は $2L = 2 \times 2 = 4$ である．

図 A-16　$y = \sin \dfrac{\pi x}{2} + \dfrac{1}{3}\sin \dfrac{4\pi x}{2} + \dfrac{1}{5}\sin \dfrac{12\pi x}{2}$

以上述べたことを一般的な形でまとめると，次の命題になる．

> ❖ 命題 A.1 ❖
>
> L を正の定数，m, n を正の整数とするとき，$a\sin\dfrac{m\pi x}{L}$, $b\cos\dfrac{n\pi x}{L}$ (a, b は定数) の形の関数の有限個の和は，周期 $2L$ の周期関数である．

問題 A.1　$f(x), g(x)$ が同じ周期 ω をもつ周期関数ならば，定数 a, b に対して $af(x) + bg(x)$ も ω を周期とする周期関数であることを示せ．

問題 A.2　三角関数の積を和に直す公式 (A.5), (A.6) を示せ．

問題 A.3　$y = \sin 5x$, $y = \cos 7x$, $y = \sin\dfrac{3\pi}{4}$ の基本周期を示せ．

問題 A.4　次の関数のグラフを，$-2\pi \leqq x \leqq 2\pi$ の範囲で描け．

(1) $y = -2\sin 3x$　　(2) $y = \dfrac{1}{2}\cos 6x$　　(3) $y = 1 + \cos\dfrac{4\pi x}{3}$

(4) $y = \sin 2x - \cos 3x$　　(5) $y = \sin x - \dfrac{1}{4}\cos 2x$

A.2　三角関数の積分

〔1〕三角関数の積の積分

　この節の目的は，フーリエ係数の計算に必要な命題 2.1（p.53）を示すことであるが，いくつか復習をしておこう．まず，三角関数の微分の式

$$(\cos cx)' = -c\sin cx, \quad (\sin cx)' = c\cos cx$$

を定積分で表すと，次の式が得られる．ただし，$c \neq 0$ とする．

$$\int_a^b \sin cx\, dx = -\frac{1}{c}\Big[\cos cx\Big]_a^b, \quad \int_a^b \cos cx\, dx = \frac{1}{c}\Big[\sin cx\Big]_a^b \tag{A.7}$$

次に，関数の積の微分から

$$(f(x)g(x))' = f'(x)g(x) + f(x)g'(x)$$

∴ $f(x)g'(x) = (f(x)g(x))' - f'(x)g(x)$

であるが，これを積分で表すと部分積分の公式となる．

$$\int f(x)g'(x)dx = f(x)g(x) - \int f'(x)g(x)dx$$

定積分にすると，

$$\int_a^b f(x)g'(x)dx = \Big[f(x)g(x)\Big]_a^b - \int_a^b f'(x)g(x)dx \tag{A.8}$$

となる．以上の準備の下に次の命題 2.1 が示される．

> ♣ **命題 2.1** ♣
>
> m, n を自然数とし，$L > 0$ とするとき
>
> (1) $\int_{-L}^{L} \sin\frac{m\pi x}{L} \sin\frac{n\pi x}{L} dx = 0 \ (m \neq n)$
>
> (2) $\int_{-L}^{L} \sin^2\frac{m\pi x}{L} dx = L$
>
> (3) $\int_{-L}^{L} \cos\frac{m\pi x}{L} \cos\frac{n\pi x}{L} dx = 0 \ (m \neq n)$
>
> (4) $\int_{-L}^{L} \cos^2\frac{m\pi x}{L} dx = L$
>
> (5) $\int_{-L}^{L} \sin\frac{m\pi x}{L} \cos\frac{n\pi x}{L} dx = 0$

【証明】

(1) 積を和に直す公式 (A.6) と式 (A.7) を用いて

$$\begin{aligned}
&\int_{-L}^{L} \sin\frac{m\pi x}{L} \sin\frac{n\pi x}{L} dx \\
&= -\frac{1}{2} \int_{-L}^{L} \left\{ \cos\frac{(m+n)\pi x}{L} - \cos\frac{(m-n)\pi x}{L} \right\} dx \\
&= -\frac{1}{2} \left[\frac{L}{(m+n)\pi} \sin\frac{(m+n)\pi x}{L} - \frac{L}{(m-n)\pi} \sin\frac{(m-n)\pi x}{L} \right]_{-L}^{L} \\
&= 0
\end{aligned}$$

(2) 公式 (A.6) で $\alpha = \beta = \dfrac{m\pi x}{L}$ とおいて

$$\int_{-L}^{L} \sin^2 \frac{m\pi x}{L} dx = -\frac{1}{2} \int_{-L}^{L} \left\{ \cos \frac{2m\pi x}{L} - \cos 0 \right\} dx$$
$$= -\frac{1}{2} \left[\frac{L}{2m\pi} \sin \frac{2m\pi x}{L} - x \right]_{-L}^{L}$$
$$= 0 - \frac{1}{2} \{(-L) - L\} = L$$

(3) (4) (5) も同様に示される（問題 A.6）. ∎

問題 A.5　式 (A.7), (A.8) を示せ.

問題 A.6　命題 2.1 の (3) (4) (5) を示せ.

〔2〕偶関数・奇関数

フーリエ係数を求めるとき，偶関数・奇関数の性質を用いると計算が楽である．関数 $f(x)$ があって，x が $f(x)$ の定義域 D に含まれれば $-x$ も D に含まれ，D 内の任意の x に対して $f(-x) = f(x)$ となっているとき，$f(x)$ は**偶関数**であるという．同様に，任意の x に対して $f(-x) = -f(x)$ となっているとき，$f(x)$ は**奇関数**であるという．偶関数のグラフは y 軸に関して対称であり，奇関数のグラフは原点に関して対称である（図 A-17）．

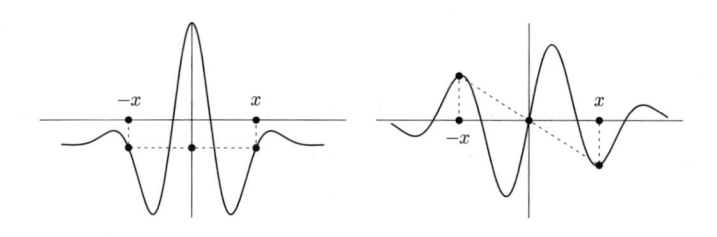

図 A-17　偶関数（左）と奇関数（右）

L を正の数とするとき，定積分に関して次の式が成り立つ．

$$f(x) \text{ が偶関数ならば } \int_{-L}^{L} f(x)dx = 2\int_{0}^{L} f(x)dx \tag{A.9}$$

$$f(x) \text{ が奇関数ならば } \int_{-L}^{L} f(x)dx = 0 \tag{A.10}$$

このことは，グラフから明らかであろう（図 A-18）．

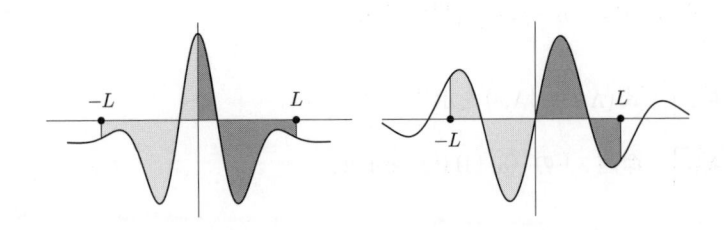

図 A-18 偶関数の積分と奇関数の積分

A.3　数列と級数

〔1〕数列と級数

　フーリエ級数では無限個の三角関数の和，つまり三角関数を項とする無限級数を考える．この A.3 節では，その準備として，実数の範囲で数列と級数と関数項級数の復習をしておこう．

　数列 $\{a_n\}$ があって，番号 n を限りなく大きくするとき，a_n の値が定数 α に限りなく近づくとする．このことを「n を限りなく大きくしたときの $\{a_n\}$ の極限は α である」または「数列 $\{a_n\}$ は α に収束する」といい，記号で

$$\lim_{n \to \infty} a_n = \alpha$$

と表す．数列が収束しないとき，「発散する」という．最も基本的な数列は，$a_n = ar^{n-1}$（ただし $a \neq 0$）と表される等比数列である．等比数列については

$$\begin{cases} -1 < r < 1 & \text{ならば} \quad \lim_{n\to\infty} ar^{n-1} = 0 \\ r = 1 & \text{ならば} \quad \lim_{n\to\infty} ar^{n-1} = a \\ r \leqq -1 \text{ または } r > 1 & \text{ならば} \quad a_n = ar^{n-1} \text{は発散する} \end{cases}$$

が成り立つ. 数列の各項を記号 + でつないだもの

$$a_1 + a_2 + \cdots + a_n + \cdots$$

を級数といい, $\sum_{n=1}^{\infty} a_n$ あるいは単に $\sum a_n$ で表す. 級数において, 第 1 項から第 n 項までの和を部分和といい, s_n で表す.

$$s_n = a_1 + a_2 + \cdots + a_n$$

この s_n のなす数列 $\{s_n\}$ が収束して, その極限が S であるとき, つまり

$$\lim_{n\to\infty} s_n = S$$

のとき, 級数 $\sum a_n$ は収束して, 和が S であるといい

$$S = a_1 + a_2 + \cdots + a_n + \cdots, \quad \text{または } S = \sum a_n$$

と表す.

最も基本的な級数は等比級数

$$\sum_{n=1}^{\infty} ar^{n-1} = a + ar + ar^2 + \cdots + ar^{n-1} + \cdots$$

である. 部分和を s_n とおくと, $r \neq 1$ のときには

$$s_n = a + ar + ar^2 + \cdots + ar^{n-1}$$

の両辺に公比 r をかけて差をとると

$$s_n - s_n r = a - ar^n \quad \therefore \quad s_n = \frac{a(1-r^n)}{1-r}$$

となる. r^n は $|r| < 1$ のとき 0 に収束し, $|r| > 1$ のとき発散するから

$|r| < 1$ のとき, $\lim_{n\to\infty} s_n = \dfrac{a}{1-r}$

$|r| > 1$ のとき, 数列 $\{s_n\}$ は発散

また $r=1$ なら $s_n = (n+1)a$ であり，$r=-1$ なら s_n は a と $-a$ の値を交互にとるから，いずれの場合も $a \neq 0$ なら $\{s_n\}$ は発散する．以上をまとめると，

> **等比級数の収束**
>
> 等比級数
> $$\sum_{n=1}^{\infty} ar^{n-1} = a + ar + ar^2 + \cdots + ar^{n-1} + \cdots \quad (a \neq 0)$$
> は，$|r| < 0$ のとき収束して和は $\dfrac{a}{1-r}$ であり，それ以外のときには発散する．

問題 A.7 次の数列と級数は収束するか．

(1) $1, 2, 3, \cdots, n, \cdots$ (2) $1, \dfrac{1}{2}, \dfrac{1}{4}, \cdots, \dfrac{1}{2^n}, \cdots$

(3) $1, 1+\dfrac{1}{2}, 1+\dfrac{1}{4}, \cdots, 1+\dfrac{1}{2^n}, \cdots$ (4) $1 + 2 + 3 + \cdots + n + \cdots$

(5) $1 + \dfrac{1}{2} + \dfrac{1}{4} + \cdots + \dfrac{1}{2^n} + \cdots$

(6) $1 + \left(1 + \dfrac{1}{2}\right) + \left(1 + \dfrac{1}{4}\right) + \cdots + \left(1 + \dfrac{1}{2^n}\right) + \cdots$

〔2〕テイラーの定理

次の A.3 節〔3〕で述べるマクローリン級数は，平均値の定理を一般化したテイラー（Taylor）の定理に基づいているので，それをこの項で復習しておく．まず，平均値の定理はいろいろな形で表現されるが，ここでは次の形に表しておく．

> **平均値の定理**
>
> 定数 a, h に対し，関数 $f(x)$ は $a, a+h$ を両端とする閉区間で連続で，$a, a+h$ を両端とする開区間で微分可能であるとする．このとき
> $$f(a+h) = f(a) + f'(a+\theta h)h \quad (0 < \theta < 1) \tag{A.11}$$
> となるような θ が少なくとも一つ存在する．

図形的にいえば図 A-19 左図に示すように，$y = f(x)$ のグラフ上の 2 点 A$(a, f(a))$, B$(a + h, f(a + h))$ を通る直線と，A と B の間の曲線上の点 C$(a + \theta h, f(a + \theta h))$ における接線が平行になる，ということである．

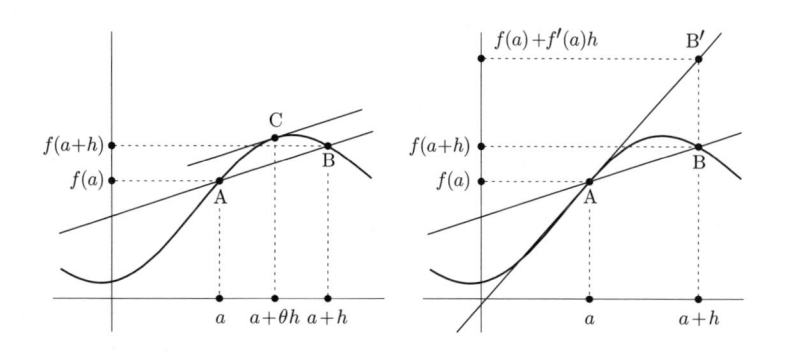

図 A-19　平均値の定理（左）と接線による近似（右）

導関数 $f'(x)$ が連続のとき，h の絶対値が小さければ，$f'(a + \theta h)$ は $f'(a)$ にほぼ等しいから，式 (A.11) により

$$f(a + h) \approx f(a) + f'(a)h \tag{A.12}$$

という近似式が得られる（記号 $\approx$ は「ほぼ等しい」ことを表す）．式 (A.12) の右辺は，曲線 $y = f(x)$ の $x = a$ における接線の方程式

$$y = f'(a)(x - a) + f(a) \tag{A.13}$$

で $x = a + h$ とおいて得られる y の値である．したがって式 (1.12) は，曲線上の点 B$(a + h, f(a + h))$ を接線上の点 B$'(a + h, f(a) + f'(a)h)$ で近似することを表す（図 A-19 右図）．言い換えれば，点 $(a, f(a))$ の近くにおいて，曲線 $y = f(x)$ を $x = a$ における接線 (A.13) で近似しているのである．図 A-19 では $h > 0$ であるが，$h \leqq 0$ の場合も平均値の定理は成り立つ．

式 (A.12) は $f(a + h)$ を h の 1 次式で近似したものであるが，h の n 次式による近似を考えると，次のテイラーの定理が得られる．

テイラーの定理

関数 $f(x)$ が C^{n+1} 級で，$a, a+h$ を両端とする閉区間が $f(x)$ の定義域に含まれていれば

$$f(x) = f(a) + f'(a)(x-a) + \frac{f''(a)}{2!}(x-a)^2 + \cdots$$
$$+ \frac{f^{(n)}(a)}{n!}(x-a)^n + R_{n+1} \tag{A.14}$$

$$R_{n+1} = \frac{f^{(n+1)}(a+\theta(x-a))}{(n+1)!}(x-a)^{n+1} \quad (0 < \theta < 1) \tag{A.15}$$

となるような θ が少なくとも一つ存在する．

ここで，関数 $f(x)$ が r 次までの導関数をもち，それらがすべて連続であるとき，$f(x)$ は C^r 級であるという．式 (A.14) の R_{n+1} は $(n+1)$ 次の**剰余項**（residue）と呼ばれる．式 (A.14) を**テイラーの式**という．特に $a = 0$ の場合には，次のマクローリンの式となる．

マクローリンの式

$$f(x) = f(0) + f'(0)x + \frac{f''(0)}{2!}x^2 + \cdots + \frac{f^{(n)}(0)}{n!}x^n + R_{n+1} \tag{A.16}$$

$$R_{n+1} = \frac{f^{(n+1)}(\theta x)}{(n+1)!}x^{n+1} \quad (0 < \theta < 1)$$

剰余項を無視すれば，次のように n 次式による $f(x)$ の近似が得られる．

$$f(x) \approx f(0) + f'(0)x + \frac{1}{2!}f''(0)x^2 + \cdots + \frac{1}{n!}f^{(n)}(0)x^n \tag{A.17}$$

〔3〕関数項級数

関数を項とする級数を関数項級数という．一般形で表せば

$$\sum f_n(x) = f_0(x) + f_1(x) + f_2(x) + \cdots + f_n(x) + \cdots \tag{A.18}$$

となる．x の値を決めると，関数項級数は普通の級数となるから，収束したり発散したりする．関数項級数 (A.18) が収束するような x 全体の集合を式 (A.18) の収束

域という．収束域においては，x の値を決めれば級数の和が定まるから，式 (A.18) は一つの関数を表す．

$$f(x) = \sum f_n(x) = f_0(x) + f_1(x) + f_2(x) + \cdots + f_n(x) + \cdots \tag{A.19}$$

第 1 章で定義するフーリエ級数も関数項級数であるが，最も基本的な関数項級数は各項が $a_n x^n$ の形をした整級数であり，与えられた関数 $f(x)$ を整級数で表すのが $f(x)$ のマクローリン展開

$$f(x) = f(0) + f'(0)x + \frac{1}{2!}f''(0)x^2 + \cdots + \frac{1}{n!}f^{(n)}(0)x^n + \cdots \tag{A.20}$$

である．右辺の級数をマクローリン級数といい，式 (A.16) の右辺で $n \to \infty$ として得られる．ここでは収束域の求め方については触れないが，いくつかのマクローリン展開の例を収束域とともに挙げておく．

$$e^x = 1 + x + \frac{x^2}{2!} \cdots + \frac{x^n}{n!} + \cdots \quad (-\infty < x < \infty)$$

$$\sin x = x - \frac{x^3}{3!} + \frac{x^5}{5!} - \frac{x^7}{7!} + \cdots \quad (-\infty < x < \infty)$$

$$\cos x = 1 - \frac{x^2}{2!} + \frac{x^4}{4!} - \frac{x^6}{6!} + \cdots \quad (-\infty < x < \infty)$$

$$\log(1+x) = x - \frac{x^2}{2} + \frac{x^3}{3} - \cdots \quad (-1 < x \leqq 1)$$

A.4　複素数の関数

〔1〕複素平面

第 1 章から第 5 章までで見たように，フーリエ級数やフーリエ変換は複素数の範囲で考えると簡潔に表現できる．実際に用いたのはオイラーの公式だけであるが，この A.4 節では，その背景を理解するために複素数の復習をし，実数の関数の類似で複素数の関数を考える．

複素数全体の集合を $\mathbb{C}$ で表す．虚数単位 i を用いて表現すれば

$$\mathbb{C} = \{\, a + bi \mid a, b \in \mathbb{R}\,\}, \quad i^2 = -1$$

と書くことができる．複素数 $a+bi$ は xy 平面の点 (a,b) と 1 対 1 に対応する．この対応によって $\mathbb{C}$ を平面と同一視したものを複素平面という（図 A-20）．

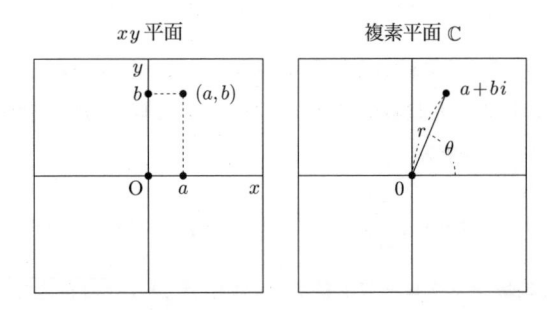

図 A-20　xy 平面と複素平面 $\mathbb{C}$

複素数 $\alpha = a+bi$ に対して，a を α の実部（real part），b を α の虚部（imaginary part）といい，それぞれ $\mathrm{Re}\,\alpha$, $\mathrm{Im}\,\alpha$ で表す．また α に対して，図 A-20 右図に示すように長さ r と角度 θ をとったとき，r を α の絶対値，θ を α の偏角といい，それぞれ $|\alpha|$, $\arg \alpha$ で表す．$|\alpha|=r$, $\arg \alpha = \theta$ ならば，複素数 α は

$$\alpha = r(\cos\theta + i\sin\theta) \tag{A.20}$$

と表される．右辺を α の極形式という．複素数の加減は，複素平面上では位置ベクトルとしての加減となる．複素数の積と商の絶対値と偏角に関して，次の式が成り立つ．

$$|\alpha\beta| = |\alpha||\beta|, \quad \arg(\alpha\beta) = \arg\alpha + \arg\beta \tag{A.21}$$

[2] 複素関数

複素数の関数について述べる前に，実関数，つまり独立変数 x も関数の値 $f(x)$ も実数であるような関数を復習しておこう．

実数 x の値を決めればそれに対応して実数 y の値が定まるとき，y は x の関数（実関数）であるといい，$y = f(x)$ などと表す．正確にいえば，実数全体の集合を $\mathbb{R}$ で表すとき，$\mathbb{R}$ の部分集合 D から $\mathbb{R}$ への写像

$$f: D \subset \mathbb{R} \longrightarrow \mathbb{R}; x \mapsto y = f(x)$$

が，D を定義域とする実関数 $y = f(x)$ である．ある点 $x = a$ において極限

$$\lim_{x \to a} \frac{f(x) - f(a)}{x - a}$$

が存在するとき，$f(x)$ は $x = a$ で微分可能であるといい，その極限を $x = a$ における $f(x)$ の微係数といい $f'(a)$ で表す．定義域の各点で微分可能なとき，$f(x)$ は微分可能な関数であるといい，各点 x に微係数 $f'(x)$ を対応させる関数 $y = f'(x)$ を $f(x)$ の導関数という．

複素数の関数，つまり独立変数 z も関数の値 $f(z)$ も実数であるような関数を実関数の類似で定義すれば，次のようになる．$\mathbb{C}$ の部分集合 D から $\mathbb{C}$ への写像

$$f: D \subset \mathbb{C} \longrightarrow \mathbb{C}; z \mapsto w = f(z) \tag{A.22}$$

を，D を定義域とする**複素関数** $w = f(z)$ という[1]．$w = f(z)$ の微分可能性についても，実関数の場合と同じように定義される．ある点 $z = z_0$ において極限

$$\lim_{z \to z_0} \frac{f(z) - f(z_0)}{z - z_0} \tag{A.23}$$

が存在するとき，$f(z)$ は $z = z_0$ で**微分可能**であるといい，その極限を $z = z_0$ における $f(z)$ の微係数といい $f'(z_0)$ で表す．形式的には実関数の場合と同じ式で定義されているが，$z \to z_0$ は複素平面上の定点 z_0 に向かって動点 z が近づくことを意味し，数直線上での近づき方に比べると多様な近づき方がある．式 (A.23) の極限が存在するということは，z がどのような経路で z_0 に近づいても，近づき方に無関係な一定の値に近づくことを意味している．定義域の各点で微分可能なとき，$f(z)$ は**正則な関数**であるといい，各点 z に微係数 $f'(z)$ を対応させる関数 $w = f'(z)$ を $f(z)$ の**導関数**という．

複素関数 $w = f(z)$ において，z と w を実部と虚部に分けて $z = x + iy$，$w = u + iv$ とおくと，u, v は x, y の値を決めれば定まるから，x, y を変数とする 2 変数の実関数である．

$$w = f(z) = f(x + iy) = u(x, y) + i v(x, y) \tag{A.24}$$

---

[1]. 実関数の $y = \sqrt{x}$ や $y = \log x$ に対応する複素関数を考える場合には，複素平面を貼り合わせてできる「リーマン面」と呼ばれるものを定義域にする必要があるのだが，その場合でも，部分的に（局所的に）考えれば式 (A.22) の形の複素関数になっている．

$w = f(z)$ が正則関数であれば,式 (A.23) の極限は $z = x + iy$ がどのような経路で $z_0 = x_0 + iy_0$ に近づいても同じ値に収束するから,特に $z = x + iy_0$, $x \to x_0$ とした極限と $z = x_0 + iy$, $y \to y_0$ とした極限は等しい.式 (A.23) で $z = x + iy_0$, $x \to x_0$ とすると

$$\lim_{x \to x_0} \frac{f(x + iy_0) - f(x_0 + iy_0)}{x + iy_0 - (x_0 + iy_0)}$$
$$= \lim_{x \to x_0} \frac{(u(x, y_0) - u(x_0, y_0)) + i(v(x, y_0) - v(x_0, y_0))}{x - x_0}$$
$$= u_x(x_0, y_0) + iv_x(x_0, y_0)$$

ここで,$u_x(x,y), v_x(x,y)$ は $u(x,y), v(x,y)$ の x による偏導関数を表す.同様に式 (A.23) で $z = x_0 + iy$, $y \to y_0$ とすると

$$\lim_{y \to y_0} \frac{f(x_0 + iy) - f(x_0 + iy_0)}{x_0 + iy - (x_0 + iy_0)}$$
$$= \lim_{y \to y_0} \frac{(u(x_0, y) - u(x_0, y_0)) + i(v(x_0, y) - v(x_0, y_0))}{i(y - y_0)}$$
$$= \frac{1}{i}(u_y(x_0, y_0) + iv_y(x_0, y_0)) = v_y(x_0, y_0) - iu_y(x_0, y_0)$$

これらが一致するから,実部と虚部を比較して

$$u_x(x_0, y_0) = v_y(x_0, y_0), \quad v_x(x_0, y_0) = -u_y(x_0, y_0)$$

これがすべての点で成り立つから,

$$u_x(x, y) = v_y(x, y), \quad v_x(x, y) = -u_y(x, y)$$

となる.逆に,二つの C^1 級 2 変数実関数 $u(x,y), v(x,y)$ があって上の関係式を満たしているとき[2],$f(x + iy) = u(x,y) + iv(x,y)$ として定められる複素関数は正則であることが示される.

まとめると

---

[2] 1 変数の場合(テイラーの定理の補足説明(p.180)を参照)と同様に,2 変数の関数 $f(x,y)$ が,n 階までの偏導関数をすべてもち,それらがすべて連続のとき,C^n 級の関数であるという.

正則性の判定

$f(z)$ について，$z = x + iy$ とおいて $f(z) = u(x,y) + iv(x,y)$ と表したとき $u(x,y), v(x,y)$ が C^1 級であるとする．このとき，$f(z)$ が正則であるための必要十分条件は

$$u_x(x,y) = v_y(x,y), \quad v_x(x,y) = -u_y(x,y) \tag{A.25}$$

が成り立つことである．

偏導関数の関係式 (A.25) を**コーシー・リーマン**（Cauchy-Riemann）**の方程式**という．実関数の場合のグラフに対応するものとしては，例題 A.1 に見るように，複素関数の場合は複素平面から複素平面への図形や領域の対応を考えればよい．

例題 A.1 関数 $w = f(z) = z^2$ は正則であることを示せ．また，この関数による複素平面の対応を図示せよ．

解答 $z = x + iy$ とおくと

$$f(z) = (x + iy)^2 = x^2 - y^2 + 2xyi$$

$u(x,y) = x^2 - y^2$，$v(x,y) = 2xy$ とおくと $u(x,y), v(x,y)$ は C^∞ 級で

$$u_x(x,y) = 2x, \ u_y(x,y) = -2y, \ v_x(x,y) = 2y, \ v_y(x,y) = 2x$$

だから，$u_x(x,y) = v_y(x,y)$，$u_y(x,y) = -v_x(x,y)$ となり，コーシー・リーマンの方程式を満たすから，$w = f(z) = z^2$ は正則である．

z 平面から w 平面への図形の対応を考えるには，関数が $w = z^2 = z \times z$ だから，絶対値と偏角に着目すればよい．式 (A.21) より

$$|w| = |z^2| = |z|^2, \quad \arg w = \arg(z^2) = 2\arg z$$

したがって，z の絶対値が 1 ならば，つまり z が原点を中心とする半径 1 の円周上にあれば，w の絶対値も 1 で，w も原点を中心とする半径 1 の円周上にある．つまり，z 平面の半径 1 の円は w 平面の半径 1 の円に写される．同様に，半径 2 の円は半径 4 の円に，半径 $1/2$ の円は半径 $1/4$ の円に写される．

また，w の偏角は z の偏角の 2 倍となる．たとえば，z の偏角が $\pi/4$ ならば，w の偏角は $2 \times \pi/4 = \pi/2$ となる．つまり，z 平面上の原点を出る偏角が $\pi/4$ の半直線は，w 平面上の原点を出る偏角が $\pi/2$ の半直線に写される．また，z が半径 1 の円を半周するとき，w は半径 1 の円を 1 周する．したがって，図 A-21 左図の半円は右図の円に対応し，z 平面全体は w 平面を 2 度覆う形で対応付けられる． ∎

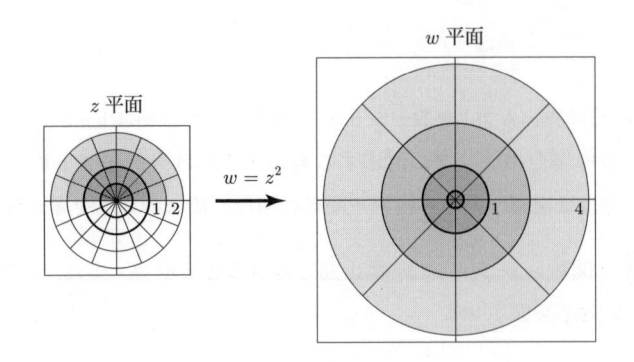

図 A-21　$w = z^2$ による z 平面から w 平面への写像

問題 A.8

(1) コーシー・リーマンの方程式を用いて $w = z^3$ は正則であることを示せ．また，この関数による複素平面の対応を図示せよ．

(2) $z = x + iy$ とするとき，$f(z) = e^x(\cos y + i \sin y)$ によって定まる関数は正則であることを，コーシー・リーマンの方程式を用いて示せ．

[3] 複素数の指数関数

$z = x + iy$ とするとき，$f(z) = e^x(\cos y + i \sin y)$ によって定まる関数を**指数関数**といい，e^z で表す．

$$e^z = e^{x+iy} = e^x(\cos y + i \sin y) \tag{A.26}$$

問題 A.8 (2) で見たように，この関数は正則である．z が特に実数になっているとき，つまり $y = 0$ で $z = x$ のときには，e^z は実関数としての通常の指数関数に

なっている．言い換えれば，複素平面上で実軸（x 軸）上で定義されている指数関数 e^x を拡張して複素平面全体に定義域を広げ，しかも複素平面全体で正則関数としたのが，複素数の指数関数 e^z である[3]．この $w = e^z$ による z 平面から w 平面への写像を図 A-22 に示す．

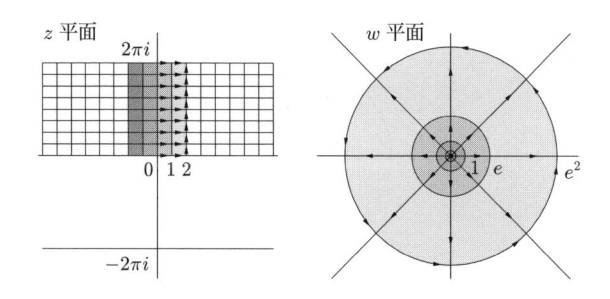

図 A-22 $w = e^z$ による z 平面から w 平面への写像

式 (A.26) は極形式になっていることに注意すれば，

$$|w| = |e^{x+iy}| = e^x, \quad \arg w = \arg e^{x+iy} = y$$

である．したがって，$x = 0$ として得られる z 平面の虚軸は，$|w| = e^0 = 1$ で表される w 平面上の単位円に写される．同様に，z 平面上の垂直な直線は w 平面上の原点を中心とする同心円に写される．また，$y = 0$ として得られる z 平面の実軸は，$\arg w = y = 0$ で表される w 平面上の半直線（原点から水平に右に伸びる半直線）に写される．同様に，z 平面上の水平な直線は w 平面上の原点から放射状に伸びる半直線に写される．

z が虚軸上を 0 から $2\pi i$ まで動くとき，w は単位円周上を正の方向に 1 周する．したがって，z 平面上 $0 \leqq y < 2\pi$ で表されるベルト状の領域（図 A-22 左図の格子模様の領域）が原点を除く w 平面を一度覆う．z 平面全体では，原点を除く w 平面を無限回覆うことになる．

特に $x = 0$ のとき，$y = \theta$ とおくと

---

[3] e^x の定義域を実軸から複素平面全体に広げ，かつ正則であるとすると，その拡張の仕方は $e^z = e^x(\cos y + i \sin y)$ 以外にはないことも証明される．

$$e^{i\theta} = \cos\theta + i\sin\theta \tag{A.27}$$

となり，複素平面の単位円の偏角が θ の点を表す．式 (A.27) は**オイラーの公式**と呼ばれる[4]．したがって，$0 \leqq \theta \leqq 2\pi$ の範囲で θ を動かすと，式 (A.27) は単位円のパラメータ表示となる（図 A-23）．

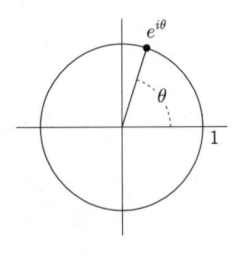

図 A-23 $e^{i\theta}$

複素数の指数関数に対しても，次の形の指数法則が成り立つ（問題 A.9）．

$$e^{\alpha+\beta} = e^\alpha e^\beta, \quad (e^\alpha)^n = e^{n\alpha} \quad (n \text{ は自然数}) \tag{A.28}$$

問題 A.9 実関数 e^x の指数法則と三角関数の加法定理を用いて，式 (A.28) を証明せよ（β が複素数なら $(e^\alpha)^\beta$ は定義されていないことに注意）．

〔4〕（参考）複素数の三角関数

この本の複素フーリエ級数，フーリエ変換，離散フーリエ変換で用いられるのは，もっぱらオイラーの公式であるが，参考までに三角関数の複素関数への拡張を説明しておこう．

式 (A.27) のオイラーの公式で，$i\theta$ を $-i\theta$ に置き換えると

$$e^{-i\theta} = \cos\theta - i\sin\theta \tag{A.29}$$

---

[4] オイラーの公式は，e^x のマクローリン展開の式（p.181）で，x を形式的に $i\theta$ で置き換えて，右辺を実部の級数と虚部の級数に分け，$\sin x$ と $\cos x$ のマクローリン展開を用いて導くことができる．

(A.27) − (A.29) と (A.27) + (A.29) を計算することにより

$$\sin\theta = \frac{e^{i\theta} - e^{-i\theta}}{2i}, \quad \cos\theta = \frac{e^{i\theta} + e^{-i\theta}}{2} \tag{A.30}$$

を得る．これらの式を念頭において，θ を z で置き換えて複素関数としての三角関数を次のように定義する．

$$\sin z = \frac{e^{iz} - e^{-iz}}{2i}, \quad \cos z = \frac{e^{iz} + e^{-iz}}{2} \tag{A.31}$$

これらも正則な関数で，実軸に制限すると実関数の三角関数 $\sin x, \cos x$ となる．関数 $w = \sin z$ が定める複素平面の間の対応を図 A-24 に示す．

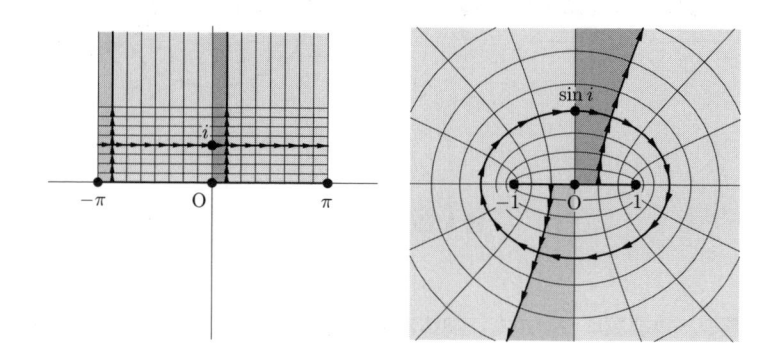

図 A-24 $w = \sin z$

図 A-24 の複素平面の対応を少し解説しておく．$w = \sin z$ の場合も $w = \cos z$ の場合も，z 平面の水平な直線は w 平面の楕円に写され，z 平面の垂直な直線は w 平面の双曲線に写される．図 A-24 の左図の陰影を施した部分全体（上方に無限に延びる長方形）は，$w = \sin z$ と $w = \sin z$ によって w 平面全域に写される．やや陰影の濃い部分とさらに濃い部分は，それぞれ右図の同じ濃さの部分に対応している．$w = \sin z$ は π を周期とする周期関数である．

z 平面で i を通過する $i - \pi$ から $i + \pi$ までの線分（図では矢印を付けてある線分）は，w 平面では $\sin i$ を通過する楕円を 1 周する形で写される．この線分を実軸に近づけると楕円は上下に圧縮され，$-\pi$ から π までの線分は w 平面上の -1 から 1 までの線分を 0 から出発して 1 往復する形で写される．

z 平面で $-\pi+\pi/8$ を出て上に垂直に伸びる半直線（図 A-24 左図の左側の矢印のついた半直線）は，w 平面の実軸上の $\sin(-\pi+\pi/8)$ を出る双曲線の半分（図 A-24 右図の矢印のついた双曲線の上半分）に対応する．左図の矢印のついたもう一つの半直線は，もう一つの双曲線の下半分に対応する．

図 A-25 は，関数 $w=\cos z$ が定める複素平面の間の対応を示す．

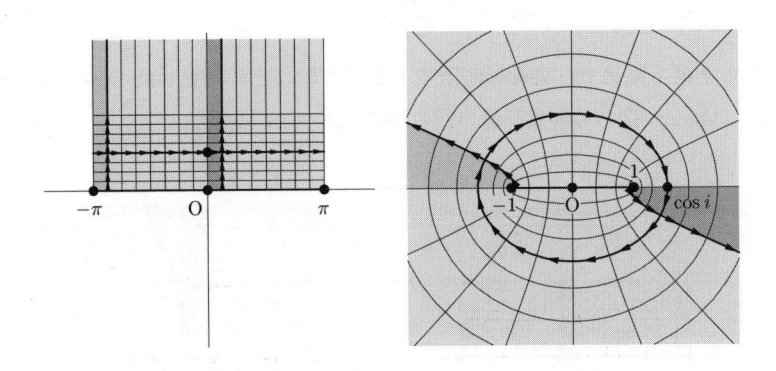

図 A-25 $w=\cos z$

複素数の三角関数についても，加法定理が成り立つことが証明される．加法定理によれば $\sin(z+\pi/2)=\cos z$ だから，$w=\cos z$ の定める w 平面から z 平面への対応は，$w=\sin z$ の対応で z を $z+\pi/2$ で置き換えた形になっていることが，図 A-24, 図 A-25 からわかるであろう．

A.5　部分分数分解

ラプラス逆変換の実際の計算上では，有理式（分母分子が整式であるような分数式）の部分分数分解が必要となる場合が多い．部分分数分解は，有理式の積分に関連して登場するのだが，ここで簡単に復習しておこう．まず，簡単な例を示そう．

●●● 例 A.1 ●●●　$f(x) = \dfrac{1}{x^2 - 3x + 2}$ に対しては

$$f(x) = \frac{1}{(x-1)(x-2)} = \frac{a}{x-1} + \frac{b}{x-2}$$

とおいて a, b を定める．分母を払って整頓すると

$$(a+b)x + (-2a-b) = 1$$

これが恒等的に成り立つためには

$$a + b = 0, \ -2a - b = 1 \qquad \therefore \ a = -1, \ b = 1$$

したがって

$$f(x) = \frac{-1}{x-1} + \frac{1}{x-2}$$ ∎

●●● 例 A.2 ●●●　$f(x) = \dfrac{3x}{(x-1)(x^2 + x + 1)}$ に対しては

$$f(x) = \frac{a}{x-1} + \frac{bx + c}{x^2 + x + 1}$$

とおいて，分母を払って整頓すると

$$3x = (a+b)x^2 + (a-b-c)x + (a-c)$$
$$\therefore \ a + b = 0, \ a - b - c = 3, \ a - c = 0$$
$$\therefore \ a = c = 1, \ b = -1$$

したがって

$$f(x) = \frac{2}{3}\left(\frac{1}{x-1} - \frac{x-1}{x^2+x+1}\right)$$ ∎

このように，有理式をいくつかの簡単な分数の和に直すことを，部分分数分解という．上の例を踏まえて，有理式 $\dfrac{Q(x)}{P(x)}$ を部分分数分解する一般的な手順 (1)〜(4) を述べる．

(1) $Q(x)$ の次数が $P(x)$ の次数より大きい場合には，割り算を実行して

の形に直す．ただし $S(x), R(x)$ は整式で，$R(x)$ は $P(x)$ より次数が小さいとする．たとえば

$$\frac{x^4 - x^3 - 2x^2 + 3x - 1}{x^3 + x^2 - x + 1} = x - 2 + \frac{x^2 + 1}{x^3 + x^2 - x + 1}$$

(2) 分母 $P(x)$ を実数の範囲で因数分解する．因数は1次式の累乗 $(ax+b)^k$，または，1次式の積に因数分解できない2次式の累乗 $(cx^2+dx+e)^m$ の形をしている．たとえば

$$P(x) = 8x^7 + 4x^6 + 6x^5 - 9x^4 - 3x^2 + 4x - 1 = (x^2+x+1)^2(2x-1)^3$$

(3) $\dfrac{R(x)}{P(x)}$ をいくつかの分数式の和の形に表す．そのとき，$P(x)$ が $(ax+b)^k$ を因数にもてば，分母には $(ax+b), (ax+b)^2, \cdots, (ax+b)^k$ が来る可能性があり，各分子は定数である．$P(x)$ が $(cx^2+dx+e)^m$ を因数にもてば，分母には $(cx^2+dx+e), (cx^2+dx+e)^2, \cdots, (cx^2+dx+e)^m$ が来る可能性があり，各分子は1次式である．各分子は文字の係数を用いて表しておく．たとえば

$$\frac{3x^3 + 8x^2 + 5x - 1}{(x+2)^2(x^2+x+1)} = \frac{a}{x+2} + \frac{b}{(x+2)^2} + \frac{cx+d}{x^2+x+1}$$

(4) 分母を払って整頓し，両辺の対応する項の係数を比較して文字の係数を決定する．(3) の例では

$$3x^3 + 8x^2 + 5x - 1 = (a+c)x^3 + (3a+b+4c+d)x^2$$
$$+ (3a+b+4c+4d)x + (2a+b+4d)$$

$\therefore\ 3 = a+c,\ 8 = 3a+b+4c+d,\ 5 = 3a+b+4c+4d,$
$-1 = 2a+b+4d$

$\therefore\ a = 2,\ b = -1,\ c = 1,\ d = -1$

問題 A.10　部分分数分解せよ．

(1) $\dfrac{1}{x(x+1)}$　　(2) $\dfrac{x}{(2x+1)(9x^2-6x+2)}$

A.6 区分求積法

曲線の囲む面積を図 A-26 に示すような細長い長方形の面積の和で近似し，長方形の幅を限りなく小さくしたときの極限が定積分の値に一致する，というのが**区分求積法**である．

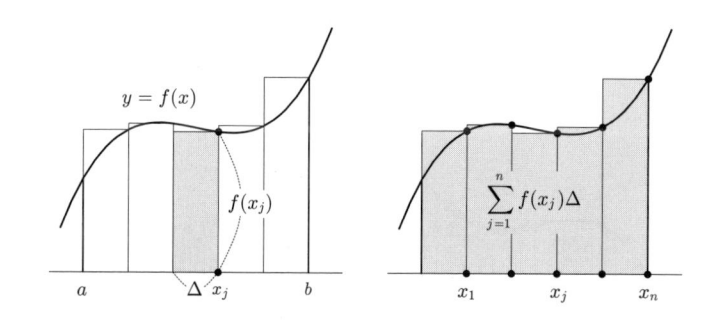

図 A-26 j 番目の長方形の面積とその総和

$f(x) \geqq 0$ とすれば，定積分

$$I = \int_a^b f(x)dx$$

は，曲線 $f(x) = 0$ と x 軸および 2 直線 $x = a$, $x = b$ の囲む領域の面積に等しい．ここで，a から b までの区間を n 等分して，その分点を

$$a = x_0 < x_1 < x_2 < \cdots < x_{n-1} < x_n = a$$

とする．小区間の幅 $\dfrac{b-a}{n}$ を Δ で表せば $x_j = a + j\Delta$ ($j = 0, 1, \cdots, n$) である．各番号 j に対し，j 番目の小区間 $x_{j-1} \leqq x \leqq x_j$ を底辺とし，小区間の右端における関数の値 $f(x_j)$ を高さとする長方形の面積は，$f(x_j)\Delta$ となる（図 A-26 左図）．したがって，これらの長方形の面積の総和は

$$\sum_{j=1}^n f(x_j)\Delta, \quad \Delta = \frac{b-a}{n}$$

である（図 A-26 右図）．

このとき，長方形の和の領域と曲線の囲む領域との間には誤差があるのだが，図 A-27 に見るように分割の数を増やせば誤差は次第に小さくなり，長方形の和の領域の面積は曲線の囲む領域の面積に近づくであろう．実際，$f(x)$ が連続関数であればそうなることが知られている．式で表せば

$$\lim_{n\to\infty}\sum_{j=1}^{n}f(x_j)\frac{b-a}{n} = \int_a^b f(x)dx$$

となる．

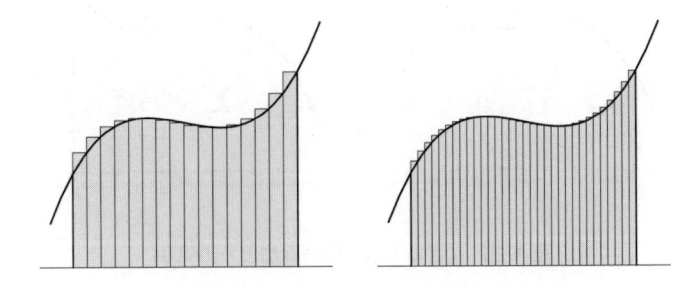

図 A-27 分割を細かくする（16 等分と 32 等分）

高さを区間の左端での値 $f(x_{j-1})$ としても，極限をとれば同じで（図 A-28）

$$\lim_{n\to\infty}\sum_{j=1}^{n}f(x_{j-1})\frac{b-a}{n} = \lim_{n\to\infty}\sum_{j=0}^{n-1}f(x_j)\frac{b-a}{n} = \int_a^b f(x)dx$$

である．

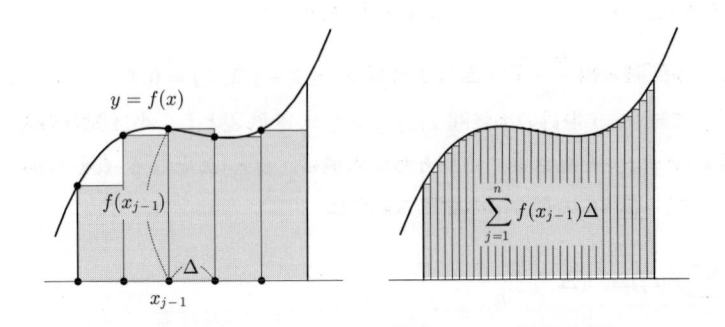

図 A-28 小区間の左端で高さを決めても，極限は同じ

$f(x) < 0$ の場合には，$f(x_j)\Delta$ は長方形の面積を (-1) 倍したものになり，積分の値も曲線の囲む面積を (-1) 倍したものになるから，上の式は成り立つ．$f(x)$ が正にも負にもなる場合も，正の区間と負の区間に分けて考えればよいから，同じように成り立つ．まとめると

区分求積法

$\Delta = \dfrac{b-a}{n}$, $x_j = a + j\Delta$ とするとき

$$\lim_{n \to \infty} \sum_{j=1}^{n} f(x_j)\Delta = \int_a^b f(x)dx$$

$$\lim_{n \to \infty} \sum_{j=0}^{n-1} f(x_j)\Delta = \int_a^b f(x)dx$$

例題 A.2　極限 $A = \lim\limits_{n \to \infty} \left(\dfrac{1^3}{n^4} + \dfrac{2^3}{n^4} + \cdots + \dfrac{n^3}{n^4} \right)$ を計算せよ．

解答　$A = \lim\limits_{n \to \infty} \left(\dfrac{1^3}{n^3}\dfrac{1}{n} + \dfrac{2^3}{n^3}\dfrac{1}{n} + \cdots + \dfrac{n^3}{n^3}\dfrac{1}{n} \right)$ だから，関数 $f(x) = x^3$ を $0 \leqq x \leqq 1$ の区間で考えれば（図 A-29）

$$A = \lim_{n \to \infty} \sum_{j=1}^{n} f\left(\dfrac{j}{n}\right) \dfrac{1}{n}$$

$$= \int_0^1 f(x)dx$$

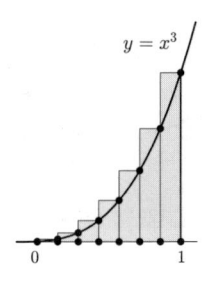

図 A-29　区分求積法

$$= \int_0^1 x^3 dx = \left[\frac{x^4}{4}\right]_0^1 = \frac{1}{4}$$

問題 A.11 次の極限を求めよ．

(1) $A = \lim_{n\to\infty} \left(\dfrac{1^2}{n^3} + \dfrac{2^2}{n^3} + \cdots + \dfrac{n^2}{n^3}\right)$

(2) $A = \lim_{n\to\infty} \dfrac{1}{n\sqrt{n}} \left(\sqrt{1} + \sqrt{2} + \cdots + \sqrt{n}\right)$

A.7　無限区間での積分

通常，定積分 $\int_a^b f(x)dx$ は，閉区間 $a \leqq x \leqq b$ で連続な関数 $f(x)$ に対して計算されるが，区間の端点で定義されていなかったり，不連続点をもつような関数，あるいは無限区間での積分を一般に特異積分という．ここではフーリエ変換やラプラス変換に必要な，無限区間での積分を復習しておく．

関数 $f(x)$ が $x \geqq a$ で連続のとき，極限

$$\lim_{b\to\infty} \int_a^b f(x)dx \tag{A.32}$$

が存在すれば，それを $I = \int_a^\infty f(x)\,dx$ と定める（図 A-30 左図）．$-\infty$ から ∞ までの積分も同様に定義される（図 A-30 右図）．

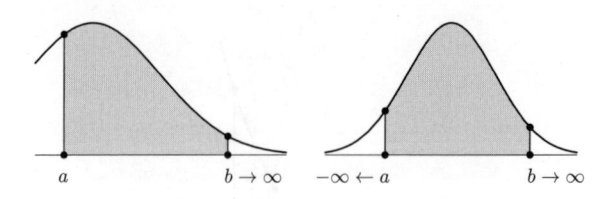

図 A-30　特異積分（無限区間での積分）

例題 A.3 特異積分 $I = \int_0^\infty \dfrac{1}{1+x^2}\,dx$ を求めよ．

解答 $I = \lim_{b\to\infty} \int_0^b \frac{1}{1+x^2}\,dx = \lim_{b\to\infty} \Big[\arctan x\Big]_0^b = \lim_{b\to\infty} \arctan b = \frac{\pi}{2}$ ∎

問題 A.12 次の特異積分を計算せよ．

(1) $I = \int_0^\infty \frac{1}{x^2+4}\,dx$

(2) $I = \int_0^\infty x^2 e^{-x}\,dx$

☞ 部分積分を用いよ．

(3) $I = \int_1^\infty \frac{1}{x^2(x^2+1)}\,dx$

☞ $\dfrac{1}{x^2(x^2+1)} = \dfrac{1}{x^2} - \dfrac{1}{x^2+1}$ とせよ．

A.8 　微分方程式

〔1〕微分方程式

x を変数，y を x の関数とするとき，たとえば

$$y' + x^3 y^2 = 0 \tag{A.33}$$

$$y'' + xy' - x^2 y = 0 \tag{A.34}$$

のように y の導関数を含んだ関係式を**微分方程式**（differential equation）といい，y をこの微分方程式の**未知関数**という．式 (A.33) は 1 次導関数まで，式 (A.34) は 2 次導関数までを含むので，式 (A.33) は 1 階の微分方程式，式 (A.34) は 2 階の微分方程式と呼ばれる．

微分方程式を満たす関数をその微分方程式の**解**という．微分方程式は一般に無数の解をもつ．解の関数を求めることを，**微分方程式を解く**という．

偏導関数を含む関係式，たとえば u が 2 変数 x, t の関数であるとき，

$$\frac{\partial^2 u}{\partial t^2} = c^2 \frac{\partial^2 u}{\partial x^2} \tag{A.35}$$

$$\frac{\partial u}{\partial t} = k\frac{\partial^2 u}{\partial x^2} \tag{A.36}$$

のように u の偏導関数を含む関係式を**偏微分方程式**（PDE：Partial Differential Equation）という．式(A.33)や式(A.34)のように偏導関数を含まない微分方程式を**常微分方程式**（ODE：Ordinary Differential Equation）という．

[2] 1階常微分方程式

代表的な二つのタイプの解法を紹介する．

◆ 変数分離形

$y' = f(x)g(y)$ の形の微分方程式を**変数分離形**という．

形式的に分母を払って $\dfrac{1}{g(y)}dy = f(x)dx$ とし，両辺にインテグラルを付けて $\displaystyle\int \frac{1}{g(y)}dy = \int f(x)dx$ の形にして積分を実行すればよい．$g(y_0) = 0$ となる y_0 があれば，$y = y_0$ も解である．

例題 A.4 微分方程式 $y' = -x^2 y$ を解け．

解答

$$\frac{dy}{dx} = -x^2 y$$

$$\frac{1}{y}dy = -x^2 dx$$

$$\int \frac{1}{y}dy = -\int x^2 dx$$

$$\log y = -\frac{x^3}{3} + C$$

$$y = e^C e^{-\frac{x^3}{3}}$$

$$y = Ce^{-\frac{x^3}{3}} \quad (C \text{ は任意定数}) \qquad \blacksquare$$

上の解のように，任意の定数を含む解を**一般解**という．

例題 A.5 微分方程式 $\dfrac{dy}{dx} = -x^2 y$ の解のうち，$x = 0$ のとき $y = 2$ となるものを求めよ．

解答 上で求めた一般解に $x=0$, $y=2$ を代入すると

$$2 = Ce^0 \quad \therefore \quad C = 2$$

よって，求める解は

$$y = 2e^{-\frac{x^3}{3}}$$ ∎

例題 A.5 のように，ある点において解の関数に付加した条件を**初期条件**といい，初期条件によって定まる解を**特殊解**という．

問題 A.13 微分方程式 $xy' + 1 = x^2$ ($x=1$ のとき $y=0$) を解け．

◆ 1 階線形

$y' + P(x)y = Q(x)$ の形の方程式を **1 階線形微分方程式**という．この微分方程式は解の公式

$$y = e^{-\int P dx} \left(\int Q e^{\int P dx} dx + C \right)$$

を用いて解くことができる．

例題 A.6 微分方程式 $y' + y\cos x = 2\sin x \cos x$ を解け．

解答 解の公式に $P = \cos x$, $Q = 2\sin x \cos x$ を代入して

$$y = e^{-\int \cos x dx} \left(\int 2\sin x \cos x\, e^{\int \cos x dx} dx + C \right)$$

$$= e^{-\sin x} \left(2 \int \sin x \cos x\, e^{\sin x} dx + C \right)$$

部分積分を用いて

$$\int \sin x \cos x\, e^{\sin x} dx = \int \sin x \left(e^{\sin x} \right)' dx$$

$$= \sin x\, e^{\sin x} - \int \cos x\, e^{\sin x} dx$$

$$= \sin x\, e^{\sin x} - e^{\sin x} + C$$

$$\therefore\ y = 2(\sin x - 1) + Ce^{-\sin x}$$ ∎

問題 A.14 微分方程式 $xy' - 3y = x + 1$ を解け．

〔3〕2階線形微分方程式

未知関数 y の2次導関数までを含み，y'', y', y について1次式でその係数が定数であるような微分方程式

$$y'' + py' + qy = f(x) \quad (p, q \text{ は定数}) \tag{A.37}$$

を，**定数係数2階線形微分方程式**という（y'' の係数で両辺を割って，y'' の係数を1に整えてある）．特に $f(x) = 0$ となっている場合に，この微分方程式は**斉次**であるという．2階線形微分方程式は振動や電流の解析に応用される．

◆ 斉次の場合

斉次の2階線形微分方程式 $y'' + py' + qy = 0$ の左辺の係数 $1, p, q$ を係数とする t の2次方程式 $\varphi(t) = t^2 + pt + q = 0$ を，この微分方程式の**特性方程式**という．特性方程式の解の状況により，微分方程式の一般解は次のようになる．

(1) $\varphi(t) = 0$ が異なる実数解 α, β をもてば，一般解は

$$y = C_1 e^{\alpha x} + C_2 e^{\beta x}$$

(2) $\varphi(t) = 0$ が重複解 α をもてば，一般解は

$$y = C_1 e^{\alpha x} + C_2 x e^{\alpha x}$$

(3) $\varphi(t) = 0$ が虚数解 $a \pm bi$ $(b \neq 0)$ をもてば，一般解は

$$y = C_1 e^{ax} \sin bx + C_2 e^{ax} \cos bx$$

例題 A.7 次の微分方程式を解け．

(1) $y'' - 2y' - 3y = 0$ (2) $y'' + 5y = 0$ (3) $y'' - 2y' + y = 0$

解答

(1) 特性方程式の解は $t = -1, 3$．一般解は $y = C_1 e^{-x} + C_2 e^{3x}$．
(2) 特性方程式の解は $t = \pm\sqrt{5}i$．一般解は $y = C_1 \sin \sqrt{5}x + C_2 \cos \sqrt{5}x$．
(3) 特性方程式の解は $t = 1$（重複解）．一般解は $y = C_1 e^x + C_2 x e^x$． ∎

問題 A.15　次の微分方程式を解け．

(1) $y'' + y' - 6y = 0$　　(2) $y'' + 2y' + 5y = 0$　　(3) $y'' + 4y' + 4y = 0$

◆ 非斉次の場合

非斉次の定数係数 2 階線形微分方程式

$$y'' + py' + qy = f(x) \tag{A.38}$$

において，$f(x) = 0$ とおいてできる定数係数斉次方程式

$$y'' + py' + qy = 0 \tag{A.39}$$

を，式 (A.38) に対応する斉次方程式と呼ぶ．

定数係数 2 階線形微分方程式 (A.38) の一つの解を $y_0(x)$ とし，式 (A.38) に対応する斉次方程式 (A.39) の一般解を $y = C_1 y_1(x) + C_2 y_2(x)$ とすれば，式 (A.38) の一般解は $y = C_1 y_1(x) + C_2 y_2(x) + y_0(x)$ となる．

関数 $f(x)$ のタイプによっては式 (A.38) の一つの解 $y_0(x)$ を見つける方法が知られているが，一般には困難である．

〔4〕解の存在

上に挙げた微分方程式はごく基本的なタイプであり，さまざまな物理現象を記述するそれぞれの微分方程式が知られている．微分方程式を解くことは一般に容易ではない．正確にいえば，既知の関数を用いて記述されている微分方程式の解が既知の関数で表現できるとは限らない．従来，応用上の必要に迫られてさまざまな微分方程式の解法が工夫されてきてはいるが，与えられた微分方程式の解を具体的な関数として求めることは，一般には不可能である．

微分方程式が与えられたとき，その解を具体的な関数として求めることが不可能ということと，解の関数が存在するということは別な話である．次の定理に見るように，ほとんどの微分方程式に対して解は存在するのだが，その解を具体的な関数として我々が知っている関数で表現することは一般にはできないのである．

常微分方程式の解の存在と一意性の定理

$(n+1)$ 変数の関数 $f(x, y, t_1, \cdots, t_{n-1})$ と $\mathbb{R}^{n+1}$ の定点 $(a, b, c_1, \cdots, c_{n-1})$,および正の定数 $r, \rho, L, L_1, \cdots, L_{n-1}$ があって,$f(x, y, t_1, \cdots, t_{n-1})$ が

$$|x-a| \leqq r, \ |y-b| \leqq \rho, \ |t_1 - c_1| \leqq \rho, \ \cdots, \ |t_{n-1} - c_{n-1}| \leqq \rho$$

において連続で,条件

$$|f(x, y, t_1, \cdots, t_{n-1}) - f(x, z, s_1, \cdots, s_{n-1})|$$
$$\leqq L|y-z| + L_1|t_1 - s_1| + \cdots + L_{n-1}|t_{n-1} - s_{n-1}| \tag{A.40}$$

を満たしているものとする.このとき,n 階の微分方程式

$$y^{(n)} = f(x, y, y', \cdots, y^{(n-1)})$$

の解で初期条件

$$y(a) = b, \ y'(a) = c_1, \ \cdots, \ y^{(n-1)}(a) = c_{n-1}$$

を満足するものが,適当な区間

$$a - h \leqq x \leqq a + h, \quad h > 0$$

においてただ一つ存在する.

定理の中の条件の詳細についてはここでは触れないが,簡単にいえば「ほとんどの場合,あまり広くない範囲で考えれば,初期条件に対応して微分方程式の解がだた一つ存在する」ということである.

特に,微分方程式が線形の場合には,係数の関数が連続である区間全域で解が存在することが知られている.式 (A.40) の条件は,「リプシッツ (Lipschitz) の条件」と呼ばれる.

[5] 近似解

上で述べたように,微分方程式の解を既知の関数で表現することは,一般に不可能である.このことは,ニュートン (Newton) やライプニッツ (Leibniz) 以来

300 年あまりの数学，特に応用数学の大きな問題であり，個々の微分方程式を解くための工夫がさまざまに蓄積されてきた（第 6 章のラプラス変換による解法はその一例）が，それでも具体的に解けるタイプの微分方程式は極めて限定されている．

一方，近年のコンピュータハードウェアおよびソフトウェアの急速な発達により，微分方程式の近似解がコンピュータ上で容易に求められるようになった．つまり，解の関数を既知の関数で表現できなくても，十分高い精度で近似解が求められるようになった．この方法だと，微分方程式の個々のタイプによることなく，かなり普遍的に微分方程式を扱うことができる．このような近似解を数値解（numerical solution）という．

A.9　行列

ここでは，第 5 章の理解に必要な範囲で，行列の基本事項をまとめておく．

〔1〕行列

たとえば

$$A = \begin{pmatrix} 1 & 2 & 3 & -1 \\ 2 & 1 & 4 & 0 \\ 5 & 3 & 8 & 3 \end{pmatrix}, \quad B = \begin{pmatrix} a & b \\ c & d \end{pmatrix}$$

のように，数字または文字が縦横に四角形状に並んだものを**行列**（matrix）といい，記号では上の A, B のように大文字のアルファベットで表される．

行列を構成する数字や文字を**成分**または**要素**という．横の並びを**行**（row），縦の並びを**列**（column）という．上の A は三つの行と四つの列からなるので，3 行 4 列の行列，または簡単に 3×4 行列という．B は 2×2 行列である．二つの行列 A, B がともに $m \times n$ 行列であるとき，A と B は**同じ型**であるという．また，たとえば 4 は A の 2 行目かつ 3 列目にあるので，A の $(2,3)$ 成分であるという．行列と対比させていうとき，数字や文字を**スカラー**という．

行列を一般的に表すときには，行番号 i と列番号 j を用い，成分を a_{ij} のように

二重の添え字（インデックス，サフィックス）で表す．

$$A = \begin{pmatrix} a_{11} & a_{12} & \cdots & a_{1n} \\ a_{21} & a_{22} & \cdots & a_{2n} \\ \vdots & \vdots & & \vdots \\ a_{m1} & a_{m2} & \cdots & a_{mn} \end{pmatrix}$$

必要ならば，これをさらに簡潔に $A = (a_{ij})$ と表す．つまり，A の (i,j) 成分（i 行目 j 列目の成分）で A を代表させた表現である．この場合，番号 i,j の範囲は前後の文脈から明らかなことが多い．

この表現を用いれば，行列のスカラー倍，行列の和，行列の積は，次のように表される．

$$A = (a_{ij}) \text{ なら } \lambda A = (\lambda a_{ij})$$
$$A = (a_{ij}),\ B = (b_{ij}) \text{ なら } A + B = (a_{ij} + b_{ij})$$
$$A = (a_{ij}),\ B = (b_{ij}) \text{ なら } AB = \left(\sum_{k=1}^{n} a_{ik} b_{kj}\right)$$

ただし，$A+B$ においては A と B は同じ型であるとし，AB においては A の列の数と B の行の数が一致していて n であるとする．

クロネッカー（Kronecker）の**デルタ**と呼ばれる記号 δ_{ij} を

$$\delta_{ij} = \begin{cases} 1 & (i = j) \\ 0 & (i \neq j) \end{cases} \tag{A.41}$$

で定めれば，**単位行列**は $E = (\delta_{ij})$ と表される．正方行列 A に対して

$$AB = BA = E$$

となる行列 B が存在するとき，B を A の**逆行列**といい，A^{-1} で表す．逆行列をもつ行列を**正則行列**という．

零行列はすべての成分が 0 となる行列で，O と表される．a_{ii} の形をした成分を**対角成分**という．対角成分以外の成分がすべて 0 であるような正方行列を**対角行列**という．行列 $A = (a_{ij})$ の行と列を入れ替えた行列，つまり A の第 1 行を第 1 列に，A の第 2 行を第 2 列に，という具合に置き換えて得られる行列を A の**転置行列**（transposed matrix）といい，${}^t\!A$ または A^T で表す．

行列が次のように縦横の線で分割されていたとする.

$$A = \left(\begin{array}{ccc|c} 2 & 1 & 0 & -1 \\ 0 & 3 & -2 & 4 \\ \hline 5 & -3 & 0 & 1 \end{array} \right)$$

このとき

$$A_{11} = \begin{pmatrix} 2 & 1 & 0 \\ 0 & 3 & -2 \end{pmatrix}, \quad A_{12} = \begin{pmatrix} -1 \\ 4 \end{pmatrix}$$

$$A_{21} = \begin{pmatrix} 5 & -3 & 0 \end{pmatrix}, \quad A_{22} = \begin{pmatrix} 1 \end{pmatrix}$$

とおけば,元の行列は

$$A = \begin{pmatrix} A_{11} & A_{12} \\ A_{21} & A_{22} \end{pmatrix}$$

の形に表される.このような表し方を行列の**分割表示**といい,各 A_{ij} を**小行列**という.

行列を分割表示した場合の利点は,次のように行列の和や積が小行列を成分とする行列の和や積として,簡素化して計算できることである.二つの行列が

$$A = \begin{pmatrix} A_{11} & A_{12} \\ A_{21} & A_{22} \end{pmatrix}, \quad B = \begin{pmatrix} B_{11} & B_{12} \\ B_{21} & B_{22} \end{pmatrix}$$

のように分割表示されているとする.各 A_{ij} が対応する B_{ij} と同じ型ならば

$$A + B = \begin{pmatrix} A_{11} + B_{11} & A_{12} + B_{12} \\ A_{21} + B_{21} & A_{22} + B_{22} \end{pmatrix}$$

となる.また,A_{11}, A_{21} の列の数と B_{11}, B_{12} の行の数が等しく,かつ,A_{12}, A_{22} の列の数と B_{21}, B_{22} の行の数が等しければ

$$AB = \begin{pmatrix} A_{11}B_{11} + A_{12}B_{21} & A_{11}B_{12} + A_{12}B_{22} \\ A_{21}B_{11} + A_{22}B_{21} & A_{21}B_{12} + A_{22}B_{22} \end{pmatrix}$$

となる.

[2] 行列の定める線形写像

実数全体の集合を $\mathbb{R}$ で表す. $\mathbb{R}$ では四則演算（加減乗除）ができる. n を自然数とするとき, n 個の実数の組

$$(a_1, a_2, \cdots, a_n) \quad (a_1, a_2, \cdots, a_n \in \mathbb{R}) \tag{A.42}$$

を **n 次元実数ベクトル** または **数ベクトル** あるいは単に **ベクトル** という. n 次元実数ベクトルを単一の記号で表すときには, 平面や空間のベクトルと同様にボールド体を用いて $\mathbf{a}$ のように表す.

n 次元実数ベクトル全体の集合を **n 次元実数空間** といい, $\mathbb{R}^n$ で表す.

$$\mathbb{R}^n = \left\{ \mathbf{a} = (a_1, a_2, \cdots, a_n) \mid a_1, a_2, \cdots, a_n \in \mathbb{R} \right\} \tag{A.43}$$

$\mathbb{R}^1 = \mathbb{R}$ は数直線と同一視される. $\mathbb{R}^2$ は座標軸の設定された平面, つまり xy 平面と同一視される. 同様に $\mathbb{R}^3$ は xyz 空間と同一視される.

平面や空間のベクトルを成分表示した場合と同様に, $\mathbb{R}^n$ においても数ベクトルの和と **スカラー倍**（実数倍）が次のように定義される.

$$(a_1, \cdots, a_n) + (b_1, \cdots, b_n) = (a_1 + b_1, \cdots, a_n + b_n) \tag{A.44}$$

$$\lambda(a_1, \cdots, a_n) = (\lambda a_1, \cdots, \lambda a_n) \quad (\lambda \in \mathbb{R}) \tag{A.45}$$

実数を成分とする行列を **実行列** という. $m \times n$ 実行列 $A = \begin{pmatrix} a_{11} & \cdots & a_{1n} \\ \vdots & & \vdots \\ a_{m1} & \cdots & a_{mn} \end{pmatrix}$

が与えられたとき, n 次元実数空間 $\mathbb{R}^n$ から m 次元実数空間 $\mathbb{R}^m$ への写像

$$f : \mathbb{R}^n \longrightarrow \mathbb{R}^m ; \ f(x_1, \cdots, x_n) = (y_1, \cdots, y_m) \tag{A.46}$$

を, $m \times n$ 行列と $n \times 1$ 行列の積を用いて

$$\begin{pmatrix} y_1 \\ \vdots \\ y_m \end{pmatrix} = \begin{pmatrix} a_{11} & \cdots & a_{1n} \\ \vdots & & \vdots \\ a_{m1} & \cdots & a_{mn} \end{pmatrix} \begin{pmatrix} x_1 \\ \vdots \\ x_n \end{pmatrix} \tag{A.47}$$

で定めることができる. f を行列 A の定める $\mathbb{R}^n$ から $\mathbb{R}^m$ への線形写像という.

$\mathbb{R}^n$ のベクトル $\mathbf{p}, \mathbf{q}$ とスカラー（実数）λ に対し，f は次の式を満たす．

$$\begin{cases} f(\mathbf{p}+\mathbf{q}) = f(\mathbf{p}) + f(\mathbf{q}) \\ f(\lambda \mathbf{p}) = \lambda f(\mathbf{p}) \end{cases} \tag{A.48}$$

$\mathbb{R}^n$ のベクトル $\mathbf{a}$ に対し，$\mathbb{R}^m$ のベクトル $f(\mathbf{a})$ を $\mathbf{a}$ の像という．$\mathbb{R}^n$ の部分集合 W のベクトル $\mathbf{a}$ の像全体の集合 $\{f(\mathbf{a}) \mid \mathbf{a} \in W\}$ を部分集合 W の像といい，$f(W)$ で表す．

特に $m = n$ の場合には，f は $\mathbb{R}^n$ の線形変換と呼ばれる．このとき A は正方行列で，もし A が正則ならば逆行列 A^{-1} の定める線形変換は A の定める線形変換の逆写像 f^{-1} となる．

n 次元実数空間を構成する $\mathbb{R}$ を複素数全体の集合 $\mathbb{C}$ で置き換え，実行列を複素行列（複素数を成分とする行列）で置き換えれば，n 次元複素数空間とその上の線形写像が得られる．冗長ではあるが，確認のため同様に記述しておこう．

n 個の複素数の組を **n 次元複素数ベクトル** あるいは単に **数ベクトル**，**ベクトル**といい，n 次元複素数ベクトル全体の集合を **n 次元複素数空間**といって $\mathbb{C}^n$ で表す．

$$\mathbb{C}^n = \left\{ \alpha = (\alpha_1, \alpha_2, \cdots, \alpha_n) \mid \alpha_1, \alpha_2, \cdots, \alpha_n \in \mathbb{C} \right\} \tag{A.49}$$

$\mathbb{C}^1 = \mathbb{C}$ は複素平面である．$\mathbb{R}^n$ と同様に，$\mathbb{C}^n$ においてもベクトルの和と**スカラー倍**（複素数倍．$\mathbb{C}^n$ ではスカラーは複素数）が次のように定義される．

$$(\alpha_1, \cdots, \alpha_n) + (\beta_1, \cdots, \beta_n) = (\alpha_1 + \beta_1, \cdots, \alpha_n + \beta_n) \tag{A.50}$$

$$\lambda(\alpha_1, \cdots, \alpha_n) = (\lambda \alpha_1, \cdots, \lambda \alpha_n) \quad (\lambda \in \mathbb{C}) \tag{A.51}$$

複素数を成分とする $m \times n$ 行列 $A = \begin{pmatrix} \alpha_{11} & \cdots & \alpha_{1n} \\ \vdots & & \vdots \\ \alpha_{m1} & \cdots & \alpha_{mn} \end{pmatrix}$ が与えられたとき，n 次元複素数空間 $\mathbb{C}^n$ から m 次元複素数空間 $\mathbb{C}^m$ への写像

$$f : \mathbb{C}^n \longrightarrow \mathbb{C}^m ;\ f(z_1, \cdots, z_n) = (w_1, \cdots, w_m) \tag{A.52}$$

を，$m \times n$ 行列と $n \times 1$ 行列の積を用いて

$$\begin{pmatrix} w_1 \\ \vdots \\ w_m \end{pmatrix} = \begin{pmatrix} \alpha_{11} & \cdots & \alpha_{1n} \\ \vdots & & \vdots \\ \alpha_{m1} & \cdots & \alpha_{mn} \end{pmatrix} \begin{pmatrix} z_1 \\ \vdots \\ z_n \end{pmatrix} \tag{A.53}$$

で定めることができる．f を行列 A の定める $\mathbb{C}^n$ から $\mathbb{C}^m$ への線形写像という．

$\mathbb{C}^n$ のベクトル $\mathbf{z}, \mathbf{w}$ とスカラー（複素数）λ に対し，f は次の式を満たす．

$$\begin{cases} f(\mathbf{z}+\mathbf{w}) = f(\mathbf{z}) + f(\mathbf{w})) \\ f(\lambda \mathbf{z}) = \lambda f(\mathbf{z}) \end{cases} \tag{A.54}$$

$\mathbb{C}^n$ のベクトル $\mathbf{z}$ に対し，$\mathbb{C}^m$ のベクトル $f(\mathbf{z})$ を $\mathbf{z}$ の**像**という．$\mathbb{C}^n$ の部分集合 W のベクトル $\mathbf{z}$ の像全体の集合 $\{f(\mathbf{z}) \mid \mathbf{z} \in W\}$ を**部分集合 W の像**といい，$f(W)$ で表す．

特に $m = n$ の場合には，f は $\mathbb{C}^n$ の線形変換と呼ばれる．このとき A は正方行列で，もし A が正則ならば，逆行列 A^{-1} の定める線形変換は，A の定める線形変換の逆写像 f^{-1} となる．

問題の解答

第 2 章

2.1 (1) $a_n = 0$, $b_n = -\dfrac{2\left((-1)^n - 1\right)}{\pi n}$ (2) $a_n = -\dfrac{2\left((-1)^n - 1\right)}{\pi n^2}$, $b_n = 0$

(3) $a_n = -\dfrac{2\left((-1)^n + 1\right)}{\pi\left(n^2 - 1\right)}$, $b_n = 0$

2.2 フーリエ級数：$f(x) \sim \dfrac{\pi^2}{6} - 2\cos(x) + \dfrac{(\pi^2 - 4)\sin(x)}{\pi} + \dfrac{1}{2}\cos(2x) - \dfrac{1}{2}\pi\sin(2x)$

$+ \cdots + \dfrac{2\cos(\pi n)\cos(nx)}{n^2} - \dfrac{\left(\pi^2(-1)^n n^2 - 2(-1)^n + 2\right)\sin(nx)}{\pi n^3} + \cdots$

余弦級数：$f(x) \sim \dfrac{1}{3} - \dfrac{4\cos(\pi x)}{\pi^2} + \dfrac{\cos(2\pi x)}{\pi^2} - \dfrac{4\cos(3\pi x)}{9\pi^2} + \cdots + \dfrac{4(-1)^n \cos(\pi nx)}{\pi^2 n^2} + \cdots$

正弦級数：$f(x) \sim \dfrac{2\left(\pi^2 - 4\right)\sin(\pi x)}{\pi^3} - \dfrac{\sin(2\pi x)}{\pi} + \dfrac{2\left(9\pi^2 - 4\right)\sin(3\pi x)}{27\pi^3} + \cdots$

$- \dfrac{2\left(\pi^2(-1)^n n^2 - 2(-1)^n + 2\right)\sin(\pi nx)}{\pi^3 n^3} + \cdots$

2.3 $f(x) \sim \cdots + -\dfrac{\left((-1)^n - 1\right)^2 e^{-inx}}{2\pi n^2} + \cdots - \dfrac{2e^{-3ix}}{9\pi} - \dfrac{2e^{-ix}}{\pi} + \dfrac{\pi}{2} - \dfrac{2e^{ix}}{\pi} - \dfrac{2e^{3ix}}{9\pi} +$

$\cdots + -\dfrac{\left((-1)^n - 1\right)^2 e^{inx}}{2\pi n^2} + \cdots$

第 3 章

3.1 $\sqrt{\dfrac{2}{\pi}}\dfrac{1}{t^2 + 1}$

3.2 余弦変換：$\sqrt{\dfrac{2}{\pi}}\dfrac{\sin(at)}{t}$, 正弦変換：$\sqrt{\dfrac{2}{\pi}}\dfrac{\cos(at) - 1}{t}$

3.3 (1) 問題 3.2 の $f(x)$ は偶関数だから，$f(x)$ のフーリエ余弦変換 $C(t)$ はフーリエ変換 $\mathcal{F}[f(x)]$ に一致する．したがって，$C(t)$ に $\mathcal{F}^{-1}$ を施した関数

$$\mathcal{F}^{-1}[C(t)] = \dfrac{1}{\sqrt{2\pi}}\int_{-\infty}^{\infty} C(t)e^{itx}dt = \dfrac{1}{\pi}\int_{-\infty}^{\infty}\dfrac{\sin(at)}{t}\cos tx\, dt$$

は，$f(x)$ の不連続点における値を左右極限の平均値で置き換えた関数

に一致する．したがって

$$\int_{-\infty}^{\infty} \frac{\sin(at)}{t} \cos tx \, dt = \begin{cases} \pi & (|x| < a) \\ \pi/2 & (|x| = a) \\ 0 & (|x| > a) \end{cases}$$

$$\tilde{f}(x) = \begin{cases} 1 & (|x| < a) \\ 1/2 & (|x| = a) \\ 0 & (|x| > a) \end{cases}$$

(2) (1) の式で被積分関数は偶関数であることに注意して $x = 0$ とおけば

$$\int_{-\infty}^{\infty} \frac{\sin(at)}{t} \times 1 \, dt = 2\int_{0}^{\infty} \frac{\sin(at)}{t} \, dt = \pi \quad \therefore \int_{0}^{\infty} \frac{\sin(at)}{t} \, dt = \frac{\pi}{2}$$

3.4 (1) $f(x) = e^{-x}$ の余弦変換 $C(t)$ に反転公式 (3.25) を用いると，$x \geqq 0$ の範囲で

$$f(x) = \sqrt{\frac{2}{\pi}} \int_{0}^{\infty} \sqrt{\frac{2}{\pi}} \frac{1}{1+t^2} \cos tx \, dt = \frac{2}{\pi} \int_{0}^{\infty} \frac{\cos tx}{1+t^2} \, dt$$

したがって，$\displaystyle \int_{0}^{\infty} \frac{\cos tx}{1+t^2} \, dt = \frac{\pi}{2} f(x) = \frac{\pi}{2} e^{-x}$.

(2) $S(t)$ に反転公式 (3.26) を用いると，$x > 0$ の範囲で

$$f(x) = \sqrt{\frac{2}{\pi}} \int_{0}^{\infty} \sqrt{\frac{2}{\pi}} \frac{t}{1+t^2} \sin tx \, dt = \frac{2}{\pi} \int_{0}^{\infty} \frac{t \sin tx}{1+t^2} \, dt$$

したがって，$\displaystyle \int_{0}^{\infty} \frac{t \sin tx}{1+t^2} \, dt = \frac{\pi}{2} f(x) = \frac{\pi}{2} e^{-x}$.

第 4 章

4.1 逆変換を施したものは初めの数列なので省略．

(1) $\left\{2, \frac{1}{2} + \frac{i\sqrt{3}}{2}, \frac{1}{2} - \frac{i\sqrt{3}}{2}\right\}$ (2) $\{2, 1+i, 0, 1-i\}$ (3) $\{2, -1-i, 0, -1+i\}$

(4) $\{2, 1-i, 0, 1+i\}$ (5) $\{3, 0, 0, 3, 0, 0\}$ (6) $\{4, i\sqrt{3}, 1, 0, 1, -i\sqrt{3}\}$

(7) $\{4, 1, 1, -2, 1, 1\}$ (8) $\{4, 0, 0, 0, 4, 0, 0, 0\}$ (9) $\{4, 0, 2+2i, 0, 0, 0, 2-2i, 0\}$

4.2 (1) サンプル値：$\left\{1, \frac{1}{2}, -\frac{1}{2}, -1, -\frac{1}{2}, \frac{1}{2}\right\}$，DFT：$\{0, 3, 0, 0, 0, 3\}$

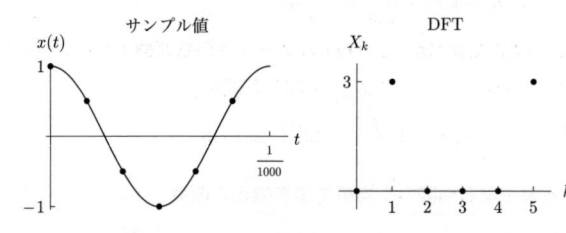

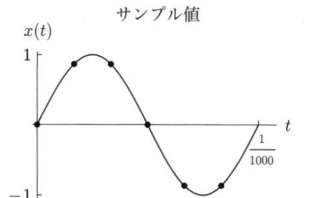

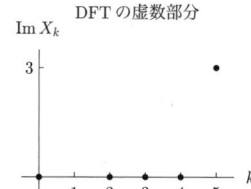

(2) サンプル値：$\left\{0, \dfrac{\sqrt{3}}{2}, \dfrac{\sqrt{3}}{2}, 0, -\dfrac{\sqrt{3}}{2}, -\dfrac{\sqrt{3}}{2}\right\}$, DFT：$\{0, -3i, 0, 0, 0, 3i\}$

(3) サンプル値：$\left\{\dfrac{3}{2}, \dfrac{1}{\sqrt{2}}, -\dfrac{1}{2}, -\dfrac{1}{\sqrt{2}}, -\dfrac{1}{2}, -\dfrac{1}{\sqrt{2}}, -\dfrac{1}{2}, \dfrac{1}{\sqrt{2}}\right\}$, DFT：$\{0, 4, 2, 0, 0, 0, 2, 4\}$

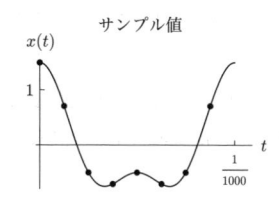

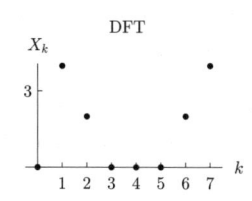

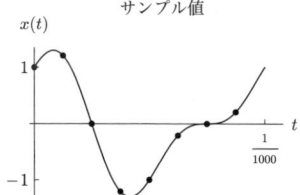

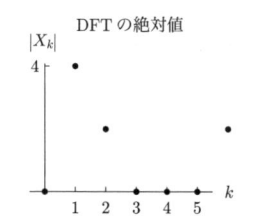

(4) サンプル値：$\left\{1, \dfrac{1}{2}+\dfrac{1}{\sqrt{2}}, 0, -\dfrac{1}{2}-\dfrac{1}{\sqrt{2}}, -1, \dfrac{1}{2}-\dfrac{1}{\sqrt{2}}, 0, \dfrac{1}{\sqrt{2}}-\dfrac{1}{2}\right\}$,

DFT：$\{0, 4, -2i, 0, 0, 0, 2i, 4\}$

第 6 章

6.1 (1) $\dfrac{2}{(s-2)^3}$ (2) $\dfrac{s-1}{(s-1)^2+9}$ (3) $\dfrac{1}{s^{n+1}}$ (4) $\dfrac{1}{2}\left(\dfrac{1}{(s-2)^2} - \dfrac{1}{(s+2)^2}\right)$

6.2 (1) $\dfrac{1}{4} - \dfrac{1}{4}\cos(2t)$ (2) $\dfrac{t}{4} - \dfrac{1}{8}\sin(2t)$ (3) $e^{2t}t$ (4) $\dfrac{1}{5}e^{-3t}\left(7e^{5t}+23\right)$

6.3 (1) 積分変数に注意しながら計算する．右辺を変形して

$$\int_0^\infty f(u)e^{-su}du \times \int_0^\infty g(v)e^{-sv}dv = \int_0^\infty \int_0^\infty f(u)g(v)e^{-s(u+v)}dudv$$

積分変数を $t = u+v$, $\tau = u$ に変更して，

$$\int_0^\infty \int_0^t f(\tau)g(t-\tau)e^{-st}d\tau dt = \int_0^\infty e^{-st}\left(\int_0^t f(\tau)g(t-\tau)d\tau\right)dt$$
$$= \int_0^\infty e^{-st}(f*g)(t)dt$$

となり，左辺に一致する．

(2) (1) に逆変換 $\mathcal{L}^{-1}$ を施せば得られる．

$\boxed{6.4}$　(1) $\sin(2x)+\cos(2x)$　(2) $\dfrac{1}{6}(e^x-1)^3$

付録 A

$\boxed{\text{A.1}}$　条件から，任意の x に対して $f(x+\omega)=f(x)$, $g(x+\omega)=g(x)$. $af(x)+bg(x)=h(x)$ とおくと，$h(x+\omega)=af(x+\omega)+bg(x+\omega)=af(x)+bg(x)=h(x)$. したがって，$h(x)=af(x)+bg(x)$ は周期 ω の周期関数．

$\boxed{\text{A.2}}$　cos の加法定理を用いて，$\cos(\alpha+\beta)+\cos(\alpha-\beta)=2\cos\alpha\cos\beta$. 両辺を 2 で割れば式 (A.5) が得られる．同様に，$\cos(\alpha+\beta)-\cos(\alpha-\beta)=-2\sin\alpha\sin\beta$ の両辺を -2 で割れば，式 (A.6) が得られる．

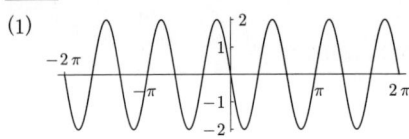

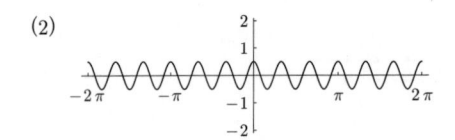

$\boxed{\text{A.3}}$　順に $\dfrac{2\pi}{5}, \dfrac{2\pi}{7}, \dfrac{8}{3}$

$\boxed{\text{A.4}}$

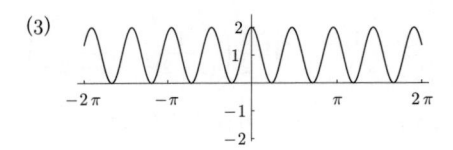

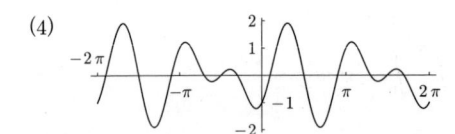

(5)

A.5 　式 (A.7) については $\left(-\dfrac{1}{c}\cos cx\right)' = \sin cx$ だから,
$$\int_a^b \sin cx\,dx = \left[-\dfrac{1}{c}\cos cx\right]_a^b = -\dfrac{1}{c}[\cos cx]_a^b$$
同様に $\left(\dfrac{1}{c}\sin cx\right)' = \cos cx$ だから
$$\int_a^b \cos cx\,dx = \left[\dfrac{1}{c}\sin cx\right]_a^b = \dfrac{1}{c}[\sin cx]_a^b$$
式 (A.8) については $(f(x)g(x))' = f'(x)g(x) + f(x)g'(x)$ より,
$$\int_a^b (f(x)g(x))'\,dx = \int_a^b f'(x)g(x)\,dx + \int_a^b f(x)g'(x)\,dx$$
左辺は $[f(x)g(x)]_a^b$ に等しいから,移項すれば式 (A.8) が得られる.

A.6 　(3) については,積を和に直す公式 (A.5) を用いて,
$$左辺 = \dfrac{1}{2}\int_{-L}^{L}\left(\cos\dfrac{(m+n)\pi x}{L} + \cos\dfrac{(m-n)\pi x}{L}\right)$$
$$= \dfrac{1}{2}\left[\dfrac{L}{(m+n)\pi}\sin\dfrac{(m+n)\pi x}{L} + \dfrac{L}{(m-n)\pi}\sin\dfrac{(m-n)\pi x}{L}\right]_{-L}^{L} = 0$$
(4) については積を和に直す公式 (A.4) を用いて,
$$左辺 = \dfrac{1}{2}\int_{-L}^{L}\left(\cos\dfrac{2m\pi x}{L} + 1\right)dx = \dfrac{1}{2}\left[\dfrac{L}{2m\pi}\sin\dfrac{2m\pi x}{L} + x\right]_{-L}^{L} = L$$
(5) については,被積分関数が奇関数だから積分の値は 0.

A.7 　(1) 発散　(2) 0 に収束　(3) 1 に収束　(4) 発散　(5) 2 に収束　(6) 発散

A.8 　(1) $w = z^3 = (x+iy)^3 = (x^3 - 3xy^2) + i(3x^2y - y^3)$ だから,$u = x^3 - 3xy^2$, $v = 3x^2y - y^3$ とおくと,u, v は C^∞ 級関数で,$u_x = 3x^2 - 3y^2$,$u_y = -6xy$,$v_x = 6xy$,$v_y = 3x^2 - 3y^2$ となり,コーシー・リーマンの方程式 $u_x = v_y$,$u_y = -v_x$ を満たす.したがって $w = z^3$ は正則関数である.

(2) $u = e^x \cos y$,$v = e^x \sin y$ とおくと,u, v は C^∞ 級関数で,$u_x = e^x \cos y = v_y$,$u_y = -e^x \sin y = -v_x$ だから,コーシー・リーマンの方程式を満たす.したがって,$f(z)$ は正則関数である.

A.9 　$\alpha = a + ib$,$\beta = c + id$ とおくと,

$$e^{\alpha+\beta} = e^{(a+c)+i(b+d)} = e^{a+c}(\cos(b+d) + i\sin(b+d))$$
$$= e^{a+c}\{(\cos b \cos d - \sin b \sin d) + i(\sin b \cos c + \cos b \sin d)\}$$
$$= e^a e^c (\cos b + i \sin b)(\cos d + i \sin d) = e^\alpha e^\beta$$

一方，$(e^\alpha)^n = (e^a(\cos b + i \sin b))^n = (e^a)^n (\cos b + i \sin b)^n$ であるが，$(e^a)^n = e^{na}$ であり，式 (A.21) を繰り返し用いると，$(\cos b + i \sin b)^n = \cos nb + i \sin nb$ だから，

$$(e^a)^n = e^{na}(\cos nb + i \sin nb) = e^{na+inb} = e^{n\alpha}$$

が得られた．

A.10 (1) $\dfrac{1}{x} - \dfrac{1}{x+1}$ (2) $\dfrac{4}{29(2x+1)} - \dfrac{3(6x-7)}{29(9x^2-6x+2)}$

A.11 (1) $\dfrac{1}{3}$ (2) $\dfrac{2}{3}$

A.12 (1) $\dfrac{\pi}{4}$ (2) 2 (3) $1 - \dfrac{\pi}{4}$

A.13 $y = \dfrac{1}{2}(x^2 - 2\log(x) - 1)$

A.14 $y = Cx^3 - \left(\dfrac{1}{3x^3} + \dfrac{1}{2x^2}\right)x^3$

A.15 (1) $y = C_1 e^{-3x} + C_2 e^{2x}$ (2) $y = C_1 e^{-x} \sin(2x) + C_2 e^{-x} \cos(2x)$
(3) $y = C_1 e^{-2x} + C_2 x e^{-2x}$

章末問題の解答

第2章

1 (1) フーリエ級数：$f(x) \sim \dfrac{2\sin(\pi x)}{\pi} - \dfrac{\sin(2\pi x)}{\pi} + \cdots - \dfrac{2(-1)^n \sin(\pi n x)}{\pi n} + \cdots$

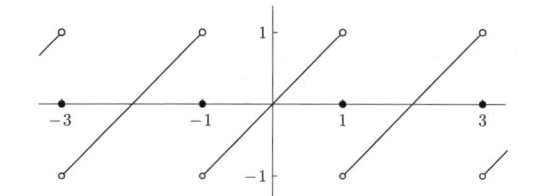

余弦級数：$f(x) \sim \dfrac{1}{2} - \dfrac{4\cos(\pi x)}{\pi^2} - \dfrac{4\cos(3\pi x)}{9\pi^2} + \cdots + \dfrac{2((-1)^n - 1)\cos(\pi n x)}{\pi^2 n^2} + \cdots$

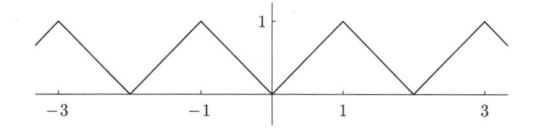

正弦級数：$f(x) \sim \dfrac{2\sin(\pi x)}{\pi} - \dfrac{\sin(2\pi x)}{\pi} + \cdots - \dfrac{2(-1)^n \sin(\pi n x)}{\pi n} + \cdots$

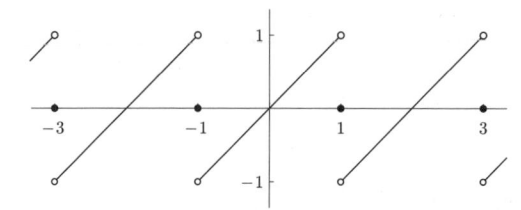

(2) フーリエ級数：$f(x) \sim \dfrac{\sin(2\pi x)}{\pi} - \dfrac{2\sin(\pi x)}{\pi} + \cdots \dfrac{2(-1)^n \sin(\pi n x)}{\pi n} + \cdots$

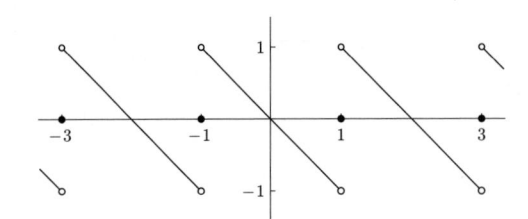

余弦級数：$f(x) \sim -\dfrac{1}{2} + \dfrac{4\cos(\pi x)}{\pi^2} + \dfrac{4\cos(3\pi x)}{9\pi^2} + \cdots - \dfrac{2((-1)^n - 1)\cos(\pi n x)}{\pi^2 n^2} + \cdots$

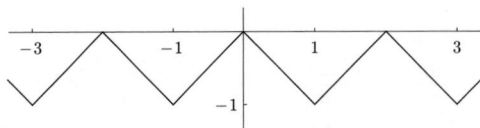

正弦級数：$f(x) \sim \dfrac{\sin(2\pi x)}{\pi} - \dfrac{2\sin(\pi x)}{\pi} + \cdots + \dfrac{2(-1)^n \sin(\pi n x)}{\pi n} + \cdots$

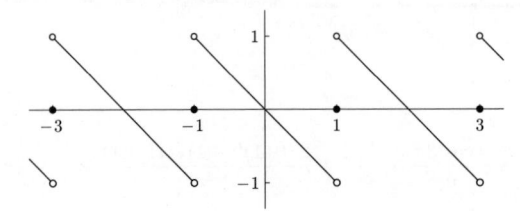

(3) フーリエ級数：$f(x) \sim \dfrac{2\sin(x)}{3} - \dfrac{1}{3}\sin(2x) + \cdots - \dfrac{2(-1)^n \sin(nx)}{3n} + \cdots$

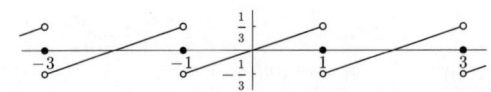

余弦級数：$f(x) \sim \dfrac{\pi}{6} - \dfrac{4\cos(x)}{3\pi} - \dfrac{4\cos(3x)}{27\pi} + \cdots + \dfrac{2((-1)^n - 1)\cos(nx)}{3\pi n^2} + \cdots$

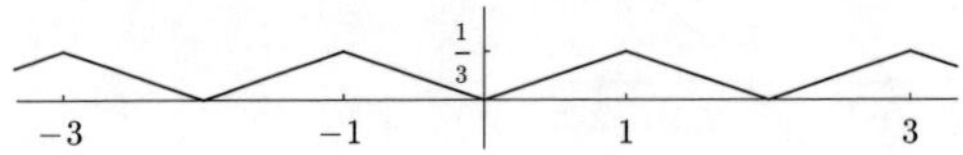

正弦級数：$f(x) \sim \dfrac{2\sin(x)}{3} - \dfrac{1}{3}\sin(2x) + \cdots - \dfrac{2(-1)^n \sin(nx)}{3n} + \cdots$

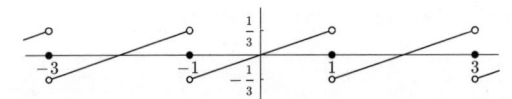

(4) フーリエ級数：$f(x) \sim \dfrac{4\sin(x)}{\pi} + \dfrac{4\sin(3x)}{3\pi} + \cdots - \dfrac{2\left((-1)^n - 1\right)\sin(nx)}{\pi n} + \cdots$

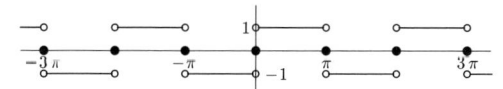

余弦級数：$f(x) \sim 1$

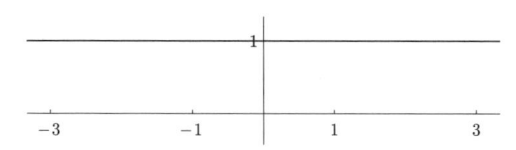

正弦級数：$f(x) \sim \dfrac{4\sin(x)}{\pi} + \dfrac{4\sin(3x)}{3\pi} + \cdots - \dfrac{2\left((-1)^n - 1\right)\sin(nx)}{\pi n} + \cdots$

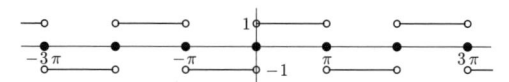

2 $y = f(x)$

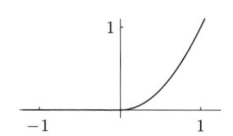

$y = \tilde{f}(x)$

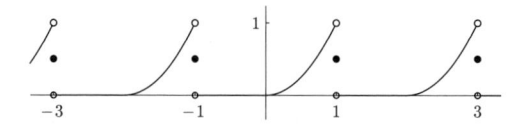

$y = c(x)$

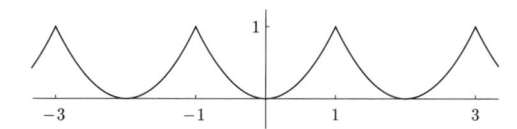

$y = s(x)$

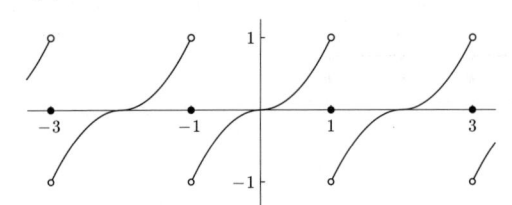

3 (1) $f(x) \sim \cdots + \dfrac{\left(-i\pi^2(-1)^n n^2 + 2\pi(-1)^n n + 2i(-1)^n - 2i\right) e^{-i\pi nx}}{2\pi^3 n^3}$
$+ \cdots - \dfrac{i(\pi+i)e^{-2i\pi x}}{4\pi^2} + \dfrac{i\left(-4 + 2i\pi + \pi^2\right) e^{-i\pi x}}{2\pi^3} + \dfrac{1}{6} - \dfrac{i\left(-4 - 2i\pi + \pi^2\right) e^{i\pi x}}{2\pi^3}$
$+ \dfrac{i(\pi-i)e^{2i\pi x}}{4\pi^2} + \cdots + \dfrac{(-1)^n \left(i\pi^2 n^2 + 2\pi n + 2i(-1)^n - 2i\right) e^{i\pi nx}}{2\pi^3 n^3} + \cdots$

(2) $f(x) \sim \cdots + \dfrac{i(-1)^n e^{-inx}}{n} + \cdots + \dfrac{1}{2} ie^{-2x} - ie^{-ix} + ie^{ix} - \dfrac{1}{2} ie^{2ix} + \cdots - \dfrac{i(-1)^n e^{inx}}{n} + \cdots$

4 (1) $a_n = 0, \ b_n = \dfrac{(-1)^n}{\pi n}$

(2) $f(x) \sim \dfrac{\sin(4\pi x)}{2\pi} - \dfrac{\sin(2\pi x)}{\pi} + \cdots + \dfrac{(-1)^n \sin(2\pi nx)}{\pi n} + \cdots$

(3) $f(x) \sim \dfrac{\sin(4\pi x)}{2\pi} - \dfrac{\sin(2\pi x)}{\pi} + \cdots = \cdots + - \dfrac{ie^{-2i\pi x}}{2\pi} + \dfrac{ie^{2i\pi x}}{2\pi} + \dfrac{ie^{-4i\pi x}}{4\pi} - \dfrac{ie^{4i\pi x}}{4\pi} + \cdots$

5 (1) $\alpha_n = -\dfrac{i(-1)^n}{2\pi n}$

(2) $f(x) \sim \cdots + \dfrac{i(-1)^n e^{-2i\pi nx}}{2\pi n} + \cdots + \dfrac{ie^{-4i\pi x}}{4\pi} - \dfrac{ie^{-2i\pi x}}{2\pi} + \dfrac{ie^{2i\pi x}}{2\pi} - \dfrac{ie^{4i\pi x}}{4\pi} + \cdots$
$- \dfrac{i(-1)^n e^{2i\pi nx}}{2\pi n} + \cdots$

(3) $f(x) \sim \cdots + \dfrac{ie^{-4i\pi x}}{4\pi} - \dfrac{ie^{-2i\pi x}}{2\pi} + \dfrac{ie^{2i\pi x}}{2\pi} - \dfrac{ie^{4i\pi x}}{4\pi} + \cdots = -\dfrac{\sin(2\pi x)}{\pi} + \dfrac{\sin(4\pi x)}{2\pi} + \cdots$

第3章

1 フーリエ変換：$-\dfrac{\sqrt{\tfrac{2}{\pi}}(\cos(t) - 1)}{t^2}$, フーリエ余弦変換：$-\dfrac{\sqrt{\tfrac{2}{\pi}}(\cos(t) - 1)}{t^2}$,

フーリエ正弦変換：$\dfrac{\sqrt{\tfrac{2}{\pi}}(t - \sin(t))}{t^2}$

2 (1) $t \neq 0$ なら $C(t) = F(t) = \sqrt{\dfrac{2}{\pi}} \dfrac{\sin(2t)}{t}, \ C(0) = F(0) = 2\sqrt{\dfrac{2}{\pi}}$

(2) $t \neq 0$ なら $C(t) = F(t) = \sqrt{\dfrac{2}{\pi}} \dfrac{\sin(3t)}{t}$, $C(0) = F(0) = 3\sqrt{\dfrac{2}{\pi}}$

$\boxed{3}$ (1) $I_1 = 1 - tI_2$ (2) $I_2 = tI_1$ (3) $I_1 = 1 - tI_2 = 1 - t^2 I_1$ ∴ $I_1 = \dfrac{1}{t^2+1}$

(4) 余弦変換：$C(t) = \sqrt{\dfrac{2}{\pi}} \displaystyle\int_0^\infty f(u)\cos(tu)\,du = \sqrt{\dfrac{2}{\pi}} I_1 = \sqrt{\dfrac{2}{\pi}} \dfrac{1}{t^2+1}$

$\boxed{4}$ (1) $I_1 = tI_2$ (2) $I_2 = 1 - tI_1$

(3) $I_1 = tI_2 = t(1 - tI_1) = t - t^2 I_1$ ∴ $I_1 = \dfrac{t}{t^2+1}$

(4) 正弦変換：$S(t) = \sqrt{\dfrac{2}{\pi}} \displaystyle\int_0^\infty f(u)\sin(tu)\,du = \sqrt{\dfrac{2}{\pi}} I_1 = \sqrt{\dfrac{2}{\pi}} \dfrac{t}{t^2+1}$

$\boxed{5}$ (1) $I_1 = 1 - tI_2$ (2) $I_2 = tI_1$ (3) $I_1 = \dfrac{1}{t^2+1}$, $I_2 = \dfrac{t}{t^2+1}$

(4) $F(t) = \dfrac{1}{\sqrt{2\pi}} \displaystyle\int_0^\infty e^{-u}(\cos(tu) - i\sin(tu))\,du = \dfrac{1}{\sqrt{2\pi}}(I_1 - iI_2) = \dfrac{1}{\sqrt{2\pi}} \dfrac{1-it}{t^2+1}$

第4章

$\boxed{1}$

$\boxed{2}$ DFT : $\left\{ 4, 0, 1 + i\sqrt{3}, 0, 1 - i\sqrt{3}, 0, 4, 0, 1 + i\sqrt{3}, 0, 1 - i\sqrt{3}, 0 \right\}$

$\boxed{3}$ (1) DFT : $\left\{ 2, \dfrac{1}{2} - \dfrac{i\sqrt{3}}{2}, \dfrac{1}{2} + \dfrac{i\sqrt{3}}{2} \right\}$

(2) DFT : $\left\{ 2, \dfrac{1}{2} + \dfrac{i\sqrt{3}}{2}, \dfrac{1}{2} - \dfrac{i\sqrt{3}}{2} \right\}$

(3) DFT：$\{2, -1, -1\}$

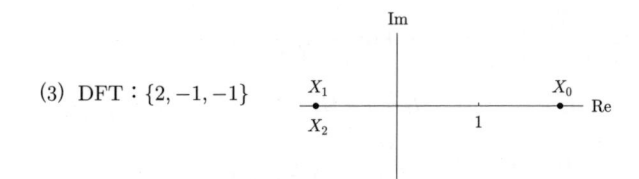

4　(1) サンプル値：$\left\{1, \dfrac{1}{2}, -\dfrac{1}{2}, -1, -\dfrac{1}{2}, \dfrac{1}{2}\right\}$, DFT：$\{0, 3, 0, 0, 0, 3\}$

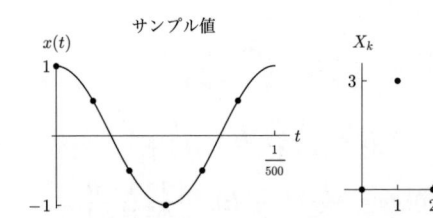

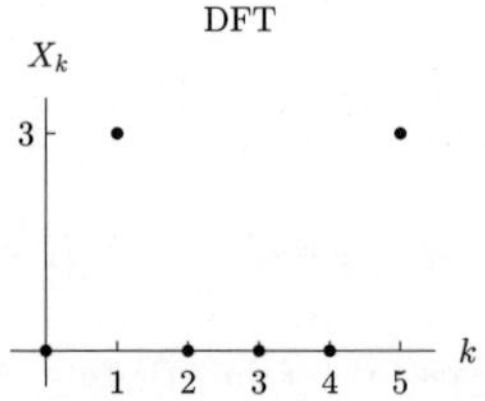

(2) サンプル値：$\left\{0, \dfrac{\sqrt{3}}{2}, \dfrac{\sqrt{3}}{2}, 0, -\dfrac{\sqrt{3}}{2}, -\dfrac{\sqrt{3}}{2}, 0, \dfrac{\sqrt{3}}{2}, \dfrac{\sqrt{3}}{2}, 0, -\dfrac{\sqrt{3}}{2}, -\dfrac{\sqrt{3}}{2}\right\}$,

DFT：$\{0, 0, -6i, 0, 0, 0, 0, 0, 0, 0, 6i, 0\}$

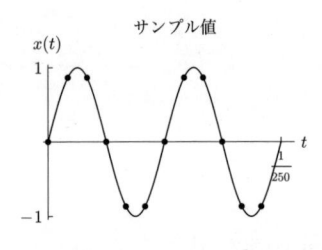

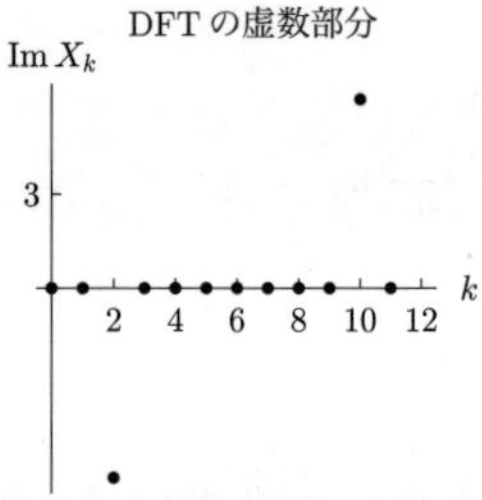

(3) サンプル値：$\left\{1, \dfrac{1}{2} + \dfrac{1}{\sqrt{2}}, 0, -\dfrac{1}{2} - \dfrac{1}{\sqrt{2}}, -1, \dfrac{1}{2} - \dfrac{1}{\sqrt{2}}, 0, \dfrac{1}{\sqrt{2}} - \dfrac{1}{2}\right\}$,

DFT：$\{0, 4, -2i, 0, 0, 0, 2i, 4\}$

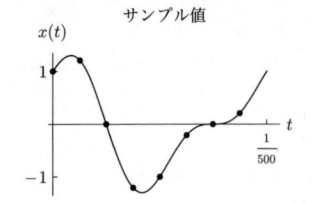

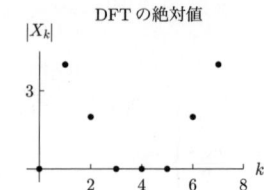

第6章

1. (1) $\dfrac{2}{(s-4)^3}$ (2) $\dfrac{2}{(s-3)^3}$

2. (1) $a=\dfrac{1}{9},\ b=-\dfrac{1}{9},\ c=0$ (2) $1,\ \dfrac{1}{3}\sin(3t),\ \cos(3t)$ (3) $\dfrac{1}{9}-\dfrac{1}{9}\cos(3t)$

3. (1) $a=\dfrac{1}{16},\ b=-\dfrac{1}{16},\ c=0$ (2) $1,\ \dfrac{1}{4}\sin(4t),\ \cos(4t)$ (3) $\dfrac{1}{16}-\dfrac{1}{16}\cos(4t)$

4. (1)〜(3) 省略   (4) $y=4-3\cos x$

5. (1)〜(3) 省略   (4) $y=2\cos(2x)+1$

6. (1)〜(3) 省略   (4) $y=2\cos x-1$

参考文献

　この本の目的は，理工系の数学の基礎としての微積分と線形代数から，工学への応用としてのフーリエ解析への橋渡しをすることであった．以下の文献でいえば，たとえば [5], [7]（または [14], [15], [16]）を理解した上で，[1], [2], [3] を経由せずに，[9], [11] などを読めるようにすることである．

　この本では省略した証明についての，フーリエ解析の標準的な参考書として

- [1] 土倉 保『フーリエ解析』至文堂，1964 年．
- [2] 大石進一『フーリエ解析』岩波書店，1989 年．
- [3] 福田礼次郎『フーリエ解析』岩波書店，1997 年．

微積分と線形代数の参考書として

- [4] 高木貞治『解析概論』改訂第 3 版，岩波書店，1983 年．
- [5] 一松 信『解析学序説（上下）』裳華房，1962 年．
- [6] 宮島静雄『微分積分学 I』共立出版，2003 年．
- [7] 齋藤正彦『線形代数学入門』東京大学出版会房，1966 年．

工学への応用の立場からのフーリエ解析の参考書として

- [8] 中村尚五『デジタルフーリエ変換』東京電機大学出版局，1989 年．
- [9] 中村尚五『デジタル信号処理』東京電機大学出版局，1989 年．
- [10] 三谷政昭『フーリエ変換』講談社，2005 年．
- [11] 萩原将文『デジタル信号処理』森北出版，2001 年．
- [12] 貴家仁志『デジタル信号処理』昭晃堂，1997 年．

を挙げておく．

最後に，この本の付録 A「基本事項」に対応する，高校の数学から大学初年次の微積分と線形代数への流れを学習するための参考書として，拙著を挙げさせていただく．

[13] 田澤義彦『大学新入生の数学』東京電機大学出版局，2008 年．

[14] 田澤義彦『しっかり学ぶ微分積分』東京電機大学出版局，2008 年．

[15] 田澤義彦『しっかり学ぶ線形代数』東京電機大学出版局，2007 年．

索引

■ 英数字

1 階線形微分方程式　199
1 の累乗根　117

n 次元
　　——実数空間　206
　　——実数ベクトル　206
　　——複素数空間　207
　　——複素数ベクトル　207

z 変換　158, 161

■ あ

一般解　198

オイラーの公式　188
同じ型　203

■ か

解（微分方程式の）　197

奇関数　175
基本
　　——周期　165
　　——周波数　126
逆 z 変換　158
逆行列　204
行（行列の）　203
行列　203
　　—— A の定める $\mathbb{R}^n$ から $\mathbb{R}^m$ への線形写像　206
局所化　34, 107

偶関数　175
区分
　　——求積法　193

——的に連続　14, 59
クロネッカーのデルタ　204

原始 N 乗根　118

合成積　155
高速フーリエ変換　10, 44
コーシー・リーマンの方程式　185

■ さ

時間領域　115, 161
指数
　　——関数　186
　　——的に増大　48, 151
実行列　206
周期　164
　　——関数　164
周波数　115
　　——領域　115, 161
小行列　205
常微分方程式　198
剰余項　180
初期条件　199
振幅　165

推移性　159
数ベクトル　206, 207
スカラー　203
　　——倍　206, 207

斉次（微分方程式）　200
正則
　　——関数　183
　　——行列　204
成分（行列の）　203
線形
　　——写像　206
　　——性　159

――変換　207

像（線形写像の）　207, 208

■ た

対角
　　――行列　204
　　――成分　204
単位行列　204

超関数　110

定数係数2階線形微分方程式　200
テイラーの式　180
デジタル化　34, 109
デルタ関数　110
　　――列　113
転置行列　204

導関数　183
特殊解　199
特性方程式　200

■ は

反転公式　87, 100, 104

微分
　　――可能　183
　　――方程式　197

フーリエ
　　――逆変換　5, 22, 86, 104
　　――級数　2, 14, 58, 73
　　――行列　7, 36, 119, 139
　　――係数　2, 13, 55, 73
　　――正弦級数　18, 65, 74
　　――正弦変換　32, 99, 105
　　――正弦変換の反転公式　105
　　――積分　22, 86
　　――変換　5, 22, 86, 104
　　――余弦級数　18, 65, 73
　　――余弦変換　32, 99, 105
　　――余弦変換の反転公式　105

複素
　　――関数　183
　　――フーリエ級数　4, 20, 72, 74
　　――フーリエ係数　4, 20, 72, 74
　　――平面　181
部分分数分解　190
分割表示（行列の）　205

ベクトル　206, 207
変数分離形　198
偏微分方程式　198

■ ま

マクローリンの式　180

未知関数　197

無限区間での積分　196

■ や

要素（行列の）　203

■ ら

ラプラス
　　――逆変換　10, 48, 154, 161
　　――積分　47, 148
　　――変換　10, 47, 149, 161

離散
　　――化　34, 108
　　――フーリエ逆変換　8, 37, 120, 136
　　――フーリエ変換　7, 35, 36, 118, 119, 136
量子化　34, 108

零行列　204
列（行列の）　203

■ わ

和（ベクトルの）　206, 207

＜著者紹介＞

田澤 義彦
（たざわ よしひこ）

　　　　1942年生まれ
　学　歴　北海道大学理学部数学科卒業
　　　　　北海道大学大学院修士課程修了（数学専攻）
　　　　　ミシガン州立大学大学院博士課程修了（数学専攻），Ph.D
　現　在　東京電機大学情報環境学部教授

しっかり学ぶ　フーリエ解析

2010年 9月20日　第1版1刷発行　　ISBN 978-4-501-62560-3 C3041

著　者　田澤義彦
　　　　©Tazawa Yoshihiko 2010

発行所　学校法人 東京電機大学　　〒101-8457　東京都千代田区神田錦町 2-2
　　　　東京電機大学出版局　　　　Tel. 03-5280-3433（営業）03-5280-3422（編集）
　　　　　　　　　　　　　　　　　Fax. 03-5280-3563　振替口座 00160-5-71715
　　　　　　　　　　　　　　　　　http://www.tdupress.jp/

JCOPY　＜(社)出版者著作権管理機構 委託出版物＞
本書の全部または一部を無断で複写複製（コピー）することは，著作権法上での例外を除いて禁じられています。本書からの複写を希望される場合は，そのつど事前に，(社)出版者著作権管理機構の許諾を得てください。
[連絡先] Tel. 03-3513-6969, Fax. 03-3513-6979, E-mail: info@jcopy.or.jp

制作：(株)グラベルロード　印刷：新灯印刷(株)　製本：渡辺製本(株)　装丁：福田和雄(FUKUDA DESIGN)
落丁・乱丁本はお取り替えいたします。　　　　　　　　Printed in Japan